工业自动化与智能化丛书

基于MATLAB和Python的动态系统建模与仿真实例

Dynamic System Modeling and Analysis with MATLAB and Python

For Control Engineers

[韩] 金钟莱（Jongrae Kim）著

赵云波 译

机械工业出版社
CHINA MACHINE PRESS

图书在版编目（CIP）数据

基于 MATLAB 和 Python 的动态系统建模与仿真实例 / （韩）金钟莱 (Jongrae Kim) 著；赵云波译 . -- 北京：机械工业出版社，2025. 7. --（工业自动化与智能化丛书）. -- ISBN 978-7-111-77989-6

Ⅰ. N94

中国国家版本馆 CIP 数据核字第 2025UD5381 号

机械工业出版社（北京市百万庄大街 22 号　邮政编码 100037）

策划编辑：王　颖　　　责任编辑：王　颖　张　莹

责任校对：刘　雪　杨　霞　景　飞　　　责任印制：刘　媛

三河市骏杰印刷有限公司印刷

2025 年 7 月第 1 版第 1 次印刷

165mm × 225mm · 16.75 印张 · 6 插页 · 326 千字

标准书号：ISBN 978-7-111-77989-6

定价：89.00 元

电话服务	网络服务
客服电话：010-88361066	机　工　官　网：www.cmpbook.com
010-88379833	机　工　官　博：weibo.com/cmp1952
010-68326294	金　　书　　网：www.golden-book.com
封底无防伪标均为盗版	机工教育服务网：www.cmpedu.com

Preface 前言

本书主要介绍动态系统的建模和仿真，以及控制系统的设计和分析，并给出了MATLAB 或 Python 的示例程序供控制工程师学习。本书假设读者具有常微分方程、向量微积分、概率论和基本编程知识。

书中所有的 MATLAB 和 Python 程序都已在 MATLAB R2021a 和 Python 3.8 中得到了验证，为避免运行过程中发生混乱，这些程序大多是独立的。对多个程序进行联合编程将作为一项进阶技能，读者可在阅读本书后自行学习。

本书的撰写离不开我的老师和合作者的帮助，在此对 Jinho Kim 博士、John L. Crassidis 教授、João P. Hespanhna 教授、Declan G. Bates 教授、Daizhan Cheng 博士、Kwang-Hyun Cho 教授、Frank Pollick 教授，以及 Rajeev Krishnadas 博士表示衷心的感谢。

本书配套网站 www.wiley.com/go/kim/dynamicmodeling 上含有各章习题的参考答案，以及对应的 MATLAB 和 Python 程序代码。

Jongrae Kim

2021 年 11 月 30 日

目录 Contents

Chapter1 第 1 章

引　言

1.1 本书适用范围

本书适用于期望使用控制理论进行动态系统建模和仿真，并熟练掌握相关编程技能的学生或工程师。我们假设读者对计算机编程、常微分方程（Ordinary Differential Equation，ODE）、向量微积分和概率论等相关知识已有基本的了解。

现代工程系统（如飞机、卫星、汽车或自主机器人）是通过硬件系统和软件算法的紧密结合来实现的，因此对精通动态系统建模和相关算法设计的工程师的需求日益增加。此外，将实验与数学和计算方法相结合的跨学科领域的出现，如系统生物学、合成生物学和计算神经科学等，也进一步要求工程师能够分析、理解动力学并通过算法来实现动态模型。

在工程或生物学领域进行编程不仅需要相关领域知识，还需要对算法设计和实现有深入的概念性理解。这当然不是像许多在线课程所宣称的那样，可以在几周或更短时间内学会更多技能。读者需要经过多年的实践和努力，才能较好地把握动态系统的建模和仿真。本书作为这一漫长旅程的起点，期望能够为读者解决实际工程和科学问题打下良好基础。

1.2 实例分析

1.2.1 自由落体

用动量概念表示牛顿第二运动定律如下：

$$\sum_i F_i = \frac{\mathrm{d}}{\mathrm{d}t}(mv) \tag{1-1}$$

式中，F_i是作用在物体上的第 i 个外力，单位是 N（牛顿）；m 是物体质量，单位是 kg；$\mathrm{d}/\mathrm{d}t$ 是时间导数；t 是时间，单位是 s；v 是速度，单位是 m/s；mv 是物体的动量。牛顿第二运动定律指出，作用在物体上所有外力之和等于单位时间内物体的动量变化。

考虑如图 1-1 所示的自由落体运动，系统只存在一个外力，即向下作用的重力。因此，式（1-1）的左边表示为 $\sum_i F_i = F_g$，其中 F_g 是重力。假设物体在距离海平面的合理范围内。基于这个假设，已知重力 F_g 与质量 m 成正比，比例常数是重力加速度常数 $g = 9.81\mathrm{m/s^2}$（海平面处），那么有 $F_g = mg$。用 $F_g = mg$ 代替式（1-1）的左边 $\sum_i F_i$，则得到：

$$mg = F_g = \sum_i F_i = \frac{\mathrm{d}}{\mathrm{d}t}(mv) \tag{1-2}$$

图 1-1 中的向下方向被设定为正方向，这与惯例是相反的。因此，在动态系统建模之初建立一个一致的坐标系是非常重要的。

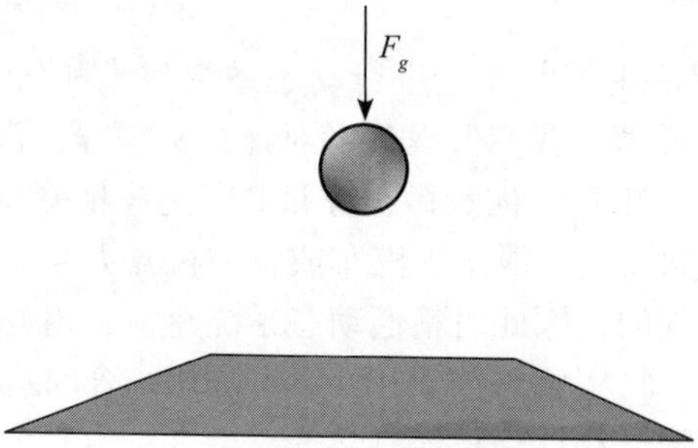

图 1-1　自由落体运动

速度 v 和位移 x 之间的运动学关系为：

$$\frac{\mathrm{d}x}{\mathrm{d}t} = v$$

式中，x 的原点是物体 m 的初始位置，而 x 的正方向在图 1-1 中是向下的。那么式（1-2）的右边变为：

$$mg = F_g = \sum_i F_i = \frac{\mathrm{d}}{\mathrm{d}t}(mv) = \frac{\mathrm{d}}{\mathrm{d}t}\left(m\frac{\mathrm{d}x}{\mathrm{d}t}\right)$$

从而

$$mg = \frac{\mathrm{d}}{\mathrm{d}t}\left(m\frac{\mathrm{d}x}{\mathrm{d}t}\right)$$

上式展开如下：

$$mg = \frac{\mathrm{d}m}{\mathrm{d}t}\frac{\mathrm{d}x}{\mathrm{d}t} + m\frac{\mathrm{d}^2 x}{\mathrm{d}t^2}$$

使用简明的符号，即 $\dot{m} = \mathrm{d}m / \mathrm{d}t$ ，$\dot{x} = \mathrm{d}x / \mathrm{d}t$ 和 $\ddot{x} = \mathrm{d}^2 x / \mathrm{d}t^2$ ，将控制方程整理如下

$$\ddot{x} = g - \frac{\dot{m}}{m}\dot{x} \tag{1-3}$$

仅仅出于示例目的，假设质量变化率由以下公式给出：

$$\dot{m} = -m + 2 \tag{1-4}$$

现在我们可以确定有三个独立的时变状态，即位移 x 、速度 $\dot{x}$ 和质量 m 。所有其他的时变状态，例如 $\ddot{x}$ 和 $\dot{m}$ ，都可以用独立的状态变量来表示。状态变量的定义如下：

$$x_1 = x$$
$$x_2 = \dot{x}$$
$$x_3 = m$$

用状态变量表示的各状态的时间导数如下：

$$\dot{x}_1 = \dot{x} = x_2 \tag{1-5a}$$

$$\dot{x}_2 = \ddot{x} = g - \frac{-m+2}{m}\dot{x} = g - \frac{-x_3+2}{x_3}x_2 \tag{1-5b}$$

$$\dot{x}_3 = \dot{m} = -m + 2 = -x_3 + 2 \tag{1-5c}$$

这被称为状态空间形式。

设置初始条件为 $x_1(0) = x(0) = 0.0\,\mathrm{m}$ ，$x_2(0) = \dot{x}(0) = 0.5\ \mathrm{m/s}$ 和 $x_3(0) = m(0) = 5\mathrm{kg}$，式（1-5）可以用矩阵向量符号写成紧凑的形式。定义状态向量 $\boldsymbol{x}$ 如下：

$$\boldsymbol{x} = \begin{bmatrix} x_1 \\ x_2 \\ x_3 \end{bmatrix}$$

对应的状态空间形式如下

$$\dot{\boldsymbol{x}} = f(\boldsymbol{x})\begin{bmatrix} x_2 \\ g + (x_3 - 2)/(x_2 / x_3) \\ -x_3 + 2 \end{bmatrix} \tag{1-6}$$

二阶微分方程式（1-3）和一阶微分方程式（1-4）被合并为一阶三维向量微分方程式（1-6）。任何高阶微分方程都可以转化为一阶多维向量微分方程 $\dot{\boldsymbol{x}} = f(\boldsymbol{x})$ 。数值积分方法，如 Runge-Kutta 积分（Press et al.，2007）可以求解一阶微分方程式，因而可以将任何高阶微分方程转换为相应的一阶多维向量微分方程来求解。

1. 第一个 MATLAB 程序

我们准备求解式（1-6），初始条件设置为 $\boldsymbol{x}(0)=[0.0 0.5 5.0]^{\mathrm{T}}$，其中上标 T 代表向量转置。我们使用 MATLAB 求解从 $t=0\mathrm{s}$ 到 $t=5\mathrm{s}$ 的微分方程。MATLAB 拥有许多数值函数和库，非常适合用于动态系统的建模与仿真，例如数值积分器就是 MATLAB 中已有的函数之一。因此，我们求解微分方程的主要任务就是学习如何使用 MATLAB 中现有的函数和库。用 MATLAB 求解自由落体运动问题的完整程序如程序 1-1 所示，运行该程序将生成图 1-2（留作本章习题）。

程序 1-1 （MATLAB）求解自由落体运动问题

```
clear;

grv_const = 9.81; % [m/s^2]
init_pos = 0.0; %[m]
init_vel = 0.5; % [m/s]
init_mass = 5.0; %[kg]

init_time = 0; % [s]
final_time = 5.0; % [s]
time_interval = [init_time final_time];

x0 = [init_pos init_vel init_mass];
[tout,xout] = ode45(@(time,state) free_falling_obj(time,state,
    grv_const), time_interval, x0);

figure(1);
plot(tout,xout(:,1))
ylabel('position [m]');

xlabel('time [s]');

figure(2);
plot(tout,xout(:,2))
ylabel('velocity [m/s]');
xlabel('time [s]');

figure(3);
plot(tout,xout(:,3))
ylabel('m(t) [kg]');
xlabel('time [s]');

function dxdt = free_falling_obj(time,state,grv_const)
    x1 = state(1);
    x2 = state(2);
    x3 = state(3);

    dxdt = zeros(3,1);
    dxdt(1) = x2;
    dxdt(2) = grv_const + (x3-2)*(x2/x3);
    dxdt(3) = -x3 + 2;
end
```

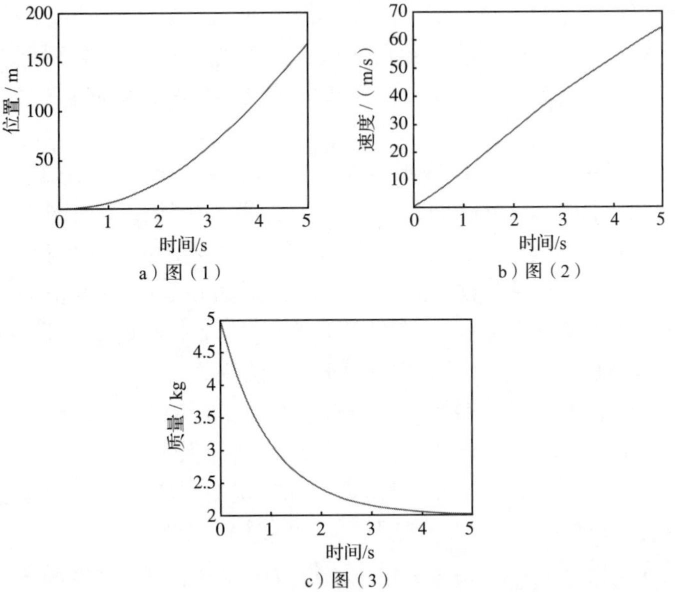

a）图（1）　b）图（2）　c）图（3）

图 1-2　自由落体物体的位置、速度和质量随时间变化图

现在，我们一起逐行阅读第一个 MATLAB 程序。程序以命令 clear 开始，它删除了工作区的所有变量。在工作区中，会有一些之前运行的程序中定义和使用的变量。它们可能有相同的名称，但在当前的计算中却有不同的含义和数值。例如，第 3 行中的重力加速度 grv_const 在当前程序中是未定义的，它和一个用于分析月球上物体坠落的程序使用了同名变量。月球上的物体坠落程序在先前已被执行，并将 grv_const 保存在工作区中。如果没有 clear 命令，那么程序将会使用不正确的常数，从而产生错误的结果。因此，建议在开始新的计算之前清除工作区。注意，clear 命令会清除工作区中的所有变量，因此在使用 clear 之前，我们要检查是否保存了这些在长时间的计算机仿真中产生的数值。

程序在第 3 ～ 12 行中定义了多个常量。如果仅根据前述系统动态方程，我们很容易编写如下代码：

程序 1-2（MATLAB）不太好的定义常量的方式

```
g = 9.81
x = 0.0
v = 0.5
t = [0 5]
x0 = [x v m]
```

上述代码中定义常量的方式看起来很紧凑，也更接近我们推导的方程，但用这种方式编写程序不是一种好习惯。上述编程方式存在以下问题：

- 用单个字符定义变量，如 g、x、v 等。使用单个字符定义变量可能会导致变量含义产生混淆，并导致在错误的地方使用它们，最终导致编译错误。
- 数字后面未说明单位。没有任何数值单位的说明，例如 9.81 的单位是 m/s^2 还是 ft/s^2？
- 使用了 "magic numbers" ㊀。在定义变量 t 时，数字 0 和 5 代表什么含义？

程序 1-1 使用了一种更好的定义变量的方式。初始位置用变量名称 init_pos 定义，其值为 0.0，单位为 m。像这样适当命名的变量可以减少程序中的错误和混乱。程序 1-1 指出了每个数值的相应单位，例如 init_mass 的值为 5.0，单位为 kg。我们通过名称就能了解每个变量的含义。在 % 后面的文字是代码注释，我们可以在这里添加各种信息，如每个数值的单位等。

在程序 1-1 的第 13 行，我们用 MATLAB 内置的 Runge-Kutta 积分器 ode45 对文件末尾的函数 free_falling_obj 提供的微分方程进行积分。一般来说，每个函数都会被保存为一个单独的文件。但对于函数只在特定的文件中使用的情况，也可以将其包含在对应的文件中。在这种情况下，必须像本例那样将它们放在文件的末尾。

MATLAB 中的函数以关键字 function 开始，并以关键字 end 结束。在程序 1-1 的第 30 行，dxdt 是函数的返回变量，free_falling_obj 是函数名称，括号内表示函数有三个输入参数。一般来说，一个函数应该具有该函数所使用的任何输入参数。但函数 free_falling_obj 是用来描述常微分方程的，它将被传入内置的积分器 ode45 中使用。而 ode45 的前两个参数必须是时间和状态。

在程序 1-1 的第 31 ～ 33 行，设置变量 state 为一个三维向量，其每个元素对应状态 x_1、x_2 和 x_3。在第 35 行，内置函数 zeros(3,1) 将返回变量 dxdt 初始化为 [000]。这里，函数 zeros(m,n) 用来创建各元素均为零的 $m \times n$ 矩阵。最后，程序 1-1 的第 36 ～ 38 行则定义了以状态空间形式描述的常微分方程式（1-6）。

即使没有将 dxdt 初始化，即程序 1-1 的第 35 行的函数完全可以正常工作，但删去初始化行并不是一种好的编程习惯。因为如果没有初始化，那么程序 1-1 的第 36 行的 dxdt 就是一个一维标量值。但是在接下来的几行中，它变成了一个二维的值和一个三维的值。在程序 1-1 的每一行中，dxdt 的大小都在变化，这就要求计算机用额外的内存来存储额外的值。这可能会使总的计算时间延长，如果这个函数被调用上百万或更多次，那么计算时间可能会明显延长。因此，最好像程序 1-1 的第 35 行那样提前声明所有需要的内存。

> **代码效率 vs 开发周期**：我们努力编写高效的程序代码，但在原始开发阶段也需要一个快速的开发周期。

㊀ magic numbers，即"魔数"，是指代码中未说明含义或用途的数字。魔数会大大降低代码的可阅读性和可维护性，新手在入门编程时应该养成不使用魔数的习惯。——译者注

我们确实应该养成有意识地提高算法执行效率的习惯。但另一方面，也不应过度地考虑程序的运行效率，像 MATLAB 和 Python 这样的脚本语言是为了快速实现和测试。因此，我们需要在优化代码和节省开发时间之间做出权衡。

现在，我们准备使用内置的数值积分器 ode45 来求解微分方程。ode45 表示使用 Runge-Kutta 四阶和五阶方法来求解常微分方程。感兴趣的读者可以查阅 Press 等人在 2007 年发表的相关论文，其中有 Runge-Kutta 积分方法的详细描述。

回到程序 1-1 中的第 13 行

```
13 [tout,xout] = ode45(@(time,state) free_falling_obj(time,state,
     grv_const), time_interval, x0);
```

当我们使用 ode45 时，输入参数以符号 @ 开始，它被称为函数句柄。当我们把函数 A（例如 free_falling_obj）传递给函数 B（例如 ode45），且函数 B 将多次调用函数 A 时，就会用到函数句柄 @。通过使用函数句柄，我们可以灵活地控制或构建要传递的函数。@(time,state) 表明了传递的函数有两个参数，即 time 和 state。它们将依照函数 ode45 所要求的顺序在函数 ode45 和 free_falling_obj 之间传递，即“时间”和“状态”分别是第一个和第二个参数。

有了这个函数句柄，我们就可以在 free_falling_obj 的函数定义中以不同的方式排列函数的参数。例如，我们可以把这个函数写成下面这个样子：

```
function dxdt = free_falling_obj(time,grv_const,state)
    x1 = state(1);
    x2 = state(2);
    x3 = state(3);

    dxdt = zeros(3,1);
    dxdt(1) = x2;
    dxdt(2) = grv_const + (x3-2)*(x2/x3);
    dxdt(3) = -x3 + 2;
end
```

并更新积分部分，以遵循更新后的函数定义，如下所示：

```
[tout,xout] = ode45(@(time,state) free_falling_obj(time,grv_const,
    state), time_interval, x0);
```

该程序与修改前的程序本质上是一样的。注意，函数有一个额外的输入参数 grv_const，如果有必要的话，我们可以增加更多的输入参数。也就是说，只要在函数句柄中注明了第一个参数“时间”和第二个参数“状态”，该函数就可以有任意数量、以任意顺序传递给积分器 ode45 的其他输入参数。

求解完积分后，结果会返回两个输出变量 tout 和 xout 中。在 MATLAB 的命令提示符中执行命令 whos，将会显示以下信息：

```
>> whos
  Name              Size            Bytes  Class     Attributes

  final_time        1x1                 8  double
  grv_const         1x1                 8  double
  init_mass         1x1                 8  double
  init_pos          1x1                 8  double
  init_time         1x1                 8  double
  init_vel          1x1                 8  double
  time_interval     1x2                16  double
  tout             61x1               488  double
  x0                1x3                24  double
  xout             61x3              1464  double
```

第 1 列显示了所有创建的变量，包括积分器的两个输出结果。第 2 列显示每个变量的大小：tout 是 61 行 1 列，xout 是 61 行 3 列。也就是说 xout 的每一行值都与 tout 的相应时间步数对应。为什么行的数量是 61 呢？这是积分器为了调整积分精度和计算时间而自动决定的，我们在后面的章节中会说明如何明确地指定行数或时间步数。xout 的第 1 ～ 3 列分别对应了状态 x 、$\dot{x}$ 和 m 。

在 MATLAB 命令提示符中输入如下命令，我们可以在命令窗口中打印 $x(t)$ 的所有值：

```
>> xout(:,1)
```

其中，: 表示所有行。如果我们想知道 x 从第 11 ～ 15 行的值，那么输入如下命令：

```
>> xout(11:15,1)
```

类似地，$\dot{x}$ 和 m 的时间序列分别为 xout(:,2) 和 xout(:,3)。

MATLAB 中的 plot 命令如下

```
plot(tout, xout(:,1))
```

在绘制每个图形之前，分别用命令 figure(1)、figure(2) 和 figure(3) 打开一个新的图形窗口。命令 xlabel 和 ylabel 分别为横轴和纵轴创建轴标签，其中必须对每个轴指明所用的数量和单位。

2. 第一个 Python 程序

程序 1-3 用于求解自由落体运动的微分方程。该程序与程序 1-1 的 MATLAB 程序非常相似，但这两种语言之间也存在许多不同之处。

程序 1-3 （Python）求解自由落体运动问题

```
from numpy import linspace
from scipy.integrate import solve_ivp

```

```
4 grv_const = 9.81 # [m/s^2]
5 init_pos = 0.0 # [m]
6 init_vel = 0.5 # [m/s]
7 init_mass = 5.0 #[kg]
8
9 init_cond = [init_pos, init_vel, init_mass]
10
11 init_time = 0 # [s]
12 final_time = 5.0 # [s]
13 num_data = 100
14 tout = linspace(init_time, final_time, num_data)
15
16
17 def free_falling_obj(time, state, grv_const):
18     x1, x2, x3 = state
19     dxdt = [x2,
20           grv_const + (x3-2)*(x2/x3),
21           -x3 + 2]
22     return dxd
23
24
25 sol = solve_ivp(free_falling_obj, (init_time, final_time),
     init_cond, t_eval=tout, args=(grv_const,))
26 xout = sol.y
27
28 import matplotlib.pyplot as plt
29 plt.figure(1)
30 plt.plot(tout,xout[0,:])
31 plt.ylabel('position [m]');
32 plt.xlabel('time [s]');
33
34 plt.figure(2);
35 plt.plot(tout,xout[1,:])
36 plt.ylabel('velocity [m/s]');
37 plt.xlabel('time [s]');
38
39 plt.figure(3);
40 plt.plot(tout,xout[2,:])
41 plt.ylabel('m(t) [kg]');
42 plt.xlabel('time [s]');
```

程序 1-3 第 4 ～ 14 行以合适的命名定义了多个常量，并在注释中指出了对应的单位。注意，在 Python 中，注释应该放在 # 的后面。

对于 Python 语言的初学者来说，上述程序所示的前两行并不容易理解。Python 有许多包，每个包都是一个函数的集合。有几种不同的方法来加载这些函数和程序中的第 1 行，如

```
1 from numpy import linspace
```

就是方法之一。from 和 import 是 Python 中的关键词，这行代码表示从名为 numpy 的库中加载函数 linspace。numpy 是科学和工程函数库之一，它包括许多

有用的函数，如矩阵操作等数学函数。

> numpy vs scipy：这两个软件包非常相似，有许多相同的功能。numpy 是用 C 语言编写的，而 scipy 是用 Python 编写的，因此 numpy 的执行速度比 scipy 快，但是 scipy 相比 numpy 具有更多专业的功能。

读者可能会想，为什么每个函数在使用前都要手动加载，而没有 MATLAB 那么简便？实际上这就是 Python 语言的设计原则之一。如果所有的函数都被预先加载或者在使用时自动搜索并加载，那么搜索时间或者存储函数列表的内存大小就会很长或者很大。因此，在使用这些函数时，手动加载会更有效率。

函数 linspace 有三个输入参数，例如，第 14 行生成了一个从初始时间 0.0 开始到最终时间 5.0 结束的数值数组，其元素数量等于 num_data，即 100。与 MATLAB 中的积分器不同，Python 中的积分器（稍后讨论）需要明确的时间列表作为输入参数之一。

在第 2 行中，载入数值积分器 solve_ivp 的命令如下：

```
2 from scipy.integrate import solve_ivp
```

这与第一行所示的加载函数的方式略有不同，scipy 是另一个科学和工程函数库。有些库将其中的函数分为几个类别，如 integrate 就是 scipy 库中的一个类别。在库名后面加上点号来访问集成在该类别下的函数，即 scipy.integrate。数值积分器 solve_ivp 被定义在 scipy 库的 integrate 类别中，如果我们使用 from scipy import solve_ivp 来加载该函数，那么将无法找到积分器并出现导入错误。

程序 1-3 的第 17 ～ 22 行定义了常微分方程。如下所示，函数定义的第一行以关键字 def、函数名称 free_falling_obj、三个输入参数和冒号 : 开始

```
def free_falling_obj(time, state, grv_const):
```

一般来说，要定义的函数可以有任何输入参数，但是传递给 solve_ivp 的函数的前两个输入参数必须按照时间和状态的先后顺序，这是因为 solve_ivp 假设传递的函数的前两个参数是 $\dot{x}=\mathrm{d}x/\mathrm{d}t$ 中的 t 和 x。函数的主体部分以缩进的形式，在函数标题行和 return 行之间。Python 中的缩进并不像其他许多编程语言那样，只是为了提高可读性，实际上它指出了哪些行属于函数主体。下面是函数主体的第 1 行

```
x1, x2, x3 = state
```

其中，state 为状态，由三个元素构成，分配给等号左边的三个新变量 x1、x2 和

x3。这三个元素在这一行中一起被解构[⊖]，而非单独解构。

接下来，dxdt 是 Python 中的列表元素。在列表中，每个元素间由逗号分开。最后，dxdt 通过关键字 return 成为函数 free_falling_obj 的返回值，该函数被传递给积分器 solve_ivp。

积分器的前三个输入参数分别是描述常微分方程的函数名称、积分的时间间隔和初始条件。t_eval 是时间序列，求解所得的 $x(t)$ 被存储到积分器的输出中，最后一个参数名称由 args 保留。由于函数 free_falling_obj 除了时间和状态还有额外的输入变量 grv_const，因此这个值必须被送到 solve_ivp 中。args 作为 solve_ivp 的输入变量，用来传递额外的输入变量，grv_const 通过 args=(grv_const,) 传递给积分器。args 的数据类型是一个元组，例如 (1.3, 4.2, 4.3) 或 (1.3, 2.3) 就是一个元组。当一个元组中只有一个元素，例如 (1.2,) 时，结尾的逗号不能省略，因为 (1.2) 被解释为浮点数 1.2 。为了使它成为一个元组，必须写为 (1.2,) 。因此，在 args=(grv_const,) 中 grv_const 后面有逗号。

与 MATLAB 类似，在 Python 的命令提示符下输入 whos 会在屏幕中输出以下列表：

```
Variable             Type         Data/Info
-------------------------------------------------
final_time           float        5.0
free_falling_obj     function     <function free_falling_obj
grv_const            float        9.81
init_cond            list         n=3
init_mass            float        5.0
init_pos             float        0.0
init_time            int          0
init_vel             float        0.5
linspace             function     <function linspace at 0x7f
num_data             int          100
plt                  module       <module 'matplotlib.pyplo<...
sol                  OdeResult    message: 'The solver su<.
solve_ivp            function     <function solve_ivp at 0x7f
tout                 ndarray      100: 100 elems, type 'float64',
xout                 ndarray      3x100: 300 elems, type 'float64
```

常微分方程的解存储在 sol 中，其类型是 OdeResult，它包括关于积分结果的各种信息。在命令提示符下输入 sol 并点击回车键，可以看到 sol 中有哪些变量。我们可以通过 sol.y 访问 $x(t)$。为了避免在 sol 中不断访问 $x(t)$，我们可以创建一个新的变量 xout，并将 sol.y 存入 xout 中。从变量列表中可以看到，xout 的大小为 3×100，其每一行分别对应于 $x(t)$、$\dot{x}(t)$ 和 $m(t)$ 。

[⊖] Python 中的数组解构是指将一个数组中的元素分解并赋值给多个变量，这使得代码更加简洁，同时也增加了代码的可读性。——译者注

为了将结果绘制出来，我们必须加载一个绘图库。matplotlib 是 Python 中使用最广泛的绘图库。具体来说，matplotlib.pyplot 类别下的绘图函数是最为频繁使用的。导入这些函数的命令如下：

```
import matplotlib.pyplot
```

访问特定类别下的函数的方法是在包名后加上点号。matplotlib.pyplot 代表着我们要访问 matplotlib 中名为 pyplot 的子类别下的函数，而不是加载 matplotlib 中的所有函数。现在，我们可以在 pyplot 中使用如下绘图命令：

```
matplotlib.pyplot.plot(tout, xout[0,:])
```

这个命令名字太长了，输入起来很不方便。简便起见，可以加载 pyplot，命令如下：

```
import matplotlib.pyplot as plt
```

在关键字 as 之后，我们可以使用任何一个方便的名称来称呼它。按照惯例或标准，matplotlib.pyplot 被称为 plt。因此，调用 plot 的命令可以写为：

```
plt.plot(tout, xout[0,:])
```

这将在时间序列 t 下绘制 $x(t)$。与 MATLAB 不同，Python 中的数组索引从 0 而不是 1 开始。xout 的前两行分别是 xout[0,:] 和 xout[1,:]，以此类推。横纵轴的使用与 MATLAB 中的相同。

1.2.2 配体 – 受体相互作用

配体 – 受体相互作用是生物分子系统中最常见的相互作用之一。如图 1-3 所示，配体 L 与分布在细胞边界上的受体 R 结合，形成配体 – 受体复合物 C，该复合物通过细胞内的各种级联信号途径引起进一步的反应。L 的产生速率由时间函数 $f(t)$ 给出。从控制论的角度来看，$f(t)$ 被视为输入，R 是内部状态，而 C 的浓度是配体 – 受体相互作用的输出。

以下的分子相互作用描述了 L、R、C 和 $f(t)$ 之间的关系：

$$\mathrm{R}+\mathrm{L}\xrightarrow{k_{\mathrm{on}}}\mathrm{C} \tag{1-7a}$$

$$\mathrm{C}\xrightarrow{k_{\mathrm{off}}}\mathrm{R}+\mathrm{L} \tag{1-7b}$$

$$\mathrm{R}\xrightarrow{k_t}\varnothing \tag{1-7c}$$

$$\mathrm{C}\xrightarrow{k_e}\varnothing \tag{1-7d}$$

$$f(t)\xrightarrow{1}\mathrm{L} \tag{1-7e}$$

$$Q_R\xrightarrow{1}\mathrm{R} \tag{1-7f}$$

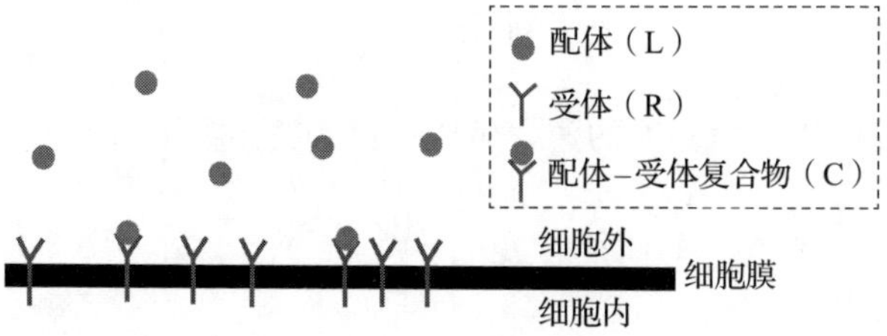

图 1-3 配体 – 受体的相互作用形成配体 – 受体复合物

式中，k_{on} 和 k_{off} 分别是受体 R 和配体 L 结合或解除结合以形成或破坏复合物 C 的反应速率，受体和复合物分别以 k_t 和 k_e 的速率被破坏，$f(t)$ 是以单位速率产生配体的刺激物，Q_R 是以单位速率产生的内部受体。

我们利用分子相互作用推导出了一组常微分方程。为此，引入以下两个假设：

- 所有的分子和分子源都均匀分布在反应空间。
- 每种分子都有足够的分子数量，可以单独考虑其浓度。

第一个假设使得模型能以常微分方程构建，否则将求解带有空间坐标的偏微分方程，而求解偏微分方程在计算上要比求解常微分方程困难得多。第二个假设则表明，每种分子的数量都远大于零。我们在建模中忽略了分子相互作用的随机性和分子数量的整数性质。

分子间的相互作用是随机的，可以在随机仿真中计算每个反应发生的概率，后面会详细讨论随机建模和仿真的细节。此外，确定性仿真是通过假设有大量分子的情况下进行的。平均分子数将显示出确定性的轨迹，其中的随机波动可以忽略不计。

考虑受体 R，它直接参与了三个反应。在式（1-7a）中，L 与 R 结合成为 C。通过这个反应，R 的浓度下降，其变化率与 R 和 L 的浓度成正比，如下所示：

$$\frac{\mathrm{d}[R]}{\mathrm{d}t} \propto -[\mathrm{R}]\times[\mathrm{L}] \tag{1-8}$$

式中，$[\cdot]$ 是分子的浓度。反应的比例系数由 k_{on} 给出，浓度单位为纳摩尔(nM)[⊖]。这里，分子的浓度等于 $N/(N_A V)$，其中 N 为分子数，N_A 为阿伏伽德罗常数 6.022×10^{23}，V 为反应空间体积，单位为立方米（m^3）。

在式（1-7b）中，C 被分解为 R 和 L。该反应增加了 R 的浓度，其变化率与 C 的浓度成正比，（比例系数是 k_{off}），比例关系如下所示：

$$\frac{\mathrm{d}[\mathrm{R}]}{\mathrm{d}t} \propto [\mathrm{C}] \tag{1-9}$$

受体 R 以 k_t 的速度破坏自身，比例关系如下所示：

⊖ 纳摩尔的单位 nmol 在程序代码中表示为 nM。

$$\frac{\mathrm{d}[\mathrm{R}]}{\mathrm{d}t} \propto -[\mathrm{R}] \tag{1-10}$$

最后在式（1-7f）中，R 以 Q_R 的速率生成，比例关系如下所示：

$$\frac{\mathrm{d}[\mathrm{R}]}{\mathrm{d}t} \propto [Q_R] \tag{1-11}$$

式中，比例系数是 1。

由式（1-8）～式（1-11），得到如下（Shankaran et al.，2007）：

$$\frac{\mathrm{d}[\mathrm{R}]}{\mathrm{d}t} = -k_{\mathrm{on}}[\mathrm{R}][\mathrm{L}] + k_{\mathrm{off}}[\mathrm{C}] - k_t[\mathrm{R}] + [Q_R] \tag{1-12}$$

类似地，对 L 和 C 也可以建立微分方程如下：

$$\frac{\mathrm{d}[\mathrm{L}]}{\mathrm{d}t} = -k_{\mathrm{on}}[\mathrm{R}][\mathrm{L}] + k_{\mathrm{off}}[\mathrm{C}] + [f(t)] \tag{1-13a}$$

$$\frac{\mathrm{d}[\mathrm{C}]}{\mathrm{d}t} = k_{\mathrm{on}}[\mathrm{R}][\mathrm{L}] - k_{\mathrm{off}}[\mathrm{C}] - k_e[C] \tag{1-13b}$$

式中，$k_{\mathrm{off}} = 0.24[1/\mathrm{min}]$、$k_{\mathrm{on}} = 0.0972[1/(\text{分钟}\cdot\mathrm{nM})]$、$k_t = 0.02[1/\mathrm{min}]$、$k_e = 0.15$ $[1/\mathrm{min}]$，以及 $[f(t)] = 0.0[\mathrm{nM}/\mathrm{min}]$，即无外部刺激。这些值可用于研究表皮生长因子受体（EGFR），对理解肿瘤的形成和生长起着重要的作用。

由于 $\mathrm{d}[\mathrm{R}]/\mathrm{d}t$ 中 Q_R 为正值，R 会增加到无穷大。这显然是不现实的，因为细胞中存在的受体数量有限。相关研究显示，EGFR 的最大数量约为 10 万个（Wee and Wang，2017；Carpenter and Cohen，1979）。由于 Shankaran 等人在 2007 年发表的论文中设置反应空间的体积为 $4\times10^{-10}\mathrm{m}^3$，因此 R 的最大浓度为 $10000/(N_A V) \approx 0.415\ \mathrm{nM}$。我们对 Q_R 建模如下：

$$[Q_R] = \begin{cases} 0.0166\,[\mathrm{nM}/\mathrm{min}], & \text{对于}[\mathrm{R}] \leqslant [\mathrm{R}]_{\max} \\ 0, & \text{其他} \end{cases} \tag{1-14}$$

式中，$[\mathrm{R}]_{\max}$ 等于 0.415 nM。

以下仿真的初始条件设置如下：$[\mathrm{R}(0)] = 0.1\ \mathrm{nM}$、$[\mathrm{L}(0)] = 0.0415\ \mathrm{nM}$ 和 $[\mathrm{C}(0)] = 0\ \mathrm{nM}$。在生物分子的仿真中，我们必须时刻确认分子数量或浓度等分子量是非负的。如果时间速率为负数，则在仿真开始时 [C] 可能变成负数。在上述初始条件下，[C] 是严格增加的，因为 $\mathrm{d}[\mathrm{C}(0)]/\mathrm{d}t = k_{\mathrm{on}}[\mathrm{R}(0)]\ [\mathrm{L}(0)]$ 在开始时是正数。从式（1-13b）中可以看出，只有当 [C] 足够大时，$\mathrm{d}[\mathrm{C}]/\mathrm{d}t$ 才是负的，即 $[\mathrm{C}] > k_{\mathrm{on}}[\mathrm{R}][\mathrm{L}]/(k_{\mathrm{off}} + k_e)$。

如下程序 1-4 给出了仿真 EGFR 浓度动力学的 MATLAB 程序。

程序 1-4　（MATLAB）EGFR 受体、配体和复合物的浓度动力学模型

```
clear;

```

```
init_receptor = 0.1; % [nM]
init_ligand = 0.0415; %[nM]
init_complex = 0.0; %[kg]

init_time = 0; % [min]
final_time = 180.0; % [min]
time_interval = [init_time final_time];

kon = 0.0972; % [1/(min nM)]
koff = 0.24; % [1/min]
kt = 0.02; %[1/min]
ke = 0.15; % [1/min]

ft = 0.0; % [nM/min]
QR = 0.0166; % [nM/min]
R_max = 0.415; %[nM]

sim_para = [kon koff kt ke ft QR R_max];

x0 = [init_receptor init_ligand init_complex];
[tout,xout] = ode45(@(time,state) RLC_kinetics(time,state,sim_para)
    , time_interval, x0);

figure(1); clf;
subplot(311);
plot(tout,xout(:,1))
ylabel('Receptor [nM]');
xlabel('time [min]');
axis([time_interval 0 0.5]);
subplot(312);
plot(tout,xout(:,2))
ylabel('Ligand [nM]');
xlabel('time [min]');
axis([time_interval 0 0.05]);
subplot(313);
plot(tout,xout(:,3))
ylabel('Complex [nM]');
xlabel('time [min]');
axis([time_interval 0 0.004]);

function dxdt = RLC_kinetics(time,state, sim_para)
    R = state(1);
    L = state(2);
    C = state(3);

    kon = sim_para(1);
    koff = sim_para(2);
    kt = sim_para(3);
    ke = sim_para(4);
    ft = sim_para(5);
    QR = sim_para(6);
    R_max = sim_para(7);

    if R > R_max
        QR = 0;
```

```
    end

    dxdt = zeros(3,1);
    dxdt(1) = -kon*R*L + koff*C - kt*R + QR;
    dxdt(2) = -kon*R*L + koff*C + ft;
    dxdt(3) = kon*R*L - koff*C - ke*C;
end
```

MATLAB 程序 1-4 的仿真结果如图 1-4 所示。受体浓度在开始时几乎是线性增加，最终在最大容许浓度附近波动。配体 – 受体反应稳定地消耗配体，因此其浓度稳定衰减。配体 – 受体复合物的峰值浓度出现在第 35 分钟左右，然后慢慢衰减。

图 1-5 则是 Python 程序 1-5 的仿真结果。与图 1-4 中的图形命令不同，在 matplotlib 中绘制子图并不像 MATLAB 中那么简单，我们需要用到 matplotlib 中的高级功能。在后面程序 2-2 中，我们将进行详细介绍。注意到图 1-5 的字体太小不便于阅读，如何调整图中字体大小也将在程序 2-2 中介绍。

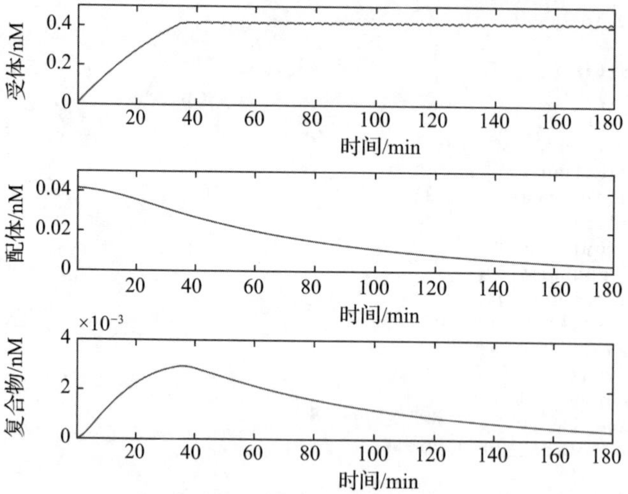

图 1-4 （MATLAB）EGFR 受体、配体和复合物的时间序列

程序 1-5 使用了两个不同的积分器，即 solve_ivp 和 odeint。如式（1-14）所示，常微分方程含有不连续的 Q_R 部分，而 odeint 不能处理不连续的微分方程，得到的解会发散，因此我们建议使用 solve_ivp。

程序 1-5 （Python）EGFR 受体、配体和复合物的浓度动力学模型

```
from numpy import linspace
from scipy.integrate import solve_ivp


```

```
init_receptor = 0.01 #[nM]
init_ligand = 0.0415 #[nM]
init_complex = 0.0 #[kg]

init_time = 0 #[min]
final_time = 180.0 #[min]
time_interval = [init_time, final_time]

kon = 0.0972 #[1/(min nM)]
koff = 0.24 #[1/min]
kt = 0.02 #[1/min]
ke = 0.15 #[1/min]

ft = 0.0 #[nM/min]
QR = 0.0166 #[nM/min]
R_max = 0.415 #[nM]

sim_para = [kon, koff, kt, ke, ft, QR, R_max]

init_cond = [init_receptor, init_ligand, init_complex]


num_data = int(final_time*10)
tout = linspace(init_time, final_time, num_data)


def RLC_kinetics(time, state, sim_para):
    R, L, C = state

    kon, koff, kt, ke, ft, QR, R_max = sim_para

    if R > R_max:
        QR = 0

    dxdt = [-kon*R*L + koff*C - kt*R + QR,
            -kon*R*L + koff*C + ft,
            kon*R*L - koff*C - ke*C]
    return dxdt

sol_out = solve_ivp(RLC_kinetics, (init_time, final_time),
    init_cond, args=(sim_para,))

tout = sol_out.t
xout = sol_out.y

from scipy.integrate import odeint
xout_odeint = odeint(RLC_kinetics, init_cond, linspace(init_time,
    final_time, num_data), args=(sim_para,), tfirst=True)

import matplotlib.pyplot as plt
plt.figure(1)
plt.plot(tout,xout[0,:])
plt.ylabel('Receptor [nM]')
plt.xlabel('time [min]')
plt.axis([0, final_time, 0, 0.5])
```

```

plt.figure(2)
plt.plot(tout,xout[1,:])
plt.ylabel('Ligand [nM]')
plt.xlabel('time [min]')
plt.axis([0, final_time, 0, 0.05])

plt.figure(3)
plt.plot(tout,xout[2,:])
plt.ylabel('Complex [nM]')
plt.xlabel('time [min]')
plt.axis([0, final_time, 0, 0.004])
```

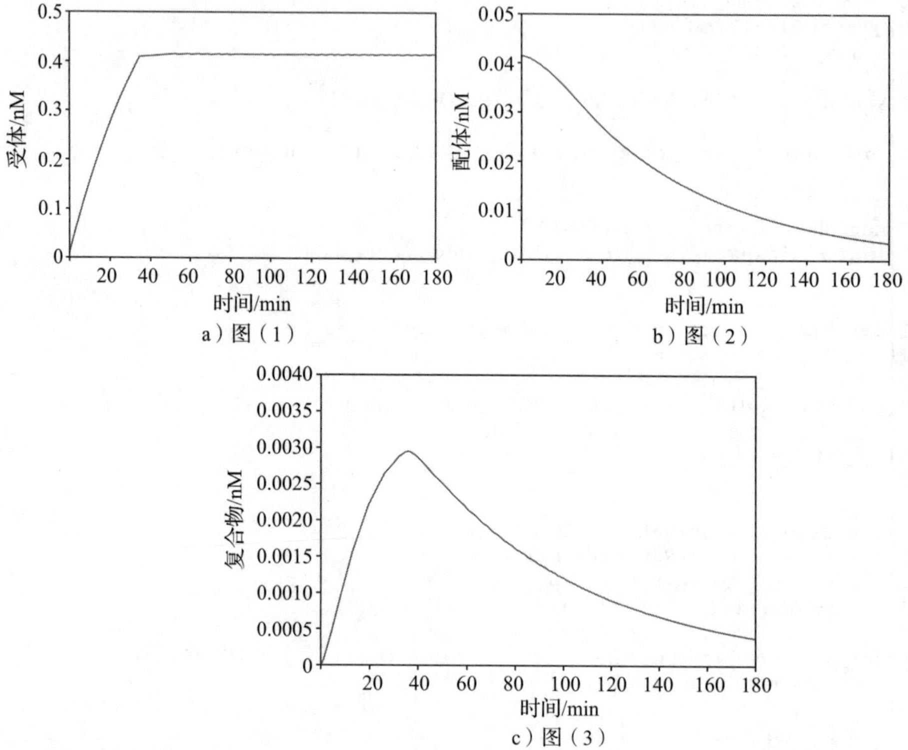

a）图（1）　b）图（2）　c）图（3）

图 1-5 （Python）EGFR 受体、配体和复合物的时间序列

1.3　本书章节安排

第 2 章和第 3 章介绍了自动驾驶车辆的动力学模型、控制和估计算法。第 4 章和第 5 章对生物系统进行了建模和分析。第 2 ～ 5 章都提供了一些示例和习题。最后，我们将在第 6 章中讨论一些额外的阅读材料和主题。

习题

习题 1.1 （MATLAB）运行 MATLAB，打开编辑器输入程序 1-1，并将其保存为 m 文件，在 MATLAB 命令提示符中执行该文件，生成图 1-2。

习题 1.2 （MATLAB）利用程序 1-1 中的 ode45 结果，使用 MATLAB 中的 subplot 命令绘制图 1-6。提示：在 MATLAB 中查看 subplot 相关帮助。

习题 1.3 （Python）在 Python 中使用 matplotlib.pyplot 函数生成图 1-6。

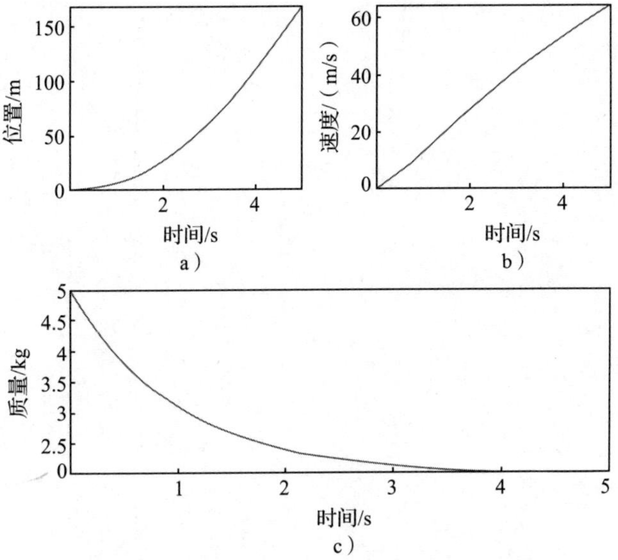

图 1-6 位置 x 、速度 $\dot{x}$ 和质量 m 的时间序列

习题 1.4 从式（1-7）的分子相互作用中推导出式（1-13）。

习题 1.5 （Python）在程序 1-5 中，为什么要将积分器 odeint 的最后一个参数设置为 tfirst=True？

习题 1.6 （MATLAB/Python）使用 MATLAB 或 Python 程序，在以下范围内随机选择初始浓度值：$[\mathrm{R}(0)] \in [0,0.2]$ nM 、$[\mathrm{L}(0)] \in [0,0.05]$ nM 和 $[\mathrm{C}(0)] \in [0,0.01]$ nM ，对 EGFR 动力学模型进行 1000 次仿真实验，检查浓度是否总是正值。

参考文献

G. Carpenter and S. Cohen. Epidermal growth factor. *Annual Review of Biochemistry*, 48(1):193–216, 1979. https://doi.org/10.1146/annurev.bi.48.070179.001205. PMID: 382984.

W.H. Press, S.A. Teukolsky, W.T. Vetterling, and B.P. Flannery. *Numerical Recipes 3rd*

Edition: The Art of Scientific Computing. Cambridge University Press, 2007. ISBN 9780521880688.

Harish Shankaran, Haluk Resat, and H. Steven Wiley. Cell surface receptors for signal transduction and ligand transport: a design principles study. *PLOS Computational Biology*, 3(6):1–14, 2007. https://doi.org/10.1371/journal.pcbi.0030101.

Ping Wee and Zhixiang Wang. Epidermal growth factor receptor cell proliferation signaling pathways. *Cancers*, 9(5), 2017. ISSN 2072-6694. https://doi.org/10.3390/cancers9050052. https://www.mdpi.com/2072-6694/9/5/52.

Chapter2 第 2 章

姿态估计和控制

姿态是物体在三维空间中移动的基本属性之一。对卫星来说，姿态是它将摄像头指向所需方向的关键信息，对自主人形机器人来说，姿态是保持身体平衡的重要信息；对飞行器来说，姿态是保持飞行姿态稳定的核心信息。

2.1 姿态运动学和传感器

如图 2-1 所示，粒子围绕单个轴的旋转，即垂直于 x 轴和 y 轴定义的平面的 z 轴，可以解释为粒子在二维空间的单位圆上移动。粒子的坐标等于 $(\cos\theta, \sin\theta)$，其中 θ 是从 x 轴正方向开始沿逆时针方向测量的角度。由于粒子的运动被限制在单位圆的周长上，因此粒子的坐标满足代数方程 $x^2 + y^2 = 1$，这是以原点为中心的单位圆的方程。

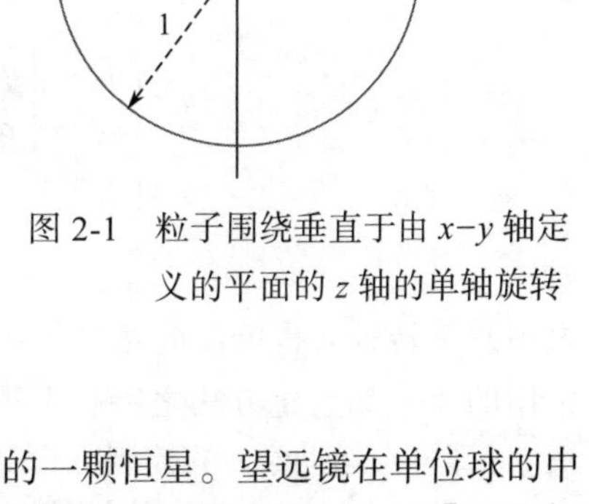

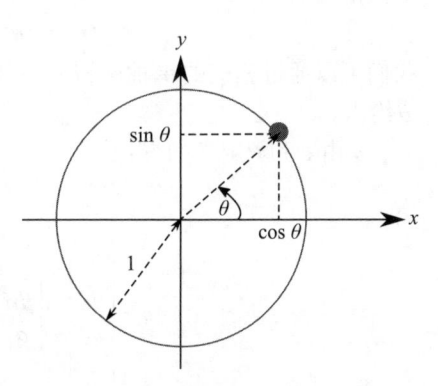

图 2-1 粒子围绕垂直于由 x−y 轴定义的平面的 z 轴的单轴旋转

绕 z 轴的单轴旋转总结如下：旋转轴为 $\boldsymbol{k} = [0,0,1]^{\mathrm{T}}$，这是朝向 z 轴正方向的单位向量，粒子的坐标为 $(\cos\theta, \sin\theta)$，并且约束条件为 $(\sin\theta)^2 + (\cos\theta)^2 = 1$。

如图 2-2 所示，考虑用望远镜观察天空中的一颗恒星。望远镜在单位球的中心，恒星在球的表面。望远镜的初始指向为 x 轴的正方向，即 $\boldsymbol{i} = [1,0,0]^{\mathrm{T}}$，我们想把望远镜指向向量 $\boldsymbol{r}_2$ 所指示的恒星。

把望远镜指向恒星所需的旋转是一个双轴旋转。在图 2-2 中，旋转角度是方位角 α 和仰角 β。将望远镜绕轴 $\boldsymbol{k}$ 旋转 α 度，旋转后指向 $\boldsymbol{r}_1$。接着，从 $\boldsymbol{r}_1$ 指向的方向绕 $\boldsymbol{r}_1\times\boldsymbol{k}$ 得到的轴旋转 β 度，其中 × 代表向量叉积。绕两个轴的转动相当于一个质点在三维空间的单位球面上的运动。由向量 $\boldsymbol{r}_2=[r_x,r_y,r_z]^{\mathrm{T}}$ 给出的质点位置必须满足方程 $r_x^2+r_y^2+r_z^2=1$，因为它在单位球面上从初始指向 $\boldsymbol{i}$ 到最终指向 $\boldsymbol{r}_2$ 的两步旋转可以通过绕 $\boldsymbol{e}=\boldsymbol{i}\times\boldsymbol{r}_2$ 定义的轴旋转来实现，旋转角度等于

$$\theta=\arccos(\boldsymbol{i}\cdot\boldsymbol{r}_2) \tag{2-1}$$

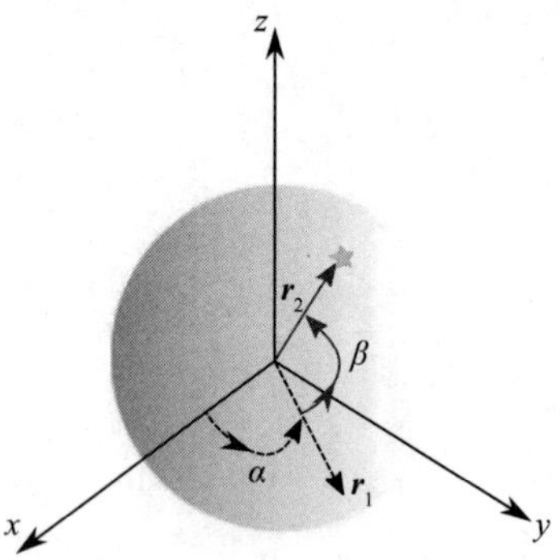

图 2-2　双轴旋转相当于绕垂直于由 $\boldsymbol{r}_1$ 和 $\boldsymbol{r}_2$ 定义的表面的轴的单轴旋转（见彩插）

式中，(·) 是向量点积。单位球面上的任何一个点都存在单步旋转。但是，这并不意味着双轴旋转与前面讨论的固定单轴旋转相同。与旋转轴 $\boldsymbol{e}$ 固定到 $\boldsymbol{k}$ 的固定单轴旋转不同，实现单轴旋转以将点指向单位球面上的轴根据恒星的位置而变化。

我们将相同的逻辑扩展到三维空间中一般的对象旋转。绕三个轴的转动相当于一个粒子在四维空间的单位球面上运动，要满足的约束条件是质点 $\boldsymbol{q}=[q_1,q_2,q_3,q_4]^{\mathrm{T}}$ 的四个坐标的平方和为 1，即

$$\boldsymbol{q}^{\mathrm{T}}\boldsymbol{q}=q_1^2+q_2^2+q_3^2+q_4^2=1 \tag{2-2}$$

我们可以通过相应的单轴旋转实现任意三轴旋转，其中旋转轴和角度分别由 $\boldsymbol{e}$ 和 θ 给出。

$\boldsymbol{q}$ 由 $\boldsymbol{e}$ 和 θ 定义如下：

$$\boldsymbol{q}=\begin{bmatrix}q_1\\q_2\\q_3\\q_4\end{bmatrix}=\begin{bmatrix}\boldsymbol{q}_{13}\\q_4\end{bmatrix}=\begin{bmatrix}\boldsymbol{e}\sin\dfrac{\theta}{2}\\\cos\dfrac{\theta}{2}\end{bmatrix}=\begin{bmatrix}e_1\sin\dfrac{\theta}{2}\\e_2\sin\dfrac{\theta}{2}\\e_3\sin\dfrac{\theta}{2}\\\cos\dfrac{\theta}{2}\end{bmatrix} \tag{2-3}$$

式中，旋转轴 $\boldsymbol{e}$ 是单位向量，等于 $[e_1,e_2,e_3]^{\mathrm{T}}$。式（2-3）定义了四元数 $\boldsymbol{q}$，它是常用的姿态参数化方法之一。上述定义中的旋转角度为 $\theta/2$，当推导出关于时变 $\boldsymbol{q}$（即姿态运动学）的控制方程时，使用半角可得到一个简单的代数关系。

考虑一个以角速度 $\boldsymbol{\omega}$ 旋转的三维物体：

$$\boldsymbol{\omega}=[\omega_x \ \ \omega_y \ \ \omega_z]^{\mathrm{T}} \tag{2-4}$$

如图 2-3 所示，三个箭头表示 $\boldsymbol{\omega}$ 向量，其中 ω_x、ω_y和ω_z是物体在当前时刻的瞬时角速度，方向分别朝向机体坐标的 $\boldsymbol{x}_B$、$\boldsymbol{y}_B$和$\boldsymbol{z}_B$轴，单位为 rad/s。附着在物体上的陀螺仪测量角速度矢量的三个分量，其中陀螺仪传感方向与机体坐标轴对齐。

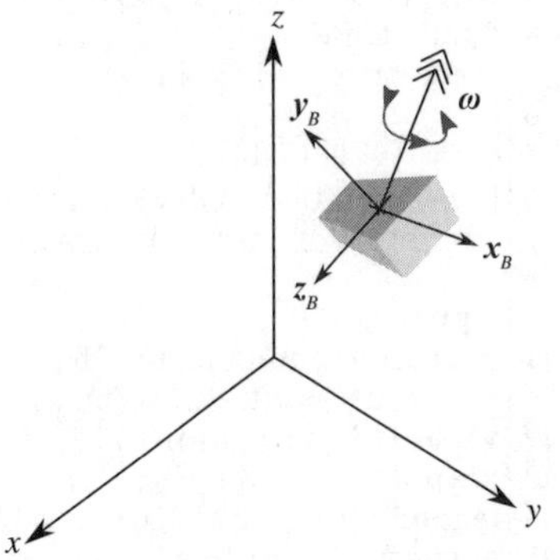

图 2-3 物体在三维空间内翻滚，坐标 $\boldsymbol{x}_B$、$\boldsymbol{y}_B$ 和 $\boldsymbol{z}_B$ 在物体上

四元数运动学由 Crassidis 和 Junkins 在 2011 年给出，如下所示：

$$\frac{\mathrm{d}\boldsymbol{q}}{\mathrm{d}t}=\frac{1}{2}\Omega(\boldsymbol{\omega})\boldsymbol{q} \tag{2-5}$$

其中

$$\Omega(\boldsymbol{\omega})=\begin{bmatrix} 0 & \omega_z & -\omega_y & \omega_x \\ -\omega_z & 0 & \omega_x & \omega_y \\ \omega_y & -\omega_x & 0 & \omega_z \\ -\omega_x & -\omega_y & -\omega_z & 0 \end{bmatrix} \tag{2-6}$$

紧凑形式如下：

$$\Omega(\boldsymbol{\omega})=\begin{bmatrix} -[\boldsymbol{\omega}\times] & \boldsymbol{\omega} \\ -\boldsymbol{\omega}^{\mathrm{T}} & 0 \end{bmatrix} \tag{2-7}$$

其中

$$[\boldsymbol{\omega}\times]=\begin{bmatrix} 0 & -\omega_z & \omega_y \\ \omega_z & 0 & -\omega_x \\ -\omega_y & \omega_x & 0 \end{bmatrix} \tag{2-8}$$

2.1.1 四元数运动学问题

考虑由下式给出的角速度：

$$\omega=\begin{bmatrix} 0.1\sin(2\pi\times0.005t) \\ 0.05\cos(2\pi\times0.1t+0.2) \\ 0.02 \end{bmatrix} [\text{rad/s}] \tag{2-9}$$

式中，t是以 s 为单位的时间，ω_x和ω_y的频率分别为 0.005Hz 和 0.1Hz，z_B轴以 0.02rad/s 的恒定角速度旋转。

1. MATLAB 程序

修改程序 1-1，并求解四元数运动学方程式（2-5）如下。

程序 2-1 （MATLAB）基于式（2-9）给出的 $\boldsymbol{\omega}$ 求解 $\mathrm{d}\boldsymbol{q}/\mathrm{d}t$

```
clear;

init_time = 0; % [s]
final_time = 60.0; % [s]
time_interval = [init_time final_time];

q0 = [0 0 0 1]';
[tout,qout] = ode45(@(time,state) dqdt_attitude_kinematics(time,
    state), time_interval, q0);

figure;
plot(tout,qout(:,1),'b-',tout,qout(:,2),'r--',tout,qout(:,3),'g-.',
    tout,qout(:,4),'m:')
ylabel('quaternion');
xlabel('time [s]');
legend('q1','q2','q3','q4');
set(gca,'FontSize',14);

function dqdt = dqdt_attitude_kinematics(time,state)
    q_true = state(:);

    w_true(1) = 0.1*sin(2*pi*0.005*time); % [rad/s]
    w_true(2) = 0.05*cos(2*pi*0.01*time + 0.2); %[rad/s]
    w_true(3) = 0.02; %[rad/s]
    w_true = w_true(:);

    wx = [  0            -w_true(3)   w_true(2);
            w_true(3)    0            -w_true(1);
            -w_true(2)   w_true(1)    0];

    Omega = [   -wx          w_true;
                -w_true'     0];

    dqdt = 0.5*Omega*q_true;
end
```

四元数时间序列如图 2-4 所示。每当在 MATLAB 中创建图片时，图片的所有参数都存储在自动生成的变量 gca 中。其中一个参数是图片中字符的字体大小，可以使用命令 set 进行更改，如下所示：

```
set(gca,'FontSize',14);
```

这将默认字体大小从 12pt 改为 14pt。

回想一下，四元数必须满足单位范数条件式（2-2）。而 ode45 函数不关心约束，它仅求解由式（2-5）给出的微分方程。对有约束的微分方程进行积分并非易事，不过有一种方法可以控制误差增长的速度。单位范数误差定义如下：

$$(\boldsymbol{q}\text{单位范数误差}) = \log|\boldsymbol{q}^{\mathrm{T}}\boldsymbol{q}-1| \tag{2-10}$$

式中，$\log(\cdot)$ 是自然对数。

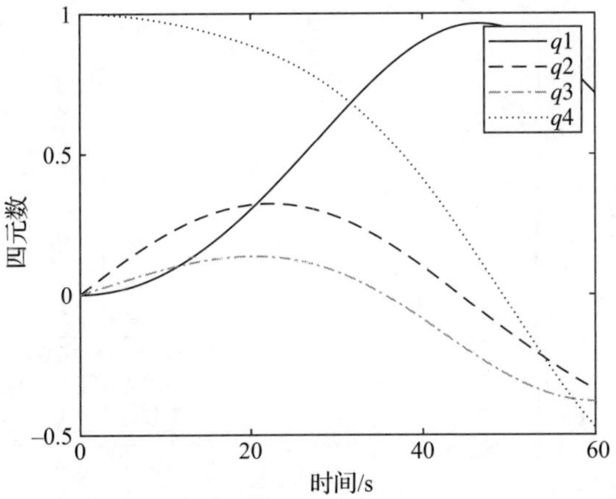

图 2-4 由式（2-9）给出的 $\boldsymbol{\omega}$ 对应的四元数时间序列（见彩插）

ode45 用来调整数值误差的两个参数是相对容差 RelTol 和绝对容差 AbsTol，ode45 根据这两个值调整积分区间。对于由 $\dot{x}=f(x)$ 给出的微分方程，ode45 将 $f(x)$ 前一次在 t 时刻的积分值与 $t+\Delta t$ 处的当前值进行比较。如果 $|f[x(t+\Delta t)]-f[x(t)]|$ 大于 RelTol，则减小 Δt 直至差值小于 RelTol。类似地，ode45 将 $|f[x(t+\Delta t)]|$ 与 0 进行比较。如果差值大于 AbsTol，则减小 Δt 直至 $|f[x(t+\Delta t)]|$ 小于 AbsTol。为了调整容差，在调用 ode45 之前使用 odeset 函数如下：

```
ode_options = odeset('RelTol',1e-3,'AbsTol',1e-6);
```

并且传递给 ode45 如下：

```
[tout,qout] = ode45(@(time,state) dqdt_attitude_kinematics(time,
    state), time_interval, q0, ode_options);
```

但我们不能将这两个容差任意缩小，过小的 Δt 会减慢积分速度或导致误差增大。因为数字太小可能会使计算机无法将它们与零区分开来，从而导致数值误差增加，这在计算机中称为舍入误差。不过只要容差保持在合理范围内，容差越小得到的数值积分误差就会越小。

图 2-5 比较了三种不同的情况，其中相对容差如标签所示，绝对容差是相对容差的 1/1000。随着时间推移，误差逐渐增加。在仿真时间 6000s 结束时，相对容差等于 0.001 的误差。

为 $e^{-4.33}\approx 0.132$ 。因此，对有关旋转的所有计算都不应基于小于此值的数据。例如，如果我们比较两个四元数，只有远远大于 0.132 的差异才能根据数值解得出有意义的解释，小于 0.132 的差异结果被认为是数值伪影。

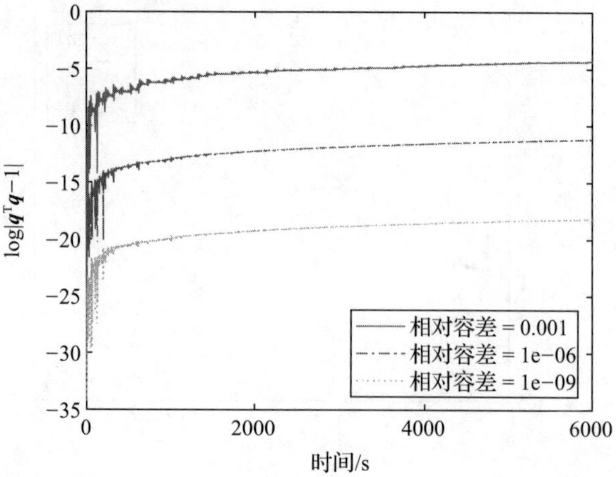

图 2-5　在 ode45 的三种不同容差设置下，四元数单位范数误差的时间序列（见彩插）

2. Python 程序

回想一下第一个 Python 程序 1-3，程序 2-2 将其修改后求解式（2-5）给出的四元数运动学方程，其中角速度由式（2-9）给出。

程序 2-2　（Python）基于式（2-9）给出的 $\boldsymbol{\omega}$ 求解 $\mathrm{d}\boldsymbol{q}/\mathrm{d}t$

```
import numpy as np
from numpy import linspace
from scipy.integrate import solve_ivp

init_time = 0 # [s]
final_time = 60.0 # [s]
num_data = 1000
tout = linspace(init_time, final_time, num_data)

q0 = np.array([0,0,0,1])

def dqdt_attitude_kinematics(time, state):
    quat = state
    w_true = np.array([0.1*np.sin(2*np.pi*0.005*time), #[rad/s]
                       0.05*np.cos(2*np.pi*0.01*time + 0.2), #[rad
                          /s]
                       0.02]) #[rad/s]

    wx=np.array([[0,            -w_true[2],     w_true[1]],
                 [w_true[2],    0,              -w_true[0]],
                 [-w_true[1],   w_true[0],      0]])

    Omega_13 = np.hstack((-wx,np.resize(w_true,(3,1))))
    Omega_4  = np.hstack((-w_true,0))
    Omega = np.vstack((Omega_13, Omega_4))

    dqdt = 0.5*(Omega@quat)
```

```

    return dqdt


sol = solve_ivp(dqdt_attitude_kinematics , (init_time , final_time),
    q0, t_eval=tout)
qout = sol.y

import matplotlib.pyplot as plt

fig , ax = plt.subplots()
ax.plot(tout,qout[0,:],'b-',tout,qout[1,:],'r--',tout,qout[2,:],'g
    -.',tout,qout[3,:],'m:')

fig.set_figheight(6) # size in inches
fig.set_figwidth(8)  # size in inches

xtick_list = np.array([0,10,20,30,40,50,60])
ax.set_xticks(xtick_list)
ax.set_xticklabels(xtick_list,fontsize=14)

ytick_list = np.array([-0.5,0.0,0.5,1.0])
ax.set_yticks(ytick_list)
ax.set_yticklabels(ytick_list,fontsize=14)

ax.legend(('q1','q2','q3','q4'),fontsize=14, loc='upper right')
ax.axis((0,60,-0.5,1.0))
ax.set_xlabel('time [s]',fontsize=14)
ax.set_ylabel('quaternion',fontsize=14)
```

注意，Python 中的数组索引从 0 开始。式（2-8）中的 [$\boldsymbol{\omega}$×] 定义如下：

```
wx=np.array([[0,             -w_true[2],      w_true[1]],
             [w_true[2],     0,               -w_true[0]],
             [-w_true[1],    w_true[0],       0]])
```

其中，w_true[0]=ω_x、w_true[l]=ω_y，以及 w_true[2]=ω_z。

二维矩阵的每一行都是使用方括号“[]”定义的。逗号分隔一行中的元素以及不同的行，再加上两个方括号就构成了一个二维矩阵。例如 [[2.0，−3.0，1.5]，[0.0，5.2，9.8]] 定义了一个 2×3 矩阵。

程序 2-2 中的绘图部分与程序 1-3 中使用的绘图命令不同。使用程序 1-3 中提供的 plt.plot()、plt.xlabel() 和 plt.ylabel() 命令可以方便地绘制简单图形。但是，如果需要微调图形，例如调整字体大小或更改每个轴的刻度间隔等，就必须使用类似程序 2-2 中所显示的绘图命令。在 iPython 命令提示符下直接运行以下几行：

```
In [21]: import numpy as np
In [22]: import matplotlib.pyplot as plt
In [23]: x=np.linspace(1,10,100)
In [24]: y0=2*x
In [25]: y1=10+10*(x**2)
```

```
In [26]: fig ,(ax0 ,ax1)=plt . subplots(nrows=2,ncols=1)
In [27]: ax0. plot(x ,y0)
Out[27]: [<matplotlib . lines . Line2D at 0x7f9cf864ed90>]
In [28]: ax1. plot(x ,y1 , 'r--')
Out[28]: [<matplotlib . lines . Line2D at 0x7f9cf9c45250>]
```

fig，(ax1，ax2)=plt.subplots(nrows=2，ncols=1) 表示在图中创建两个子图，以两行一列的格式排布。返回变量 fig 表示整个图片，ax0 和 ax1 分别表示第一个和第二个子图。另外，在程序 2-2 中执行语句 fig.set_figheight(6) 和 fig.set_figwidth(8) 可以将整幅图的大小设置为 6 英寸高、8 英寸宽，其中长度以英寸（1 英寸 = 0.0254m）为单位。

在第一个子图上绘图的命令是 ax0.plot()，而在第二个子图上绘图的命令是 ax1.plot()。类似地，对于示例中的每个子图，有关标记间隔和标签、字体大小和图例的命令都用 ax0 或 ax1 表示。在程序 2-2 中，可以使用 ax.set_xticks 命令手动设置每个轴的刻度，并且可以使用 ax.set_xticklabels 命令手动设置刻度的标签。类似地，可以使用 set_yticks 和 set_yticklabels 分别分配 y 轴的刻度和标签。此外，在 ax.legend 命令中的附加参数可以控制图例的字体大小和位置，而在 ax.set_xlabel 或 ax.set_ylabel 中通过更改 fontsize 值可以更改 x 轴或 y 轴标签的字体大小。

图 2-6 是 Python 程序计算出的四元数时间序列。

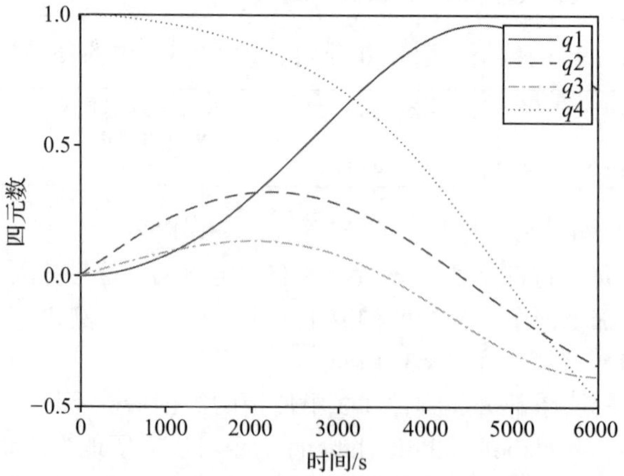

图 2-6　由式（2-9）给出的 ω 对应的四元数时间序列（见彩插）

从图 2-7 中可以看出，当相对容差为 0.001 时，误差在 6000s 处增加到 $e^{-7.24} \approx 0.0007$，比 MATLAB 中误差的 1/1000 还要小。

然而，并不能理所当然地得出 Scipy 中的 solve_ivp 优于 MATLAB 中的 ode45 这样的结论。两种算法采用了不同的数值误差控制方法，并且数值误差不一定始终与示例相同。重要的是，我们必须关注在给定的容差水平下，误差随时间推移将会如何变化。

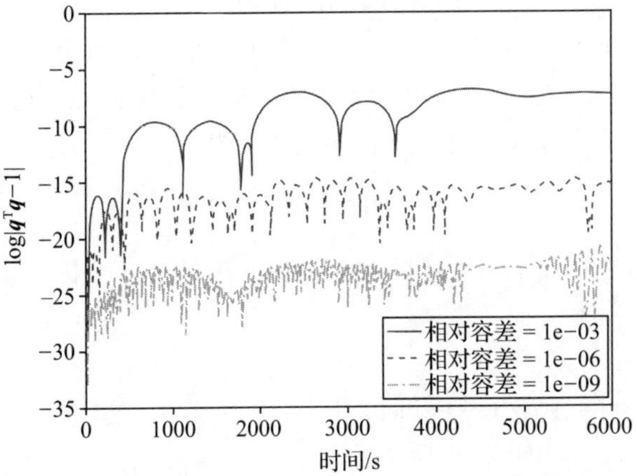

图 2-7　在 ode45 的三种不同容差设置下，四元数单位范数误差的时间序列（见彩插）

2.1.2　陀螺仪传感器模型

速率陀螺仪用于测量角速度，但它的测量结果可能会受到两种不同类型随机噪声的干扰。其数学表达式如下：

$$\tilde{\boldsymbol{\omega}} = \boldsymbol{\omega} + \boldsymbol{\beta} + \boldsymbol{\eta}_v \tag{2-11}$$

式中，$\tilde{\boldsymbol{\omega}}$ 是陀螺仪测量输出，包括偏置漂移 $\boldsymbol{\beta}$、噪声 $\boldsymbol{\eta}_v$ 和真实角速度 $\boldsymbol{\omega}$。由于输出结果受两个随机噪声的干扰，因此无法得到真实的角速度值，但我们可以从传感器提供的信息中获取相关数据。

1. 零均值高斯白噪声

零均值高斯白噪声 $\boldsymbol{\eta}_v$ 是传感器噪声的典型类型之一。零均值表示噪声的均值为零，其分布为高斯或正态分布。白噪声表示所有频率的信号强度相同，该术语源自白光，白光中所有可见频率的光的强度都相同。以下两个方程体现了噪声的这些特性。

$$\mathrm{E}\{\boldsymbol{\eta}_v(t)\} = 0$$

$$\mathrm{E}\{\boldsymbol{\eta}_v(t_1)\boldsymbol{\eta}_v^\mathrm{T}(t_2)\} = \sigma_v^2\delta(t_1-t_2)\boldsymbol{I}_3$$

式中，$\mathrm{E}(\cdot)$ 是期望，σ_v^2 是噪声方差（噪声的强度），$\delta(t_1-t_2)$ 是狄拉克 δ 函数。对于所有时间 t，以及 $[0, \infty)$ 中的任何 t_1、t_2，仅当 $t_1 = t_2$ 时，$\delta(t_1-t_2)$ 等于 1。$\boldsymbol{I}_3$ 是 3×3 的单位矩阵。由于非对角项都是零，所以每条轴的白噪声是独立或彼此不相关的。

为简洁起见，考虑具有以下特性的一维随机数 $x(t)$：

$$\mathrm{E}\{x(t)\}=0$$

$$\mathrm{E}\{x(t_1)x(t_2)\}=\sigma^2\delta(t_1-t_2)$$

对于所有时间 t，以及 [0，∞）中的任何 t_1、t_2，将下述讨论扩展到三维随机向量 $\boldsymbol{\eta}_v(t)$ 是十分简单的。设 x 在 t 处的概率密度函数（Probability Density Function，PDF）等于 $p(x)$，那么 $x(t)$ 的期望值为

$$\mathrm{E}\{x(t)\}=\int_{\Omega}x(t)p(x)\mathrm{d}x \tag{2-12}$$

期望是变量通过概率密度函数对变量的加权积分，其中 Ω 是随机变量 $x(t)$ 的采样空间。

2. 随机数生成

MATLAB 中的函数 randn 可以生成均值为 0、方差为 1 的随机数。在 MATLAB 命令提示符中运行程序 2-3：

程序 2-3（MATLAB）生成 100 个均值为 0、方差为 1 的随机数 x

```
>> x = randn(1,100);
>> mean(x)
ans =
   -0.2711
>> var(x)
ans =
   1.1052
```

每次执行命令时，屏幕上打印的 x 的均值和方差都不同。当调用 randn 时，它从高斯分布中生成一个含有 100 个随机数的集合，其均值和方差分别等于 0 和 1。使用样本“x”计算的均值和方差仅接近 0 和 1。随着样本数量的增加，它们逐渐收敛于真实值。

高斯分布也称为正态分布，函数名 randn 末尾的“n”代表正态分布。需要注意区别不同的随机数生成器，如 rand 函数生成的是 0 ～ 1 之间的均匀分布随机数。传感器噪声一般用正态分布而不是均匀分布进行建模。

类似地，在 Python 中，numpy.random 包下的 randn 函数用于生成随机数，如程序 2-4 所示：

程序 2-4（Python）生成 100 个均值为 0、方差为 1 的随机数 x

```
In [54]: import numpy as np

In [55]: x=np.random.randn(100)

In [56]: x.mean()
Out[56]: -0.05332928410865288
```

```
In [57]: x.var()
Out[57]: 0.8078225617520309
```

在 Python 中，根据面向对象编程的原则创建的每个变量都是一个对象。当创建一个对象时，各种函数都会附加到该对象上。“x”是对象，mean() 和 var() 用来计算均值和方差。需要在 x 后面加上“.”和函数名来调用这些函数，例如 x.mean() 用于计算 x 的均值。还有另一个函数可以生成正态分布的随机数。该函数位于 numpy.random 包下，名为 numpy.random.normal。除了输入参数的格式略有不同，该函数等同于 numpy.random.randn。

程序 2-5 使用 MATLAB 中 randn 函数生成均值为 0.5、方差为 0.2 的随机数 z。

程序 2-5 （MATLAB）生成 100 个均值为 0.5、方差为 0.2 的随机数 z

```
>> mean_z = 0.5;
>> var_z = 0.2;
>> z = mean_x + sqrt(var_x)*randn(1,100);
>> mean(z)
ans =
  0.6137
>> var(z)
ans =
  0.1917
```

同样，使用 Python 在程序 2-6 中生成随机数 z。

程序 2-6 （Python）生成 100 个均值为 0.5、方差为 0.2 的随机数 z

```
In [58]: import numpy as np

In [59]: mean_z=0.5

In [60]: var_z=0.2

In [61]: z=mean_z+np.sqrt(var_z)*np.random.randn(100)

In [62]: z.mean()
Out[62]: 0.4834311699410189

In [63]: z.var()
Out[63]: 0.24051712417906854
```

随着样本数量的增加，均值和方差接近给定的真实值。

如下，我们验证了如何使用随机数 x 生成随机数 z：

$$z = \mu + \sqrt{\sigma^2 x} \tag{2-13}$$

式中，x 是均值和方差分别等于 0 和 1 的随机变量。z 的均值由下式给出：

$$\mathrm{E}(z) = \mathrm{E}(\mu + \sqrt{\sigma^2} x) = \mu + \sqrt{\sigma^2}\mathrm{E}(x) = \mu + \sqrt{\sigma^2} \times 0 = \mu \tag{2-14}$$

对于确定值的期望，其 μ 和 σ 等于这些值本身。从方差的定义出发，z 的方差变为

$$\begin{aligned}\sigma^2 &= \mathrm{E}(z^2)-[\mathrm{E}(z)]^2 = \mathrm{E}[(\mu+\sqrt{\sigma^2}x)^2]-\mu^2 \\ &= \mu^2+2\mu\sqrt{\sigma^2}\mathrm{E}(x)+\sigma^2\mathrm{E}(x^2)-\mu^2=\sigma^2\end{aligned} \tag{2-15}$$

式中，根据定义，$\mathrm{E}(x)$ 和 $\mathrm{E}(x^2)$ 分别等于 0 和 1。

在上述示例中，由 randn 生成的 100 个随机数 x 是从以下概率密度函数 $p(x)$ 中得出的：

$$p(x)=\frac{1}{2\pi\sigma^2}\mathrm{e}^{-\frac{(x-\mu)^2}{2\sigma^2}} \tag{2-16}$$

式中，μ 和 σ 分别是 x 的均值和方差，分别等于 0 和 1。如果随机数 x 属于区间 $[x_k,\ x_{k+1}]$，则概率由下式给出：

$$\Pr[x_k \leqslant x \leqslant x_{k+1}] = \int_{x=x_k}^{x=x_{k+1}} p(x)\mathrm{d}x \tag{2-17}$$

程序 2-7 （MATLAB）比较真实概率密度函数与由 randn 生成的近似概率密度函数

```
clear;

% true probability density function (pdf)
var_x = 1;
mean_x = 0;
Omega_x = linspace(-5,5,1000);
px = (1/(sqrt(2*pi*var_x)))*exp(-(Omega_x-mean_x).^2/(2*var_x));

figure(1); clf;
plot(Omega_x,px,'LineWidth',2);
hold on;

% generate N random numbers with the mean zero and the variance 1 using
% randn
N_all = [100 10000];
x_bin = linspace(-5,5,30);
dx=mean(diff(x_bin));
line_style = {'rs-' 'go-'};
for idx=1:length(N_all)
    N_trial = N_all(idx);
    x_rand = randn(1,N_trial);

    % number of occurance of x_rand in x_bin
    N_occur = histcounts(x_rand,x_bin);

    figure(1);
    plot(x_bin(1:end-1)+dx/2, N_occur/(dx*N_trial),line_style{idx});
end

```

```
figure(1);
set(gca,'FontSize',14);
xlabel('Random Variable x Sampling Space: $\Omega_x,'Interpreter','
    latex');
ylabel('probability density function');
legend('True $p(x),'N=100','N=10,000','Location','northeast','
    Interpreter','latex');
```

为了检查 randn 产生的随机数是否确实来自正态分布，我们通过计算落入每个区间的随机数来估计概率密度函数，并将估计的概率密度函数与真实值进行比较。设落在区间 $[x_k, x_{k+1}]$ 中的随机数的数目为 N_k。在区间内 x 处的概率密度函数估计值 $\hat{p}(x)$ 由式（2-17）得出，如下所示：

$$[\text{式（2-17）左侧}] \approx \frac{N_k}{N_{\text{total}}} \tag{2-18a}$$

$$[\text{式（2-17）右侧}] \approx \hat{p}(x)\Delta x_k \tag{2-18b}$$

式中，$\Delta x_k = x_{k+1} - x_k$，$N_{\text{total}}$ 是等于 100 的样本总数，对于 $x \in [x_k, x_{k+1}]$，假设 $\hat{p}(x)$ 是常数。因此

$$\hat{p}(x) = \frac{N_k}{\Delta x_k N_{\text{total}}}, \quad x \in [x_k, x_{k+1}] \tag{2-19}$$

程序 2-7 绘制结果如图 2-8 所示，其中显示了 N_{total} 等于 100 和 10000 的真实概率密度函数 $p(x)$ 和近似概率密度函数。随着生成的随机数总数的增加，估计的概率密度函数 $\hat{p}(x)$ 收敛于真实的 $p(x)$。在 $x=-5$ 和 $x=5$ 之间生成 30 个 bin，计算由 randn 生成的属于每个 bin 的 x 的数量。

```
x_bin = linspace(-5,5,30);
```

对于生成的随机数 x_rand 和 bin 列表 x_bin，如下使用 histcounts 命令计算每个 bin 中 x 出现的次数。

```
N_occur = histcounts(x_rand,x_bin);
```

由于 N_occur 的第 i 个元素对应于 x_bin 第 i 个和第 i+1 个 x_bin 元素的区间，N_occur 的维数比 x_bin 的维数少一维。因此，当绘制相对于 x 的 N_occur 时，每个 bin 的中点如下：

```
plot(x_bin(1:end-1)+dx/2, N_occur/(dx*N),line_style{idx});
```

对于循环中的每种 N_{total}，在字符串中定义了两种不同的线型“rs-”和“go-”，这两种线型分别表示图中的方形标记线和圆形标记线。如果彩色打印，则这些线显示为红色或绿色。使用由 {} 包围的单元格数据格式，可以生成包含这些字符串的列表。

```
line_style = {'rs-' 'go-'};
```

程序 2-9 中的下一行使得图 2-8 中的 x 轴标签使用数学字体而不是普通字体。在 xlabel 命令中，Interpreter 显示为 latex。

```
xlabel('Random Variable x Sampling Space: $\Omega_x$','Interpreter'
    ,'latex');
```

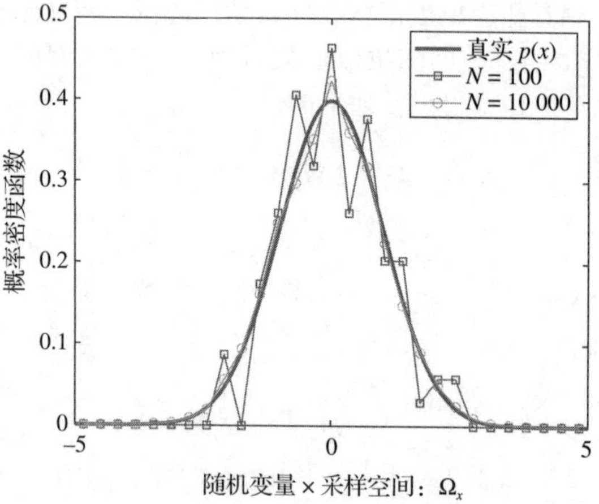

图 2-8 比较 MATLAB 中 randn 生成的随机数概率密度函数与真实概率密度函数 $p(x)$（见彩插）

LATEX 是一种广泛用于撰写科学论文和书籍的排版系统。在 MATLAB 中，LATEX 的数学符号可以通过指定解释器“latex”在轴标签中使用。在 LATEX 中，被“$”包围的字符是数学表达式，“\ Omega_x”在轴标签中显示为“Ω_x”。关于 LATEX 的更多信息可以在 LATEX 项目团队（2020）中找到。

程序 2-8 是与程序 2-7 相对应的 Python 程序。以“r”和单引号开头的标签是原始的 LATEX 表达式。此外，数学符号需要使用“$”符号包围。可以使用 numpy.random.randn 函数生成均值为 0、方差为 1 的正态分布随机数。由于 numpy 已经在程序的第一行被导入，因此该函数可以直接称为 np.random.randn。不过，将 numpy.random 导入为 rp 会更加方便，这就可以用紧凑的方式调用 randn，例如 rp.randn。

Python 和 MATLAB 在语法上的主要区别之一是 Python 中存在逗号以区分数组或列表中的元素。“N_all”数组中的 100 和 10 000 这两个数字之间用逗号分隔，“line_style”中的两个行样式也用逗号分隔。在 for 循环中，相应的部分通过缩进来进行区分。这类似 Python 中定义函数体时所使用的缩进方式。第 22 ～ 29 行之间的行属于 for 循环，这是 Python 中经常使用的编程模式。

如下在 MATLAB 中打印“x=[1 2 3 4]”中的每个元素。

```
x = [1 2 3 4];
for idx = 1:length(x)
  disp(x)
end
```

在 Python 中，用关键字 in 和 : 实现 for 循环，如下所示：

```
x = [1, 2, 3, 4]
for x_val in x:
  print(x_val)
End
```

在 MATLAB 程序中，不必显式地将索引号生成为“idx”。在 for 循环中，x 中的每个数组值都被顺序分配给 x_val。类似地，可以使用 zip 命令对两个列表执行此操作，如第 22 行所示，其中 N_all 和 line_style 的每个值分别分配给 N_trial 和 lnsty。在第 26 行中，np.histogram 计算给定 x_bin 出现的次数，返回值在 N_occur 中以元组数据格式存储。N_occur[0] 是保存每个 bin 出现次数的数组，N_occur[1] 是保存 bin 列表的数组。最后一行中的 fig.savefig 命令通过文件扩展名以指定的格式保存图形，例如 pdf（portable document format，便携式文档格式）。

程序 2-8 （Python）比较真实概率密度函数与由 numpy.random.randn 生成的随机数近似概率密度函数

```
1  import numpy as np
2  from numpy import linspace
3  import numpy.random as rp
4
5  import matplotlib.pyplot as plt
6
7  # true probability density function (pdf)
8  var_x = 1;
9  mean_x = 0;
10 Omega_x = linspace(-5,5,1000);
11 px = (1/(np.sqrt(2*np.pi*var_x)))*np.exp(-(Omega_x-mean_x)**2/(2*
       var_x));
12
13 fig, ax = plt.subplots(nrows=1,ncols=1)
14 ax.plot(Omega_x,px,linewidth=3)
15
16 # generate N random numbers with the mean zero and the variance
17 # 1 using numpy.random.randn
18 N_all = np.array([100,10000])
19 x_bin = linspace(-5,5,30)
20 dx=np.mean(np.diff(x_bin))
21 line_style = ['rs-','go-']
22 for N_trial, lnsty in zip(N_all,line_style):
23     x_rand = rp.randn(1,N_trial)
24
25     # number of occurrence of x_rand in x_bin
```

```
    N_occur = np.histogram(x_rand,bins=x_bin)
    N_occur = N_occur[0]

    ax.plot(x_bin[0:-1]+dx/2, N_occur/(dx*N_trial),lnsty);

ax.set_xlabel(r'Random Variable x Sampling Space: $\Omega_x$',
    fontsize=14)
ax.set_ylabel('probability density function',fontsize=14)
ax.legend((r'True $p(x)$','N=100','N=10,000'),loc='upper right',
    fontsize=14)

fig.savefig('compare_mu_sgm2_true_estimated_python.pdf')
```

3. 随机过程

零均值高斯白噪声是一个随机过程，随机过程是随时间变化的过程。由于没有引入时间，前述的随机数生成过程不是一个随机过程。可以根据随机过程是否是一个随时间变化的过程，来区分随机过程和随机数，从而实现随机过程仿真。

考虑以下随机过程：

$$\mathrm{E}[x(t)] = \mu(t) \tag{2-20a}$$

$$\mathrm{E}[x(t_1)x(t_2)] = [\sigma(t)]^2 \delta(t_1 - t_2) \tag{2-20b}$$

式中，均值和方差随时间变化，$x(t)$ 的概率密度函数由式（2-16）给出，并且 μ 和 σ 是随时间变化的。只要时间 t 是固定的，例如 t=2.5s，那么它就是程序 2-3 ～程序 2-8 中的随机数生成示例之一。

在计算机仿真中，连续时间近似为离散采样序列，如下所示：

$$\{t_0, t_1, t_2, \cdots, t_{n-1}, t_n\} \tag{2-21}$$

式中，n 是正整数，t_0 是初始时间，t_n 是仿真的最终时间，我们假设：

$$t_k = t_{k-1} + \Delta t \tag{2-22}$$

式中，k=1，2，…，$n-1$，n，即两个采样时间之间的时间间隔为常数 Δt。$\mu(t_k)$ 和 $[\sigma(t_k)]^2$ 分别是相应的均值和方差。

设 $\Delta t = 0.1\text{s}$，n=100，则 $\mu(t_k)$ 和 $\sigma(t_k)$ 为

$$\mu(t_k) = -2 + \frac{4k}{n} \tag{2-23a}$$

$$\sigma(t_k) = 0.1 + \frac{1.4k}{n} \tag{2-23b}$$

生成一个特定的 $x(t)$ 的时间序列称为随机过程的实现。将该随机过程分别用 MATLAB 和 Python 实现。

4. MATLAB 程序

图 2-9 展示了 $x(t)$ 的五次实现。这五次实现都从 t=0 开始，其均值和方差分别为 −2 和 0.1，并且初始值为 −2。随着时间的推移，均值将在 t=10s 时线性增

加到 +2。

方差随着时间的推移而增加，并且 $x(t)$ 的五次实现随着时间的增加而不断发散。对于每个固定时间 t_k，如前所述，由于具有常值均值和方差，因此是随机数。我们可以使用 MATLAB 或 Python 中的均值和方差函数计算固定时间的均值和方差，如程序 2-3 ～程序 2-8 所示。

仅五次实现太少，无法很好地估计均值和方差，将实现的数量增加到 1000 个。MATLAB 程序由程序 2-9 给出，图 2-10 将均值和方差的真实值与估计值进行了比较。

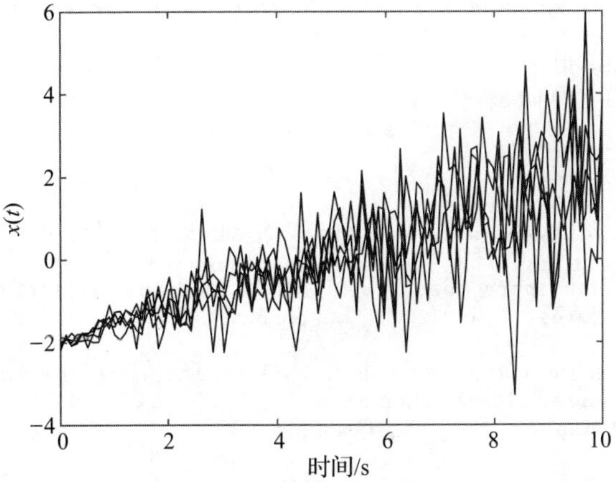

图 2-9　$x(t)$ 的五次实现，其均值和方差由式（2-23）给出

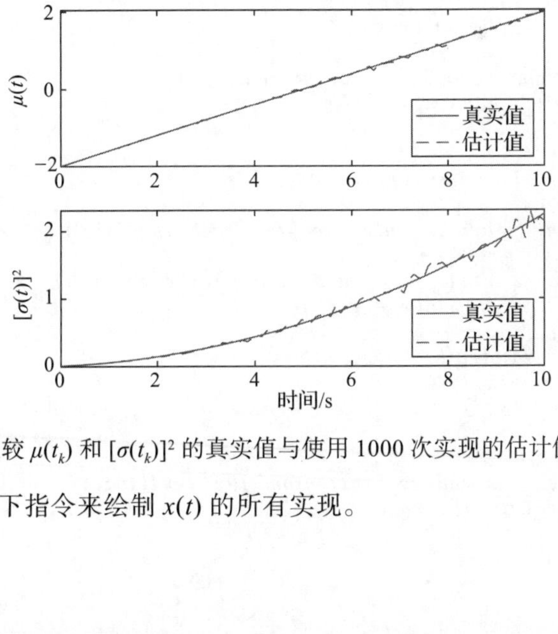

图 2-10　比较 $\mu(t_k)$ 和 $[\sigma(t_k)]^2$ 的真实值与使用 1000 次实现的估计值（见彩插）

小心运行以下指令来绘制 $x(t)$ 的所有实现。

```
% plot(time,x_rand_all,'k-');
```

这段代码已经被注释，以避免在 N_sample 或 N_realize 的值很大时意外执行。因为这种情况会消耗整个内存来完成图形绘制，而且也很难在执行过程中停止绘图。

程序 2-9 （MATLAB）由式（2-23）给出的随机过程 $x(t)$ 的五个实现，以及均值和方差的估计

```
clear;

% numer of time samplng & number of stochastic process trial
N_sample = 100;
N_realize = 1000;

% time
dt = 0.1; % [seconds]
time_init = 0;
time_final = dt*N_sample;
time = linspace(time_init,time_final,N_sample);

% declare memory space for x_rand_all to include all trials
x_rand_all = zeros(N_realize,N_sample);

% time varying mean and sqrt(variance) at the time instance
mu_all = linspace(-2,2,N_sample);
sigma_all = linspace(0.1,1.5,N_sample);

% for a fixed time instance, generate the random numbers
% with the mean and the variance at the fixed time
for idx=1:N_sample
    mu_t = mu_all(idx);
    sigma_t = sigma_all(idx);

    x_rand = mu_t+sigma_t*randn(N_realize,1);
    x_rand_all(:,idx) = x_rand;
end

% plot all trials with respect to the time

% Warning: this part is only executed with the small N_trial,
% e.g., 5,
% the plot takes really long and causing the computer crashed
% with the large N_trial, e.g., 1000
% figure; clf;
% plot(time,x_rand_all,'k-');
% set(gca,'FontSize',14);
% xlabel('time [s]');
% ylabel('x(t)');

% approximate mean and variance from the realisation
% and compare with the true
```

```
44 mu_approx = mean(x_rand_all);
45 sigma2_approx = var(x_rand_all);
46 figure;
47 subplot(211);
48 plot(time,mu_all);
49 hold on;
50 plot(time,mu_approx,'r--');
51 set(gca,'FontSize',14);
52 ylabel('$\mu(t)$','Interpreter','latex');
53 legend('True','Estimated','Location','southeast');
54 subplot(212);
55 plot(time,sigma_all.^2);
56 hold on;
57 plot(time,sigma2_approx,'r--');
58 set(gca,'FontSize',14);
59 ylabel('$[\sigma(t)]^2$','Interpreter','latex');
60 xlabel('time [s]');
61 legend('True','Estimated','Location','southeast');
```

在程序 2-9 中，x_rand_all 的第 i 行是 $x(t)$ 的第 i 次实现，而 x_rand_all 的第 j 列对应于当 $i=1, 2, \cdots,$ N_realize 、$j=1, 2, \cdots,$ N_sample 且 t 为 t_j 时的 $x(t)$。接着，在程序 2-9 的基础上继续执行程序 2-10，使用 histcounts 函数计算每个时间点的概率密度函数，并将其存储在二维矩阵 px_all 的每一列中。如图 2-11 所示，使用 surf 命令来显示随着时间的推移，概率密度函数是如何变化的，该命令绘制由 px_all 表示的二维平面，其中坐标由采样空间 x 和时间表示。

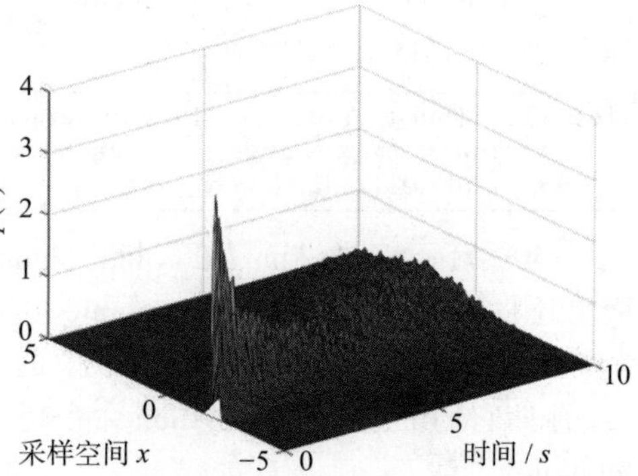

图 2-11　概率密度函数估计值 $\hat{p}(x)$，显示了随时间变化的高斯分布的完整图像（见彩插）

如程序 2-9 中的第 37 行所示，plot 命令可以找到绘制图形的正确尺寸。因此，MATLAB 命令提示符中的以下两行生成相同的绘图：plot(time，x_rand_all) 或 plot(time，x_rand_all')，其中第二个绘图命令中的 x_rand_all 被转置。

MATLAB 中的这种自动操作会引发一些混乱，例如“x_rand_all”的大小是 100×100。矩阵中的每一行都是 $x(t)$ 在固定时间内的一次实现，而每一列则分别表示 $x(t)$ 相对时间的每一次实现，我们无法确定矩阵中哪个方向是根据时间向量绘制的。因此，在行和列具有不同的物理解释时，确保矩阵的行列数不相等是一个很好的做法。

程序 2-10 （MATLAB）绘制随时间变化的概率密度函数

```
% (continue from Program 2.9)
% esimate the pdf for each instance using N-trials at each instance
N_bin = 100;
x_bin = linspace(-5,5,N_bin);
dx=mean(diff(x_bin));
px_all = zeros(N_bin-1,N_sample);
for jdx=1:N_sample
    x_rand = x_rand_all(:,jdx);
    N_occur = histcounts(x_rand,x_bin);
    px_at_t = N_occur/(dx*N_realize);
    px_all(:,jdx) = px_at_t(:);
end

% plot the estimated pdf
figure;
surf(time,x_bin(1:end-1)+0.5*dx,px_all);
set(gca,'FontSize',14);
xlabel('time [s]');
ylabel('x');
zlabel('$\hat{p}(x)$','Interpreter','latex');
```

5. Python 程序

在程序 2-11 中给出了式（2-23）中 $x(t)$ 的五次实现，程序中的 for 循环需要加上一些注释以便于理解。

```
for idx, (mu_t, sigma_t) in enumerate(zip(mu_all,sigma_all)):
    x_rand = mu_t+sigma_t*rp.randn(N_realize)
    x_rand_all[:,idx] = x_rand
```

for 循环不仅将 “mu_all” 和 “sigma_all” 的值逐个替换为 mu_t 和 sigma_t，而且还将索引分配给 idx。enumerate 生成索引并将其传递给变量 idx。例如，两个数组 a 和 b 有四个元素。a 或 b 中的每个元素都被替换为 a_now 或 b_now，idx 存储它们的索引。在 Python 命令提示符中，使用以下命令打印 idx、a_now 和 b_now。

```
In [1]: import numpy as np

In [2]: a=np.array([1,2,3,4])

In [3]: b=['x1','x2','x3','x4']

In [4]: for idx, (a_now, b_now) in enumerate(zip(a,b)):
   ...:     print(idx, a_now, b_now)
   ...:
0 1 x1
1 2 x2
2 3 x3
3 4 x4
```

Python 中的 matplotlib 绘图命令可能会生成具有过多空白空间的图像，使用 ax.set 手动调整坐标轴的范围可以让绘图窗口中的图形更为紧凑。ax.set 中的 xlim 和 ylim 指定坐标轴的范围，它们的值必须为元组格式。在 Python 中，函数参数通常采用元组格式，值在括号 () 中，并以逗号分隔。为防止在 N_realize 很大时意外绘图，我们添加了 if 条件，这样只有在 N_realize 小于 10 时才会执行绘图命令。

程序 2-11 （Python）由式（2-23）给出的随机过程 $x(t)$ 的五次实现，以及均值和方差的估计

```
1  import numpy as np
2  from numpy import linspace
3  import numpy.random as rp
4
5  import matplotlib.pyplot as plt
6
7  # numer of time samplng & number of stochastic process trial
8  N_sample = 100
9  N_realize = 5
10
11 # time
12 dt = 0.1 # [seconds]
13 time_init = 0
14 time_final = dt*N_sample
15 time = linspace(time_init, time_final, N_sample)
16
17 # declare memory space for x_rand_all to include all trials
18 x_rand_all = np.zeros((N_realize, N_sample))
19
20 # time varying mean and sqrt(variance) at the time instance
21 mu_all = linspace(-2,2,N_sample)
22 sigma_all = linspace(0.1,1.5,N_sample)
23
24 # for a fixed time instance, generate the random numbers
25 # with the mean and the variance at the fixed time
26 for idx, (mu_t, sigma_t) in enumerate(zip(mu_all,sigma_all)):
27     x_rand = mu_t+sigma_t*rp.randn(N_realize)
28     x_rand_all[:,idx] = x_rand
29
30 # plot all trials with respect to the time
31
32 # Warning: this part is only executed with the small N_trial,
33 # e.g., 5
34 # the plot takes really long and causing the computer crashed
35 # with the large N_trial, e.g., 1000
36 if N_realize < 10:
37
38     fig, ax = plt.subplots(nrows=1,ncols=1)
39     ax.plot(time,x_rand_all.transpose(),'k-')
40     ax.set_xlabel('time [s]',fontsize=14)
41     ax.set_ylabel(r'$x(t)$',fontsize=14)
42     ax.set(xlim=(0, time_final),ylim=(-4,6))
```

在 numpy 和 MATLAB 中生成相同的包含整数 1 ～ 5 的数组如下：

```
# numpy
a = np.array([1,2,3,4,5])
```

```
% matlab
a = [1 2 3 4 5]
```

numpy 中的一维数组只有一个索引且从 0 开始，即 a[0] 等于 1，a[1] 等于 2，以此类推。MATLAB 中的一维数组既有从 1 开始的一维索引，也有指示行和列编号的二维索引，例如 a(2) 可以通过 a 的第一行第二列元素访问，即 a(1,2)。在 Python 命令提示符中，a.shape 命令将打印出 (5,)，表示该数组有五个元素和一个一维索引。程序 2-11 中第 27 行的 rp.randn 只有一个参数 N_realize，它生成包括 N_realize 个随机数的一维数组。numpy 中的一维数组与 MATLAB 中的不同，它不保存是行向量数组还是列向量数组的信息。在程序的下一行中，一维数组 x_rand 被存储在 x_rand_all 的 idx 列中，而 x_rand_all 是一个二维数组，并且没有检查 x_rand 是列向量还是行向量。只要两个大小相匹配，即 x_rand 的元素数量等于 x_rand_all 的行数，就会自动完成这个操作。

matplotlib 中的打印命令没有自动数据操作。在程序 2-11 的第 39 行中，x_rand_all 被转置，因为绘图命令需要时间维度和 x_rand_all 的第一个维度相匹配。例如，N_sample = 100 和 N_realize = 5，x_rand_all.shape() 命令返回矩阵的形状为 (5,100)，而 time.shape() 则打印出 (100,)。为了使 x_rand_all 的第一个元素大小等于 100，需要使用 x_rand_all.transpose() 对其进行转置。通常建议生成非方形矩阵，以防止数据解释或绘制图像出错。如果 x_rand_all 是一个方形矩阵，绘图程序可以成功绘制一个图形，但是它可能会产生错误的数据解释。

与 MATLAB 中的 surf 命令不同，matplotlib 中的 plot_surface 命令需要使用完整的 x_bin_matrix 二维矩阵数据的坐标列表才能在三维空间中绘制。我们可以使用 numpy 库中的 meshgrid 函数来生成每个二维矩阵元素的坐标。

例如：

$$\boldsymbol{a}=[0\quad 1\quad 2],\boldsymbol{b}=[0\quad 1\quad 2\quad 3\quad 4],\boldsymbol{C\_mat}=\begin{bmatrix}0 & 1 & 2\\ 3 & 4 & 5\\ 6 & 7 & 8\\ 9 & 10 & 11\\ 12 & 13 & 14\end{bmatrix} \tag{2-24}$$

```
In [1]: a=np.arange(3)
In [2]: b=np.arange(5)
In [3]: C_mat=np.reshape(np.arange(15),(5,3))
```

其中，$C\_mat[i,j]$ 元素对应 $a[i]$ 和 $b[j]$。

```
In [4]: A_mat, B_mat = meshgrid(a,b)
```

生成 $\boldsymbol{A\_mat}$ 和 $\boldsymbol{B\_mat}$ 分别为

$$\boldsymbol{A\_mat}=\begin{bmatrix}0&1&2\\0&1&2\\0&1&2\\0&1&2\\0&1&2\end{bmatrix},\boldsymbol{B\_mat}=\begin{bmatrix}0&0&0\\1&1&1\\2&2&2\\3&3&3\\4&4&4\end{bmatrix} \tag{2-25}$$

$C\_mat[i,j]$ 的坐标 $(a[i], b[j])$ 由 $A\_mat[i,j]$ 和 $B\_mat[i,j]$ 给出，$\boldsymbol{C\_mat}$ 的曲面图绘制命令如下：

```
fig=plt.figure()
ax=plt.axes(projection='3d')
ax.plot_surface(A_mat,B_mat,C_mat)
```

查明 plot_surface、rstride、cstride 和 cmap 中其他选项的作用留作习题，同时绘制图 2-12 所示的概率密度函数也留作一个习题。

6. 陀螺仪白噪声

如下通过将式（2-20）扩展为向量形式实现式（2-11）中陀螺仪的零均值高斯白噪声 $\boldsymbol{\eta}_v$：

$$\mathrm{E}[\boldsymbol{\eta}_v(t)]=\boldsymbol{0}_{3\times1} \tag{2-26a}$$

$$\mathrm{E}[\boldsymbol{\eta}_v(t_1)\boldsymbol{\eta}_v^{\mathrm{T}}(t_2)]=\begin{bmatrix}\sigma_{vx}^2&0&0\\0&\sigma_{vy}^2&0\\0&0&\sigma_{vz}^2\end{bmatrix}\delta(t_1-t_2) \tag{2-26b}$$

式中，$\boldsymbol{0}_{3\times1}$ 是元素均为零的 3 × 1 向量，σ_{vx}、σ_{vy} 和 σ_{vz} 分别是陀螺仪 x、y、z 方向的白噪声的标准差。由于三个方向的噪声不相关，所以非对角项都是零。生成三个均值为零和方差为 σ_{vx}、σ_{vy}、σ_{vz} 的随机变量，并在固定时间内重复实现以形成时间序列 $\boldsymbol{\eta}_v(t)$。

与时变均值和方差不同，需要多次实现来估计固定时间内的均值和方差。然而，使用足够长的时间内的单次实现的采样数据，可以计算出白噪声的均值和方差，这是白噪声遍历性的一个直观概念。对于遍历性的更精确的统计定义，需要对统计学有更深入的理解（Shanmugan and Breipohl，1988）。

程序 2-12 （Python）绘制随时间变化的均值、方差和概率密度函数

```
# (continue from Program 2.11)
# estimate the mean, the variance and the  pdf for each instance
# using N-trials at each instance

```

```
# approximate mean and variance from the realisation
# and compare with the true
mu_approx = np.mean(x_rand_all, axis=0);
sigma2_approx = np.var(x_rand_all, axis=0)
fig_ms, (ax_ms_0, ax_ms_1) = plt.subplots(nrows=2,ncols=1)
ax_ms_0.plot(time,mu_all)
ax_ms_0.plot(time,mu_approx,'r--')
ax_ms_0.set_ylabel(r'$\mu(t)$',fontsize=14)
ax_ms_0.legend(('True','Estimated'),loc='upper left', fontsize=14)

ax_ms_1.plot(time,sigma_all**2);
ax_ms_1.plot(time,sigma2_approx,'r--');
ax_ms_1.set_ylabel(r'$[\sigma(t)]^2$',fontsize=14);
ax_ms_1.set_xlabel('time [s]',fontsize=14);
ax_ms_1.legend(('True','Estimated'),loc='upper left', fontsize=14);

# estimate the pdf for each instance using N-trials at each
    instance
N_bin = 100
x_bin = np.linspace(-5,5,N_bin)
dx=np.mean(np.diff(x_bin))
px_all = np.zeros((N_bin-1,N_sample))
for jdx in range(N_sample):
    x_rand = x_rand_all[:,jdx]
    N_occur = np.histogram(x_rand,bins=x_bin)
    N_occur = N_occur[0]
    px_at_t = N_occur/(dx*N_realize)
    px_all[:,jdx] = px_at_t

# plot the estimated pdf
time_matrix, x_bin_matrix = np.meshgrid(time,x_bin[0:-1])

fig_3d = plt.figure()
ax_3d = plt.axes(projection='3d')
ax_3d.plot_surface(time_matrix, x_bin_matrix, px_all, rstride=1,
    cstride=1, cmap='viridis')
ax_3d.set_xlabel('time [s]',fontsize=14)
ax_3d.set_ylabel(r'sampling space $x$',fontsize=14)
ax_3d.set_zlabel(r'$\hat{p}(x)$',fontsize=14)
```

7. 陀螺仪随机游走噪声

式（2-11）中影响陀螺仪测量的另一种随机噪声类型是偏置 β，它被建模为随机游走：对于 $0 \leqslant t_{k-1} \leqslant t_k$，$\beta(t_k)$ 与 $\beta(t_{k-1})$ 的差是独立的随机增量，并且遵循正态分布，其均值和方差由以下公式给出：

$$\mathrm{E}[\beta(t_k)-\beta(t_{k-1})]=\boldsymbol{0}_{3\times 1} \tag{2-27a}$$

$$\mathrm{E}\{[\beta(t_k)-\beta(t_{k-1})][\beta(t_k)-\beta(t_{k-1})]^{\mathrm{T}}\}=\mathrm{diag}\begin{bmatrix}\sigma_{\beta x}^2\\ \sigma_{\beta y}^2\\ \sigma_{\beta z}^2\end{bmatrix}\Delta t_k \tag{2-27b}$$

式中，$\sigma_{\beta x}$、$\sigma_{\beta y}$ 和 $\sigma_{\beta z}$ 是正常数，Δt_k 等于 $t_k - t_{k-1}$。关于随机游走的严格数学定

义和讨论可参阅 Van Kampen（2007）。

以下方程仿真了随机游走（图 2-12）：

$$\beta(t_k)=\beta(t_{k-1})+\Delta\beta(t_k) \tag{2-28}$$

式中，t_k 是获得陀螺仪测量值的采样时刻，$\Delta\beta(t_k)$ 是随机增量。为了仿真随机增量，首先，随机增量实现如下：

$$\Delta\beta(t_k)=\eta_u(t_k)\Delta t_k \tag{2-29}$$

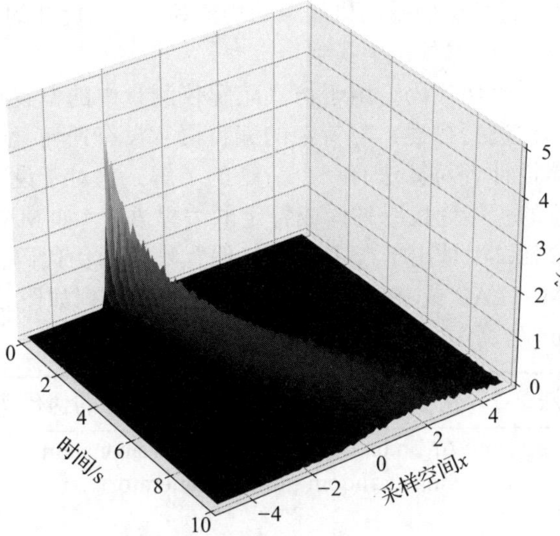

图 2-12　使用 Python 绘制的估计概率密度函数 $\hat{p}(x)$（见彩插）

式中，在 t_k 处，$\boldsymbol{\eta}_u(t_k)$ 是一个 3 × 1 的随机向量，它的每个元素都是从正态分布中生成的随机数。其次，为了匹配式（2-27a）中给出的随机增量的均值，$\boldsymbol{\eta}_u(t_k)$ 必须满足如下条件：

$$\mathrm{E}[\Delta\beta(t_k)]=\mathrm{E}[\boldsymbol{\eta}_u(t_k)\Delta t_k]=\mathrm{E}[\boldsymbol{\eta}_u(t_k)]\Delta t_k=\boldsymbol{0}_{3\times1} \tag{2-30}$$

$\boldsymbol{\eta}_u(t_k)$ 中各个元素的均值在固定时间 t_k 处必须等于零，即 $\mathrm{E}[\boldsymbol{\eta}_u(t_k)]=\boldsymbol{0}_{3\times1}$。最后，为了匹配式（2-27b）中给出的随机增量的协方差，$\boldsymbol{\eta}_u(t_k)$ 必须满足：

$$\begin{gathered}\mathrm{E}[\Delta\beta(t_k)\Delta\beta^{\mathrm{T}}(t_k)]=\mathrm{E}[\boldsymbol{\eta}_u(t_k)\Delta t_k\ \boldsymbol{\eta}_u^{\mathrm{T}}(t_k)\Delta t_k]\\ \Downarrow \\ \mathrm{diag}\begin{bmatrix}\sigma_{\beta x}^2\\ \sigma_{\beta y}^2\\ \sigma_{\beta z}^2\end{bmatrix}\Delta t_k=\mathrm{E}[\boldsymbol{\eta}_u(t_k)\boldsymbol{\eta}_u^{\mathrm{T}}(t_k)](\Delta t_k)^2\end{gathered} \tag{2-31}$$

因此，随机数的协方差由下式给出：

$$E[\boldsymbol{\eta}_u(t_k)\boldsymbol{\eta}_u^{\mathrm{T}}(t_k)] = \mathrm{diag}\begin{bmatrix}\sigma_{ux}^2 \\ \sigma_{uy}^2 \\ \sigma_{uz}^2\end{bmatrix} = \mathrm{diag}\begin{bmatrix}\sigma_{\beta x}^2 \\ \sigma_{\beta y}^2 \\ \sigma_{\beta z}^2\end{bmatrix}\frac{1}{\Delta t_k} \tag{2-32}$$

例如，$\boldsymbol{\eta}_u(t_k)$ 中第一个元素的标准差 σ_{ux} 等于 $\sigma_{\beta x}/\sqrt{\Delta t_k}$，以 $(^\circ/\mathrm{s})/\sqrt{s} = {}^\circ/\mathrm{s}^{3/2}$ 为单位的陀螺仪噪声特性源自这一关系（Woodman，2007）。

需要注意的是，在陀螺仪传感器模型式（2-11）中，$\boldsymbol{\eta}_u(t)$ 与白噪声 $\boldsymbol{\eta}_v(t)$ 不相关。大多数最优估计算法假设随机噪声的均值和方差是已知的。在实践中，这些值经常可以在传感器参数规格中找到。

现在准备编写一个伪代码，用于仿真陀螺仪测量中的偏置噪声。伪代码是用简单的语言对算法进行描述，与特定的编程语言没有任何紧密的联系。伪代码是为了让仿真器设计者对算法有一个清晰的了解，它对于设计仿真程序的初始结构是大有裨益的。将伪代码翻译成特定的编程语言（如 MATLAB、Python）相对比较简单。算法 2-1 是用于产生陀螺仪偏置噪声的伪代码，前文已给出其数学描述。使用 MATLAB 或 Python 实现的偏置时间序列如图 2-13 所示，基于 MATLAB 或 Python 的算法实现将留作习题。

算法 2-1　用于产生陀螺仪偏置噪声 $\boldsymbol{\beta}(t_k)$ 的伪代码

Set $\sigma_{\beta x}, \sigma_{\beta y}, \sigma_{\beta z}$, and Δt_k, n.b.: Δt_k is usually set to a constant
Initialize $\boldsymbol{\beta}(t_0)$, e.g. using a random number generator
for $k = 1, 2, \ldots$ **do**
　　for $\ell = x, y, z$ **do**
　　　　Generate $\eta_{u\ell} \sim N(0, \sigma_{\beta\ell}^2/\Delta t_k)$, See (2.30) and (2.32)
　　end for
　　$\boldsymbol{\eta}_u(t_k) \leftarrow \left[\eta_{ux}\ \eta_{uy}\ \eta_{uz}\right]^T$
　　$\Delta\boldsymbol{\beta}(t_k) \leftarrow \boldsymbol{\eta}_u(t_k)\Delta t_k$, See (2.29)
　　$\boldsymbol{\beta}(t_k) \leftarrow \boldsymbol{\beta}(t_{k-1}) + \Delta\boldsymbol{\beta}(t_k)$, See (2.28)
　　$t_k \leftarrow t_{k-1} + \Delta t_k$
end for

在所有仿真程序的主要部分只使用国际单位制是很重要的，所有给出的非国际单位制单位必须转换为相应的国际单位制单位，那么将国际单位再应用于程序实现的其余部分时，就可以显著减少与单位相关的错误，而且所有的动力学方程都是基于适当的单位假设推导出的。我们在这里的假设是，大多数情况下，变量是以国际单位制为单位。计算机没有单位信息，只有数值，它不能识别 0.1 是度还是弧度。在仿真完成后，出于某些目的，一些量可以被转换为非国际单位。例如，在仿真过程中，所有角度都必须以弧度为单位，但出于可视化目的，它们可以转换为角度。

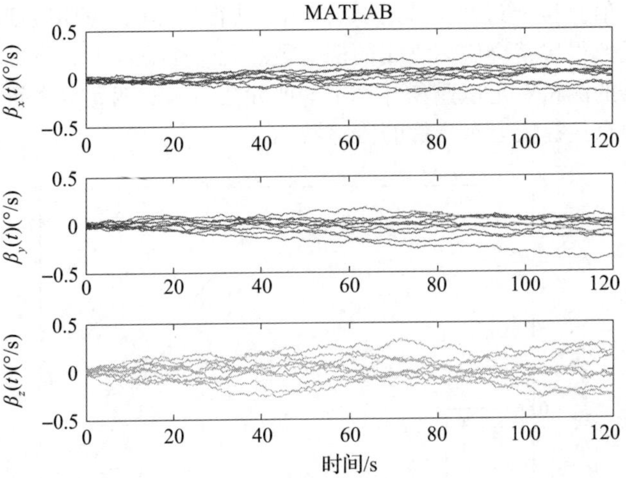

a）MATLAB

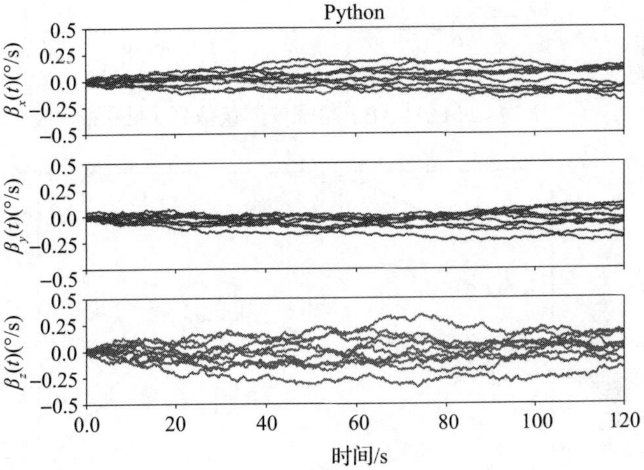

b）Python

图 2-13 偏置噪声仿真

8. 陀螺仪仿真

给定角速度 $\omega(t)$ 作为式（2-9）中时间的函数，并规定式（2-11）中的陀螺仪传感器具有以下噪声特性 $\sigma_{\beta x}=0.05(°/\mathrm{s})/\sqrt{\mathrm{s}}$，$\sigma_{\beta y}=0.04(°/\mathrm{s})/\sqrt{\mathrm{s}}$，$\sigma_{\beta z}=0.06(°/\mathrm{s})/\sqrt{\mathrm{s}}$。$\sigma_v=0.01°/\mathrm{s}$，$\Delta t_k=0.05\mathrm{s}$。此外，初始偏差 $\beta(t_0=0)$ 取自 $-0.05°/\mathrm{s}$～$0.05°/\mathrm{s}$ 之间的均匀分布。

程序 2-13 和程序 2-14 分别给出了陀螺仪仿真的 MATLAB 和 Python 程序，仿真结果如图 2-14 和图 2-15 所示。虚线所示的测量值与真实的角速度相差甚远。如果测量值直接通过数值积分式（2-5）获得四元数（即用 $\tilde{\omega}$ 取代 ω），那么计算出的四元数很快就会偏离真实的四元数。无论陀螺仪多么昂贵和精确，单靠陀螺仪传感器的测量不足以避免计算出的四元数与真实四元数之间的偏差，我们需要一个额外直接提供姿态测量的传感器。

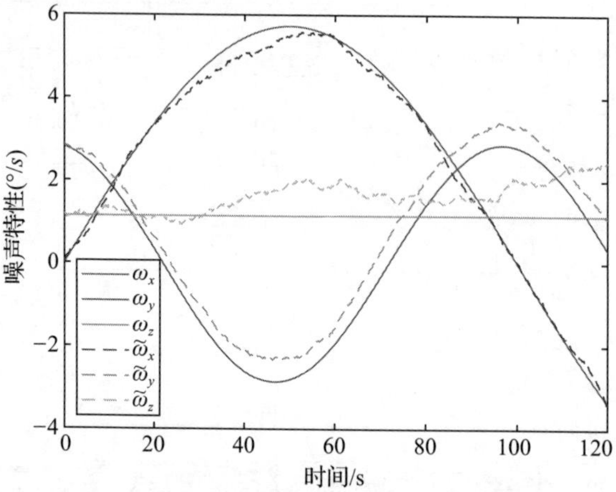

图 2-14 （MATLAB）陀螺仪测量仿真（见彩插）

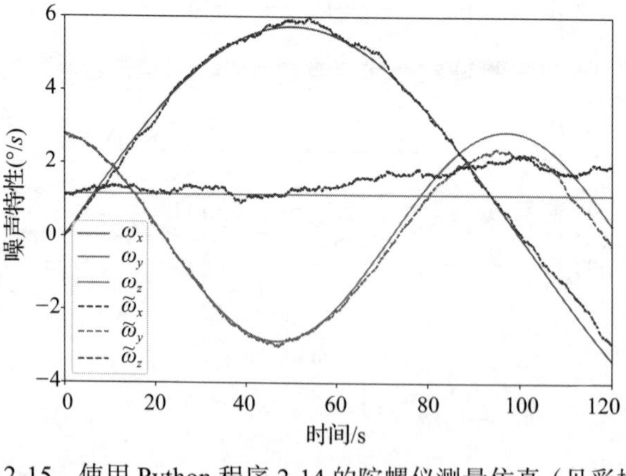

图 2-15 使用 Python 程序 2-14 的陀螺仪测量仿真（见彩插）

程序 2-13 （MATLAB）带白噪声和偏置噪声的陀螺仪仿真

```
clear;

%% Set initial values & change non-SI units into the SI Units
dt = 0.05; % [seconds]
time_init = 0;
time_final = 120;
time = time_init:dt:time_final;
```

```
N_sample = length(time);

% standard deviation of the bias, sigma_beta_xyz
sigma_beta_xyz = [0.05 0.04 0.06]; % [degrees/sqrt(s)]
sigma_beta_xyz = sigma_beta_xyz*(pi/180); % [rad/sqrt(s)]
sigma_eta_xyz = sigma_beta_xyz/sqrt(dt);

% standard devitation of the white noise, sigma_v
sigma_v = 0.01; %[degrees/s]
sigma_v = sigma_v*(pi/180); %[rad/s]

% initial beta(t)
beta = (2*rand(3,1)-1)*0.05; % +/- 0.03[degrees/s]
beta = beta*(pi/180); % [radians/s]

% prepare the data store
w_all = zeros(N_sample,3);
w_measure_all = zeros(N_sample,3);

%% main simulation loop
for idx=1:N_sample

    time_c = time(idx);
    w_true(1,1) = 0.1*sin(2*pi*0.005*time_c); % [rad/s]
    w_true(2,1) = 0.05*cos(2*pi*0.01*time_c + 0.2); %[rad/s]
    w_true(3,1) = 0.02; %[rad/s]

    % beta(t)
    eta_u = sigma_eta_xyz(:).*randn(3,1);
    dbeta = eta_u*dt;
    beta = beta + dbeta;

    % eta_v(t)
    eta_v = sigma_v*randn(3,1);

    % w_tilde
    w_measurement = w_true + beta + eta_v;

    % store history
    w_all(idx,:) = w_true(:)';
    w_measure_all(idx,:) = w_measurement(:)';

end

% plot in degrees/s
figure;
plot(time,w_all*(180/pi));
hold on;
plot(time,w_measure_all*(180/pi),'--');
set(gca,'FontSize',14);
ylabel('$[^\circ/s]$','Interpreter','latex');
xlabel('time [s]','Interpreter','latex');
legend('$\omega_x$','$\omega_y$','$\omega_z$', ...
    '$\tilde{\omega}_x$','$\tilde{\omega}_y$','$\tilde{\omega}_z$', ...
    'Interpreter','latex','Location','SouthWest');
```

程序 2-14 （Python）带白噪声和偏置噪声的陀螺仪仿真

```
import numpy as np
import matplotlib.pyplot as plt

# Set initial values & change non-SI units into the SI Units
dt = 0.05 # [seconds]
time_init = 0
time_final = 120 # [seconds]
N_sample = int(time_final/dt) + 1
time = np.linspace(time_init, time_final, N_sample)

# standard deviation of the bias, sigma_beta_xyz
sigma_beta_xyz = np.array([0.05, 0.04, 0.06]) # [degrees/sqrt(s)]
sigma_beta_xyz = sigma_beta_xyz*(np.pi/180) # [rad/sqrt(s)]
sigma_eta_xyz = sigma_beta_xyz/np.sqrt(dt)

# standard devitation of the white noise, sigma_v
sigma_v = 0.01 #[degrees/s]
sigma_v = sigma_v*(np.pi/180) #[rad/s]

# initial beta(t)
beta = (2*np.random.rand(3)-1)*0.03 # +/- 0.03[degrees/s]
beta = beta*(np.pi/180) # [radians/s]

# prepare the data store
w_all = np.zeros((N_sample,3))
w_measure_all = np.zeros((N_sample,3))

# main simulation loops
for idx in range(N_sample):

    time_c = time[idx]
    w_true = np.array([0.1*np.sin(2*np.pi*0.005*time_c),#[rad/s]
                0.05*np.cos(2*np.pi*0.01*time_c + 0.2), #[rad/s]
                0.02 #[rad/s]
                    ])
    # beta(t)
    eta_u = sigma_eta_xyz*np.random.randn(3)
    dbeta = eta_u*dt
    beta = beta + dbeta
    # eta_v(t)
    eta_v = sigma_v*np.random.randn(3)
    # w_tilde
    w_measurement = w_true + beta + eta_v
    # store history
    w_all[idx,:] = w_true
    w_measure_all[idx,:] = w_measurement

# plot all realization of beta in degrees/s
fig, ax = plt.subplots(nrows=1,ncols=1)
ax.plot(time,w_all*180/np.pi)
ax.plot(time,w_measure_all*180/np.pi,'--')
ax.set_ylabel(r'$[^\circ/s]$',fontsize=14);
ax.set_xlabel(r'time [s]',fontsize=14);
```

```
ax.legend((r'$\omega_x$',r'$\omega_y$',r'$\omega_z$',
    r'$\tilde{\omega}_x$',r'$\tilde{\omega}_y$',r'$\tilde{\omega}
        _z$'),
        fontsize=14, loc='lower left')
ax.set(xlim=(0, time_final),ylim=(-4,6))
fig.set_size_inches(9,6)
fig.savefig('gyro_measurement_python.pdf',dpi=250)
```

2.1.3 光学传感器模型

用于直接提供姿态测量的常用传感器之一是光学传感器，例如相机或恒星敏感器。这些传感器识别先验已知对象，并将传感器测量中物体的方向与参考坐标中物体的已知方向进行比较。

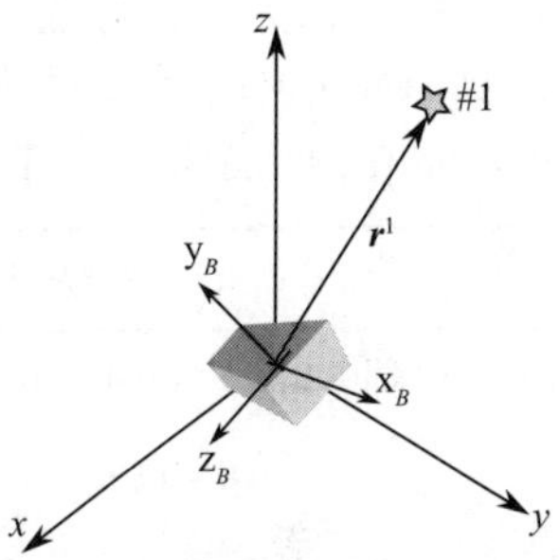

图 2-16 在参考坐标系和机体坐标系中确定的恒星位置

要对恒星敏感器进行建模，需要理解图 2-16 所示的向量观测原理。由 x_B、y_B 和 z_B 表示的机体坐标 B 相对于由 x、y 和 z 表示的参考坐标的姿态用四元数 $\boldsymbol{q}$ 表示。指向 #1 号恒星的向量 $\boldsymbol{r}^1$，可以由机体坐标系或参考坐标系中的坐标表示如下：

$$\boldsymbol{r}^1 \to \boldsymbol{r}_R^1 = [x \ \ y \ \ z]^{\mathrm{T}} \tag{2-33}$$

$$\boldsymbol{r}^1 \to \boldsymbol{r}_B^1 = [x_B \ \ y_B \ \ z_B]^{\mathrm{T}} \tag{2-34}$$

式中，$\boldsymbol{r}_R^1$ 和 $\boldsymbol{r}_B^1$ 是相同的向量，但写在两个不同的坐标系 $\{R\}$ 和 $\{B\}$ 中。$\boldsymbol{r}_R^1$ 通常作为恒星目录数据库的一部分存储在卫星的机载计算机中。带有识别算法的恒星敏感器检测到 #1 号星体，其在传感器坐标系中的方向由 $\boldsymbol{r}_B^1$ 给出，其中假定传感器坐标系与机体坐标系相同。由于 $\boldsymbol{r}_R^1$ 和 $\boldsymbol{r}_B^1$ 是指向恒星方向的向量，因此假设它们的大小是归一化的，即 $\|\boldsymbol{r}\|_{\mathrm{R}}^{1}=1$ 以及 $|\boldsymbol{r}\|_{\mathrm{B}}^{1}=1$。使用方向余弦矩阵将它们的坐标进行等效处理如下：

$$\begin{bmatrix} x \\ y \\ z \end{bmatrix}_R = \begin{bmatrix} c_{11} & c_{12} & c_{13} \\ c_{21} & c_{22} & c_{23} \\ c_{31} & c_{32} & c_{33} \end{bmatrix} \begin{bmatrix} x_B \\ y_B \\ z_B \end{bmatrix}_B \tag{2-35}$$

式中，$c_{ij} = \cos\theta_{ij}$，θ_{ij} 是 x、y、z 和 x_B、y_B、z_B 之间的夹角。它可以被简写为

$$\boldsymbol{r}_B^1 = \boldsymbol{C}_{BR}\boldsymbol{r}_R^1 \tag{2-36}$$

式中，$\boldsymbol{C}_{BR}$ 是将 $\{R\}$ 中的向量转换到 $\{B\}$ 中的方向余弦矩阵。四元数和方向余弦矩阵是表示姿态信息的两种不同方式。它们彼此等效，并且存在如下一一转换关系：

$$\boldsymbol{C}_{BR}(\boldsymbol{q}) = (q_4^2 - \boldsymbol{q}_{13}^{\mathrm{T}}\boldsymbol{q}_{13})I_3 + 2\boldsymbol{q}_{13}\boldsymbol{q}_{13}^{\mathrm{T}} - 2q_4[\boldsymbol{q}_{13}\times] \tag{2-37}$$

式中，$[\boldsymbol{q}_{13}\times]$ 由式（2-8）定义（Wie，2008）。

使用算法 2-2（Schaub and Junkins，2003）执行从方向余弦矩阵到四元数的转换。在算法 2-2 的第 2 行中寻找最大值，是为了防止第 3 ～ 6 行中除法的分子值较小。计算机程序中的所有除法都必须格外注意。如果除法中的分母等于或接近零，则结果会变得很大，计算机中的有限浮点无法表示。例如，MATLAB 或 Python 对 $1/10^{-309}$ 返回 inf，即无穷大，而对 $1/10^{-308}$ 返回 10^{308} 。计算机或软件在分离有限值和无限值边界时，具体边界的选择可能不同。要检查一个变量的值是否为无穷大，可以使用 MATLAB 中的 isinf 或 Python 中的 numpy.isinf。如果数字无穷大，则它在 MATLAB 中返回逻辑类型 1，在 Python 中返回逻辑类型 True ；如果它被认为是一个有限数，则在 MATLAB 中返回逻辑类型 0，在 Python 中返回逻辑类型 False。

算法 2-2　从方向余弦矩阵到四元数的转换

1: Calculate a_i using the given c_{ij} for $i, j = 1, 2, 3$ in (2.35)

$$a_1 = (1 + c_{11} - c_{22} - c_{33})/4$$
$$a_2 = (1 + c_{22} - c_{11} - c_{33})/4$$
$$a_3 = (1 + c_{33} - c_{11} - c_{22})/4$$
$$a_4 = (1 + c_{11} + c_{22} + c_{33})/4$$

2: Find i^* such that $a_{i^*} = \max(a_1, a_2, a_3, a_4)$ and calculate $q_{i^*} = \sqrt{a_{i^*}}$

3: **if** i^* is equal to 1 **then**

$$q_2 = (c_{12} + c_{21})/(4q_1)$$
$$q_3 = (c_{13} + c_{31})/(4q_1)$$
$$q_4 = (c_{23} - c_{32})/(4q_1)$$

4: **else if** i^* is equal to 2 **then**

$$q_1 = (c_{12} + c_{21})/(4q_2)$$
$$q_3 = (c_{23} + c_{32})/(4q_2)$$
$$q_4 = (c_{31} - c_{13})/(4q_2)$$

5: **else if** i^* is equal to 3 **then**

$$q_1 = (c_{13} + c_{31})/(4q_3)$$
$$q_2 = (c_{23} + c_{32})/(4q_3)$$
$$q_4 = (c_{12} - c_{21})/(4q_3)$$

6: **else if** i^* is equal to 4 **then**

$$q_1 = (c_{23} - c_{32})/(4q_4)$$

$$q_2 = (c_{31} - c_{13})/(4q_4)$$

$$q_3 = (c_{12} - c_{21})/(4q_4)$$

7: **end if**
8: **if** q_4 is negative **then**

$$q_1 \leftarrow -q_1,\ q_2 \leftarrow -q_2,\ q_3 \leftarrow -q_3,\ q_4 \leftarrow -q_4$$

9: **end if**

算法2-2中的第8行表示最短的旋转操作。q_4 等于 $\cos(\theta/2)$，对于 $|\theta| \leqslant 180°$，$\cos(\theta/2) \geqslant 0$。$q_4$ 为负则意味着 $|\theta| > 180°$。那么通过绕轴反方向旋转，即 $-\boldsymbol{e}$，可以获得相同的姿态，且旋转角度等于 $\pi-\theta$ 弧度。注意，$\cos[(\pi-\theta)/2] = -\cos(\theta/2)$。图2-17显示，绕轴 $\boldsymbol{e}$ 旋转275°等价于绕轴 $-\boldsymbol{e}$ 旋转85°，它们有着相同的姿态。

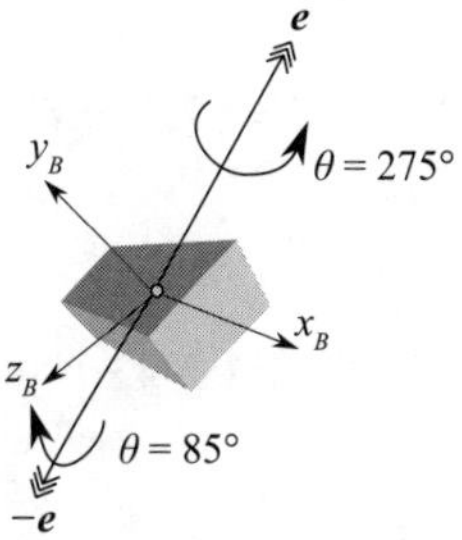

图2-17　最短旋转路径

给定恒星方向 $\boldsymbol{r}_R^1$ 和和恒星观测值 $\boldsymbol{r}_B^1$，使用式（2-35）建立三个代数方程。由于式（2-35）中有九个未知数 c_{ij}，其中 $i,j=1,2,3$。因此还需要另外六个方程来确定这九个未知数。考虑到另一颗恒星（#2号恒星）已经被识别，并且它符合下式：

$$\boldsymbol{r}_B^2 = \boldsymbol{C}_{BR}(\boldsymbol{q})\boldsymbol{r}_R^2 \tag{2-38}$$

其中假设 $\boldsymbol{r}_R^1$、$\boldsymbol{r}_R^2$ 彼此不平行。因此，式（2-38）提供了另外三个独立的方程。一旦确定了两颗恒星的方向不平行，就可以使用向量交叉积建立第三个向量，如下所示：

$$(\boldsymbol{r}_B^1 \times \boldsymbol{r}_B^2) = \boldsymbol{C}_{BR}(\boldsymbol{q})(\boldsymbol{r}_R^1 \times \boldsymbol{r}_R^2) \tag{2-39}$$

Crassidis（2002）给出了一个简单的恒星跟踪器模型：

$$\tilde{\boldsymbol{r}}_B^i = \boldsymbol{r}_B^i + \boldsymbol{v}^i \tag{2-40}$$

式中，$\boldsymbol{v}^i$ 是一个 3×1 维的噪声向量，服从零均值高斯分布，即

$$\mathrm{E}(\boldsymbol{v}^i) = \boldsymbol{0}_3 \tag{2-41a}$$

$$\mathrm{E}[\boldsymbol{v}^i(\boldsymbol{v}^i)^{\mathrm{T}}] = \sigma_s^2 \boldsymbol{I}_{3\times3} \tag{2-41b}$$

并且 σ_s 是恒星敏感器噪声的标准差。Shuster（1989）中给出了这种噪声模型的解释。更复杂的恒星敏感器噪声建模请参阅 Fialho and Mortari（2019）。

考虑参考坐标系中的以下两颗恒星：

$$\boldsymbol{r}_R^1 = \begin{bmatrix} 0 & \dfrac{1}{\sqrt{2}} & -\dfrac{1}{\sqrt{2}} \end{bmatrix}_R^{\mathrm{T}} \tag{2-42a}$$

$$\boldsymbol{r}_R^2 = \left[\frac{1}{\sqrt{2}} \quad 0 \quad \frac{1}{\sqrt{2}}\right]_R^{\mathrm{T}} \tag{2-42b}$$

假设 $\boldsymbol{q}(t)$ 表示一个卫星相对于参考坐标系的姿态，并且装有多个恒星敏感器的卫星一直可以看到和识别这些恒星（实际中，这些恒星可能在恒星敏感器的视场里面或者外面）。在 MATLAB 程序 2-1 或 Python 程序 2-2 中，每一时刻都相应给出了 $\boldsymbol{q}(t)$ 的值。在任一时刻，假设传感器坐标系与机体坐标系对齐，那么恒星表示如下：

$$\boldsymbol{r}_B^i = \boldsymbol{C}_{BR}[\boldsymbol{q}(t)]\boldsymbol{r}_R^i \tag{2-43}$$

式中，$i=1,2,3$，$\boldsymbol{C}_{BR}[\boldsymbol{q}(t)]$ 由式（2-37）给出，并且

$$\boldsymbol{r}_R^3 = \boldsymbol{r}_R^1 \times \boldsymbol{r}_R^2 \tag{2-44a}$$

$$\boldsymbol{r}_B^3 = \boldsymbol{r}_B^1 \times \boldsymbol{r}_B^2 \tag{2-44b}$$

将式（2-43）和式（2-44）重新排列如下：

$$\boldsymbol{r}_B^i = \begin{bmatrix} (\boldsymbol{r}_R^i)^{\mathrm{T}} & 0_{1\times3} & 0_{1\times3} \\ 0_{1\times3} & (\boldsymbol{r}_R^i)^{\mathrm{T}} & 0_{1\times3} \\ 0_{1\times3} & 0_{1\times3} & (\boldsymbol{r}_R^i)^{\mathrm{T}} \end{bmatrix} \begin{bmatrix} c_{11} \\ c_{12} \\ c_{13} \\ c_{21} \\ c_{22} \\ c_{23} \\ c_{31} \\ c_{32} \\ c_{33} \end{bmatrix} = \boldsymbol{A}^i \mathrm{vec}(\boldsymbol{C}^{\mathrm{T}}) \tag{2-45}$$

式中，$i=1,2,3$，$\boldsymbol{A}^i$ 是一个 3×9 的矩阵，使用 $\boldsymbol{r}_R^i$ 和 $\mathrm{vec}(\cdot)$ 在列方向上对矩阵进行向量化如下：

$$\boldsymbol{A} = \begin{bmatrix} 1 & 2 & 3 \\ 4 & 5 & 6 \\ 7 & 8 & 9 \end{bmatrix} \Rightarrow \mathrm{vec}(\boldsymbol{A}) = [1 \quad 4 \quad 7 \quad 2 \quad 5 \quad 8 \quad 3 \quad 6 \quad 9]^{\mathrm{T}} \tag{2-46}$$

MATLAB 是一种以列为主的语言（MathWorks，2020），也就是说，它首先在列方向上索引数组中的元素。矩阵的向量化执行如下：

```
>> A=[1 2 3; 4 5 6; 7 8 9]
>> A(:)
```

另一方面，Python 中的 numpy 数组是行优先的，即首先在行方向上索引数组中的元素，flatten() 函数如下返回 $A=[1,2,3,4,5,6,7,8,9]$。

```
In [11]: A=np.array([[1, 2, 3], [4, 5, 6], [7, 8, 9]])
In [12]: A.flatten()
```

因此，为了获得和 vec(·) 相同的结果，将矩阵转置和铺平如下：

```
In [13]: A.transpose().flatten()
```

使用三个矩阵 $\boldsymbol{A}^1$、$\boldsymbol{A}^2$、$\boldsymbol{A}^3$

$$\begin{bmatrix} \boldsymbol{r}_B^1 \\ \boldsymbol{r}_B^2 \\ \boldsymbol{r}_B^3 \end{bmatrix} = \begin{bmatrix} \boldsymbol{A}^1 \\ \boldsymbol{A}^2 \\ \boldsymbol{A}^3 \end{bmatrix} \mathrm{vec}(\boldsymbol{C}^{\mathrm{T}}) = \boldsymbol{A}\mathrm{vec}(\boldsymbol{C}^{\mathrm{T}}) \tag{2-47}$$

只要 $\boldsymbol{r}^1$ 和 $\boldsymbol{r}^2$ 彼此不平行，矩阵 A 就是非奇异矩阵，即它存在逆矩阵。因此，方向余弦矩阵的元素可以简单表示为：

$$\mathrm{vec}(\boldsymbol{C}^{\mathrm{T}}) = \boldsymbol{A}^{-1} \begin{bmatrix} \boldsymbol{r}_B^1 \\ \boldsymbol{r}_B^2 \\ \boldsymbol{r}_B^3 \end{bmatrix} \tag{2-48}$$

为了构建卫星相对于参考系的任意姿态，我们使用均匀随机数生成器在 MATLAB 中生成以下四个值：

```
>> q_rand = 2*rand(4,1)-1;
>> q_rand = q_rand/norm(q_rand);
```

或在 Python 中

```
In [17]: q_rand=2*np.random.rand(4)-1
In [18]: q_rand=q_rand/np.linalg.norm(q_rand)
```

它们被归一化，使得随机四元数为单位大小。

使用式（2-37）在 MATLAB 中计算生成的随机四元数对应的方向余弦矩阵，如下所示：

```
>> q13=q_rand(1:3);
>> q4=q_rand(4);
>> q13x=[0 -q13(3) q13(2);
        q13(3) 0 -q13(1);
       -q13(2) q13(1) 0];
>> C_BR=(q4^2-q13'*q13)*eye(3)+2*q13*q13'-2*q4*q13x;
```

或在 Python 中

```
In [22]: q13=np.reshape(q_rand[0:3],(3,1))
In [23]: q4=q_rand[3]
In [24]: q13x = np.array([[0, -q13[2,0], q13[1,0]],[q13[2,0],0,-q13
    [0,0]],[-q13[1,0],q13[0,0],0]])
In [25]: C_BR = (q4**2-q13.transpose()@q13)*np.eye(3)+2*q13@q13.
    transpose()-2*q4*q13x
```

可以通过检查 $\boldsymbol{C}_{BR}^{\mathrm{T}}\boldsymbol{C}_{BR}$ 是否等于单位矩阵，来判断是否正确执行了方向余弦矩阵的转换。

在 Python 中，矩阵乘法用 @ 符号表示。需要注意的是，Python 中 * 和 @ 乘法的结果是不同的，例如：

```
In [80]: x=np.array([[1],[2],[3]])

In [81]: x.transpose()*x
Out[81]:
array([[1, 2, 3],
       [2, 4, 6],
       [3, 6, 9]])

In [82]: x.transpose()@x
Out[82]: array([[14]])
```

x.transpose()@x 进行 $\boldsymbol{x}^{\mathrm{T}}\boldsymbol{x}$ 运算，即向量的点积；但 x.transposite()*x 计算结果如下：

$$|x_1\boldsymbol{x}\ \ x_2\boldsymbol{x}\ \ x_3\boldsymbol{x}| \tag{2-49}$$

式中，$\boldsymbol{x}^{\mathrm{T}}=[x_1, x_2, x_3]$。

式（2-42）给出的是由恒星敏感器测量得到的恒星数据，而式（2-43）则描述了相关的计算过程。在 MATLAB 中的实现如下：

```
>> r1R=[0 1/sqrt(2) -1/sqrt(2)]';
>> r2R=[1/sqrt(2) 0 1/sqrt(2)]';
>> r1B=C_BR*r1R;
>> r2B=C_BR*r2R;
>> r3R=cross(r1R,r2R);
>> r3B=C_BR*r3R;
```

在 Python 中的实现如下：

```
In [86]: r1R=np.array([0, 1/np.sqrt(2), -1/np.sqrt(2)]).reshape
    ((3,1))
In [87]: r2R=np.array([1/np.sqrt(2), 0, 1/np.sqrt(2)]).reshape
    ((3,1))
In [88]: r1B=C_BR@r1R
In [89]: r2B=C_BR@r2R
In [90]: r3R=np.cross(r1R.flatten(),r2R.flatten()).reshape((3,1))
In [91]: r3B=C_BR@r3R
```

其中 Python 中的 ***r***1R 和 ***r***2R 为 3 × 1 向量。在 numpy 的 np.cross() 中使用 flatten() 函数可以将它们转换为一维数组。

2.2 姿态估计算法

2.2.1 一个简单的算法

对于无噪声的完美恒星敏感器测量情况（即对于所有 i，式（2-40）中的 $\boldsymbol{v}^i$ 为零），使用式（2-48）计算 $\boldsymbol{C}_{BR}$ 如下，其中 $\boldsymbol{r}_B^i$ 来自无噪声传感器，$\boldsymbol{r}_R^i$ 来自

$i=1,2,3$ 的恒星数据库。

```
>> A1=blkdiag(r1R(:)',r1R(:)',r1R(:)');
>> A2=blkdiag(r2R(:)',r2R(:)',r2R(:)');
>> A3=blkdiag(r3R(:)',r3R(:)',r3R(:)');
>> A=[A1;A2;A3];
>> vec_CT=A \ [r1B(:);r2B(:);r3B(:)];
>> C_BR_Cal=reshape(vec_CT,3,3)'
>> norm(C_BR-C_BR_Cal)
ans =

   1.6909e-16
```

在 MATLAB 中求逆时，反斜杠运算符 \ 比求逆函数更可取，即在计算 $\boldsymbol{A}^{-1}\boldsymbol{x}$ 时，使用 $\boldsymbol{A}\backslash\boldsymbol{x}$ 而不是 inv($\boldsymbol{A}$)*$\boldsymbol{x}$。反斜杠运算符比计算逆矩阵并执行逆矩阵与 $\boldsymbol{x}$ 的乘法要快得多，也准确得多。一般来说，计算逆矩阵和执行某些运算会导致更多的计算步骤，并产生更大的数值误差。上述程序最后一行中的范数显示了真实的方向余弦矩阵和计算的方向余弦矩阵之间的差异。如果这个差异不够小，则代码中可能会存在一些错误并且 / 或者测量值可能存在问题，例如两个向量观测值太接近时，矩阵 $\boldsymbol{A}$ 会接近于奇异矩阵。该程序误差的数量级为 10^{-16}，非常接近零。

同样，Python 代码如下：

```
In [148]: from scipy.sparse import block_diag
In [149]: A1=block_diag((r1R.transpose(),r1R.transpose(),r1R.
    transpose())).toarray()
In [150]: A2=block_diag((r2R.transpose(),r2R.transpose(),r2R.
    transpose())).toarray()
In [151]: A2=block_diag((r2R.transpose(),r2R.transpose(),r2R.
    transpose())).toarray()
In [152]: A3=block_diag((r3R.transpose(),r3R.transpose(),r3R.
    transpose())).toarray()

In [153]: A=np.vstack((A1,A2,A3))

In [154]: from scipy.linalg import solve
In [155]: vec_CT=solve(A,np.vstack((r1B,r2B,r3B)))
In [156]: C_BR_Cal = vec_CT.reshape(3,3)

In [158]: np.linalg.norm(C_BR-C_BR_Cal)
Out[158]: 2.3714374201337736e-16
```

Python 中的 numpy 程序包和 scipy 程序包没有像 MATLAB 中那样的反斜杠运算符。然而，使用 scipy.linalg 包中的求解函数也可以实现类似高效计算 $\boldsymbol{A}^{-1}\boldsymbol{x}$ 的方法。该程序误差的数量级为 10^{-16}，足够接近零，并且计算的方向余弦矩阵接近真实值。

当有四个或更多的恒星向量观测值时，式（2-48）将变成一个过度确定的问题，最小范数解可通过以下公式进行计算：

$$\mathrm{vec}(\boldsymbol{C}^{\mathrm{T}}) = (\boldsymbol{A}^{\mathrm{T}}\boldsymbol{A})^{-1}\boldsymbol{A}^{\mathrm{T}}\begin{bmatrix}\boldsymbol{r}_B^1\\ \boldsymbol{r}_B^2\\ \vdots\\ \boldsymbol{r}_B^k\end{bmatrix} \tag{2-50}$$

式中，$k \geqslant 4$。

2.2.2 QUEST 算法

求解以下最小化问题可确定最佳方向余弦矩阵 $\boldsymbol{C}_{BR}$：

$$\underset{\boldsymbol{C}_{BR}}{\mathrm{Minimize}}\frac{1}{2}\sum_{i=1}^{k} a_i \| \boldsymbol{r}_B^i - \boldsymbol{C}_{BR}\boldsymbol{r}_R^i \|^2 \tag{2-51}$$

式中，$\boldsymbol{r}_B^i$ 受到已知方差的随机噪声污染，随机噪声的方差可在传感器规格中找到；a_i 是每次观测的正权重，通常被设置为每次观测的方差的倒数，这就是众所周知的瓦赫巴问题（Wahba，1965）。

Shuster 和 Oh 在 1981 年提出了 QUEST（四元数估计）算法[⊖]，该算法能够解决 Wahba 问题以获得最优解，并用于估计最佳四元数，其中 $\boldsymbol{C}_{BR} = \boldsymbol{C}_{BR}(\boldsymbol{q})$ 在式（2-37）中给出。算法 2-3 中给出了 QUEST 的伪代码，QUEST 算法的实现留作习题。

QUEST 算法提供了基于当前向量测量的最优四元数估计。然而它不使用任何动态模型，只是纯粹解决了固定时刻估计四元数的优化问题。

算法 2-3　QUEST（四元数估计）伪代码

1: Construct B using $\mathbf{r}_B^i$ and $\mathbf{r}_R^i$ for $i = 1, 2, \ldots, k$ as follows:

$$B = \sum_{i=1}^{k} a_i \mathbf{r}_B^i \left(\mathbf{r}_R^i\right)^{\mathrm{T}}$$

where a_i is equal to the inverse of the variance of the i-th observation.

2: Calculate S, σ, δ, and κ as follows:

$$S = B + B^T,\ \sigma = \mathrm{trace}(B),\ \delta = \det(S) = |S|,\ \kappa = \mathrm{trace}\left[\mathrm{adj}(S)\right]$$

where $\det(\cdot) = |\cdot|$ is the determinant of the matrix and $\mathrm{adj}(\cdot)$ is the adjugate of the matrix. For the 3×3 matrix S, κ is given by

$$\kappa = (s_{22}s_{33} - s_{23}^2) + (s_{11}s_{33} - s_{13}^2) + (s_{11}s_{22} - s_{12}^2)$$

where s_{ij} is the i-th row and the j-th column element of S.

⊖ 1998 年 5 月，John 在美国马里兰州与 Malcolm、John、Jinho 和 Jongrae 共进晚餐后说到“QUEST is better than rest”。

Construct $\mathbf{z}$ as follows:

$$\mathbf{z} = \sum_{i=1}^{k} a_i \mathbf{r}_B^i \times \mathbf{r}_R^i$$

Calculate the coefficients of the following fourth order polynomial in λ:

$$f(\lambda) = \lambda^4 - (a+b)\lambda^2 - c\lambda + (ab + c\sigma - d)$$

where $a = \sigma^2 - \kappa, b = \sigma^2 + \mathbf{z}^T\mathbf{z}, c = \delta + \mathbf{z}^T S \mathbf{z}, d = \mathbf{z}^T S^2 \mathbf{z}$.

Set the initial guess of λ^* equal to 10 as the maximum λ for $f(\lambda) = 0$ is known to be around 1.

Set the tolerance, ε, equal to a small positive number, e.g. 10^{-6}, and $\Delta\lambda$ equal to a positive number greater than ε, e.g. 1000.

Find the λ satisfying $f(\lambda) = 0$ using the Newton–Raphson method (Press et al., 2007) as follows:

while $\Delta\lambda > \varepsilon$ **do**

  $df(\lambda^*)/d\lambda \leftarrow 4(\lambda^*)^3 - 2(a+b)\lambda^* - c$

  $\lambda_{\text{new}} \leftarrow \lambda^* - f(\lambda^*)/[df(\lambda^*)/d\lambda)]$

  $\Delta\lambda \leftarrow |\lambda_{\text{new}} - \lambda^*|$

  $\lambda^* \leftarrow \lambda_{\text{new}}$

end while

$\mathbf{y}^* \leftarrow \left[(\sigma + \lambda^*)I_3 - S\right]^{-1} \mathbf{z}$

$q^* \leftarrow \dfrac{1}{\sqrt{1 + \|\mathbf{y}^*\|^2}} \begin{bmatrix} \mathbf{y}^* \\ 1 \end{bmatrix}$

2.2.3 卡尔曼滤波器

卡尔曼滤波器最初是为线性系统开发的，其公式如下（Kalman，1960）：

$$\boldsymbol{x}_k = \boldsymbol{A}\boldsymbol{x}_{k-1} + \boldsymbol{w}_k \quad (2\text{-}52a)$$

$$\boldsymbol{z}_k = \boldsymbol{H}\boldsymbol{x}_k + \boldsymbol{v}_k \quad (2\text{-}52b)$$

式中，系统噪声 $\boldsymbol{w}_k$ 和测量噪声 $\boldsymbol{v}_k$ 是零均值高斯白噪声，它们的协方差分别为 Q_k 和 R_k；$\boldsymbol{A}$ 和 $\boldsymbol{H}$ 是具有适当维数的矩阵。实际上，协方差矩阵通常对所有 k 来说都是常数。注意，离散时间 t_k 和 t_{k-1} 的符号分别简单地写为下标 k 和 $k-1$。只要方便，两者可以互换使用，例如 $\boldsymbol{x}(t_k) = \boldsymbol{x}_k$。

卡尔曼滤波器解决了以下优化问题：

$$\underset{\boldsymbol{K}_k}{\text{Minimize}} \ \text{trace}[\text{E}(\Delta\boldsymbol{x}_k \, \Delta\boldsymbol{x}_k^{\text{T}})] \quad (2\text{-}53)$$

式中，$\Delta\boldsymbol{x}_k$ 是估计误差，即真实状态与估计状态之间的差值 $\boldsymbol{x}_k - \hat{\boldsymbol{x}}_k$；$K_k$ 是要设计的卡尔曼增益。卡尔曼滤波器的伪代码在算法 2-4 中给出，卡尔曼增益将系统模型的预测状态 $\hat{\boldsymbol{x}}_k^-$ 和传感器的测量值 $\boldsymbol{z}_k$ 联系起来，获取最佳估计状态 $\hat{\boldsymbol{x}}_k^-$ 如下：

$$\hat{x}_k^+ = \hat{x}_k^- + K_k(z_k - H\hat{x}_k^-) \tag{2-54}$$

算法 2-4　线性系统的卡尔曼滤波器伪代码

1: Initialize

$$\hat{\mathbf{x}}_0^+,\ P_0^+ = E\left(\Delta\mathbf{x}_0\,\Delta\mathbf{x}_0^T\right),\ Q = E\left(\mathbf{w}_k\,\mathbf{w}_k^T\right),\ R = E\left(\mathbf{v}_k\,\mathbf{v}_k^T\right)$$

where Q and R are assumed to be constant for all k.

2: **for** $k = 1, 2, \ldots$ **do**

3: **Prediction:** from t_{k-1} to t_k

$$\hat{\mathbf{x}}_k^- = A\hat{\mathbf{x}}_{k-1}^+$$
$$P_k^- = AP_{k-1}^+A^T + Q$$

4: **Update:** the measurement, $\mathbf{z}_k$, is available at t_k

$$K_k = P_k^-H^T\left(HP_k^-H^T + R\right)^{-1}$$
$$\hat{\mathbf{x}}_k^+ = \hat{\mathbf{x}}_k^- + K_k\left(\mathbf{z}_k - H\hat{\mathbf{x}}_k^-\right)$$
$$P_k^+ = \left(I - K_kH\right)P_k^-$$

5: **Substitute:** No measurement, $\mathbf{z}_k$, is available at t_k

$$\mathbf{x}_k^+ = \mathbf{x}_k^-$$
$$P_k^+ = P_k^-$$

6: **end for**

在仿真时，我们仿真的物理对象和实现的算法之间经常会发生混淆。仿真器都是作为 MATLAB 或 Python 程序的一部分来实现的，清楚地区分仿真器中仿真的内容和仿真器中测试的算法可以减少概念上的混淆，并且可以更清晰地了解仿真器的结构。

考虑以下质量 – 弹簧 – 阻尼器系统：

$$\ddot{x} = -\frac{k}{m}x - \frac{c}{m}\dot{x} + \omega \tag{2-55}$$

式中，$m = 1\text{kg}$，$k = \dfrac{0.5\text{N}}{\text{m}}$，$c = 0.1\text{N}/(\text{m}/\text{s})$，$\omega$ 是零均值高斯随机过程噪声。过程噪声的标准差通常通过实验来确定。

然而，随机微分方程式（2-55）具有数学模糊性，该方程的右侧由于随机噪声 ω 而处处不连续。在数学上它可以写成更优的形式，即 Itô 方程（Van Kampen，2007）如下：

$$\mathrm{d}\dot{x} = -\frac{k}{m}x\mathrm{d}t - \frac{c}{m}\dot{x}\mathrm{d}t + \mathrm{d}\beta \tag{2-56}$$

式中，方程左侧是速度增量，方程右侧的 $\mathrm{d}\beta = \omega \mathrm{d}t$ 是一个与式（2-29）相同的随机增量。从工程的角度来看，式（2-55）和式（2-56）这两种表达方式没有什么显著的区别，因为随机扰动并不是无限快的，所以这两种形式可以互换使用。

根据实验可以观察到，速度增量 $\mathrm{d}\dot{x}$ 以与过程噪声的方差 ω 相对应的速度，偏离模型确定性部分所期望的轨迹，即：

$$\mathrm{E}\{\mathrm{d}\beta\}^2 \approx \sigma_\beta^2 \Delta t \tag{2-57}$$

其中，每过 Δt 时间间隔对测量值进行一次采样。假设 σ_β 的估计值为 $\sqrt{0.5}$ m/s，Δt 等于 0.01s。

下一个问题是如何对随机微分方程式（2-56）进行积分。求解式（2-56）的过程是对物理对象的仿真。在每个时间间隔 $[t_k, t_k + \Delta t)$ 内，ω_k 固定为常数，式（2-58）变为一个简单的常微分方程。因此，可以使用常微分方程求解器对其进行求解。在计算机仿真中，用采样得到的随机噪声 ω_k 代替 ω 如下：

$$\ddot{x} = -\frac{k}{m}x - \frac{c}{m}\dot{x} + \omega_k \tag{2-58}$$

式中，ω_k 在 $t \in [t_k, t_k + \Delta t)$（$k = 1, 2, \cdots$）时为常数，其方差由下式给出：

$$\mathrm{E}\{\mathrm{d}\beta\}^2 = \mathrm{E}\{\omega \mathrm{d}t\}^2 \to \sigma_\beta^2 \Delta t = \sigma_\omega^2 (\Delta t)^2 \to \sigma_\omega = \frac{\sigma_\beta}{\sqrt{\Delta t}} \tag{2-59}$$

只要 Δt 短于与质量–弹簧–阻尼器系统带宽对应的系统响应速率，采样的噪声就会模拟白噪声以合理接近系统。ω_k 是从均值为零和标准差 σ_ω 为 $\sqrt{0.5}/\sqrt{0.01}$ m/s$^{3/2}$ 的正态分布中采样得到的。积分完成后，保存解，将初始条件重置为解的最终值，并求解下一时间间隔的微分方程，重复此操作直到仿真终止。这些步骤在程序 2-15 和程序 2-16 中分别以 MATLAB 和 Python 实现，位置序列和速度序列的随机实现如图 2-18 所示。注意，由于 ω_k 在每次仿真中是随机变化的，因此每次仿真中期望的轨迹也是不同的。

程序 2-15 （MATLAB）使用常微分方程求解器求解随机质量–弹簧–阻尼器系统

```
clear;

m_mass = 1.0; %[kg]
k_spring = 0.5; %[N/m]
c_damper = 0.01; %[N/(m/s)]
msd_const = [m_mass k_spring c_damper];

init_pos = 0.0; %[m]
init_vel = 0.0; %[m/s]

init_time = 0; %[s]
final_time = 60; %[s]

Delta_t = 0.01; %[s]
```

```

time_interval = [init_time final_time];

num_w = floor((final_time-init_time)/Delta_t)+1;
sigma_beta = sqrt(0.5);
sigma_w =sigma_beta/sqrt(Delta_t);
wk_noise = sigma_w*(randn(num_w,1));

x0 = [init_pos init_vel];
t0 = init_time;
tf = t0 + Delta_t;

tout_all = zeros(num_w,1);
xout_all = zeros(num_w,2);

tout_all(1) = t0;
xout_all(1,:) = x0;

for idx=2:num_w

    wk = wk_noise(idx);

    [tout,xout] = ode45( ...
        @(time,state)msd_noisy(time,state,wk,msd_const),...
        [t0 tf],x0);

    tout_all(idx) = tout(end);
    xout_all(idx,:) = xout(end,:);

    x0 = xout(end,:);

    % time interval update
    t0 = tf;
    tf = t0 + Delta_t;

end

figure(1);
subplot(211);
plot(tout_all,xout_all(:,1));
hold on;
axis([init_time final_time -10 10]);
set(gca,'FontSize',12);
ylabel('position [m]');
xlabel('time [s]');
subplot(212);
plot(tout_all,xout_all(:,2));
hold on;
axis([init_time final_time -10 10]);
set(gca,'FontSize',12);
ylabel('velocity [m/s]');
xlabel('time [s]');

function dxdt = msd_noisy(time,state,wk,msd_const)
    x1 = state(1);
```

```
    x2 = state(2);
    m = msd_const(1);
    k = msd_const(2);
    c = msd_const(3);

    dxdt = zeros(2,1);
    dxdt(1) = x2;
    dxdt(2) = -(k/m)*x1 - (c/m)*x2 + wk;
end
```

程序 2-16 （Python）使用常微分方程求解器求解随机质量－弹簧－阻尼器系统

```
import numpy as np
from scipy.integrate import solve_ivp

m_mass = 1.0 #[kg]
k_spring = 0.5 #[N/m]
c_damper = 0.1 #[N/(m/s)]
msd_const = [m_mass, k_spring, c_damper]

init_pos = 0.0 #[m]
init_vel = 0.0 #[m/s]

init_time = 0 #[s]
final_time = 60 #[s]

Delta_t = 0.01 #[s]

time_interval = [init_time, final_time]

num_w = int((final_time-init_time)/Delta_t)+1
sigma_beta = np.sqrt(0.5)
sigma_w =sigma_beta/np.sqrt(Delta_t)
wk_noise = sigma_w*(np.random.randn(num_w))

x0 = [init_pos, init_vel]
t0 = init_time
tf = t0 + Delta_t

tout_all = np.zeros(num_w)
xout_all = np.zeros((num_w,2))

tout_all[0] = t0
xout_all[0] = x0


def msd_noisy(time,state,wk,msd_const):
    x1, x2 = state
    m, k, c = msd_const

    dxdt = [x2,
            -(k/m)*x1 - (c/m)*x2 + wk]
    return dxdt

for idx in range(1,num_w):
```

```
44
45      wk = wk_noise[idx]
46
47      # RK45
48      sol = solve_ivp(msd_noisy,(t0, tf),x0,args=(wk,msd_const))
49      xout = sol.y.transpose()
50
51      tout_all[idx] = sol.t[-1]
52      xout_all[idx] = xout[-1]
53
54      x0 = xout[-1];
55
56      # time interval update
57      t0 = tf
58      tf = t0 + Delta_t
59
60  import matplotlib.pyplot as plt
61
62  fig_ms, (ax_ms_0, ax_ms_1) = plt.subplots(nrows=2,ncols=1)
63  ax_ms_0.plot(tout_all, xout_all[:,0])
64  ax_ms_0.set_ylabel(r'$x(t)$',fontsize=14)
65  ax_ms_0.set(xlim=(0, final_time),ylim=(-10,10))
66
67  ax_ms_1.plot(tout_all, xout_all[:,1])
68  ax_ms_1.set_ylabel(r'$\dot{x}(t)$',fontsize=14)
69  ax_ms_1.set_xlabel('time [s]',fontsize=14)
70  ax_ms_1.set(xlim=(0, final_time),ylim=(-10,10))
```

为了实现算法 2-4 中给出的卡尔曼滤波器，式（2-58）被视为式（2-52）的离散形式。从 t_k 到 t_{k+1} 对式（2-58）进行积分：

$$\int_{t=t_k}^{t=t_{k+1}} \mathrm{d}\dot{x} = -\frac{1}{m}\int_{t=t_k}^{t=t_{k+1}}(kx+c\dot{x})\mathrm{d}t + \int_{t=t_k}^{t=t_{k+1}} \omega_k \, \mathrm{d}t \quad (2\text{-}60)$$

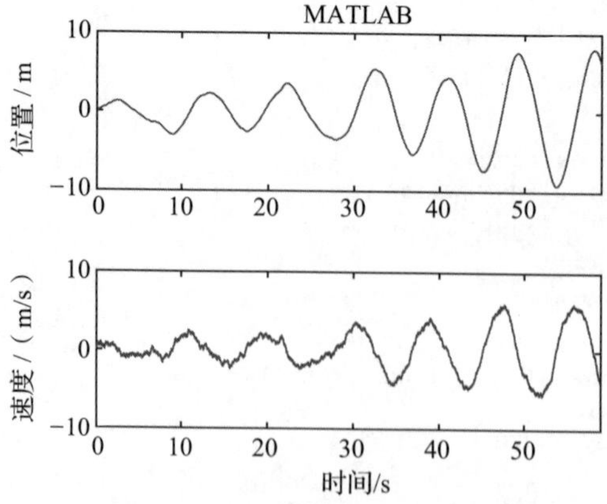

a）MATLAB

图 2-18　使用常微分方程求解器进行随机仿真（$\Delta t = 0.01\mathrm{s}$）

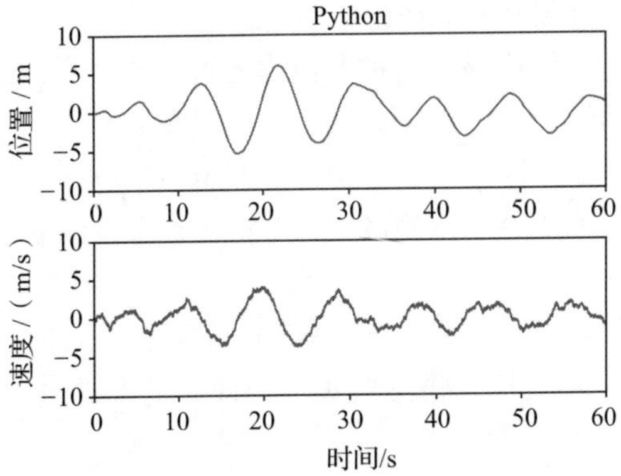

b）Python

图 2-18 使用常微分方程求解器进行随机仿真（$\Delta t=0.01\text{s}$）(续)

其中，假设 $\Delta t_k^{\mathrm{KF}}=t_{k+1}-t_k$ 足够小，使得 $x(t)$ 和 $\dot{x}(t)$ 在 $t\in[t_k,t_{k+1})$ 期间保持不变。

$$\dot{x}(t_{k+1})-\dot{x}(t_k)=-\frac{1}{m}[kx(t_k)+c\dot{x}(t_k)]\Delta t_k^{\mathrm{KF}}+\omega_k\Delta t_k^{\mathrm{KF}} \tag{2-61}$$

需要注意，式（2-57）中的 Δt 和卡尔曼滤波器中的 Δt_k^{KF} 之间是存在差异的。Δt 用于在计算机中仿真随机质量－弹簧－阻尼器系统式（2-56），而 Δt_k^{KF} 是卡尔曼滤波器在可能连接该系统的机载计算机中运行的时间间隔。

速度的离散形式由下式给出：

$$\dot{x}_{k+1}=-\frac{k\,\Delta t_k^{\mathrm{KF}}}{m}x_k+\left(1-\frac{c\,\Delta t_k^{\mathrm{KF}}}{m}\right)\dot{x}_k+\omega_k\,\Delta t_k^{\mathrm{KF}} \tag{2-62}$$

类似地

$$x_{k+1}=x_k+\dot{x}_k\,\Delta t_k^{\mathrm{KF}} \tag{2-63}$$

状态空间形式写为

$$\begin{bmatrix}x_{k+1}\\ \dot{x}_{k+1}\end{bmatrix}=\begin{bmatrix}1 & \Delta t_k^{\mathrm{KF}}\\ -(k\,\Delta t_k^{\mathrm{KF}})/m & 1-(c\,\Delta t_k^{\mathrm{KF}})/m\end{bmatrix}\begin{bmatrix}x_k\\ \dot{x}_k\end{bmatrix}\begin{bmatrix}0\\ \Delta t_k^{\mathrm{KF}}\end{bmatrix}\omega_k \tag{2-64}$$

在卡尔曼滤波器算法设计中，由式（2-56）给出的真实系统被视为式（2-64）。将式（2-64）与式（2-52）进行比较，可以得出以下方程：

$$\boldsymbol{\omega}_k=\begin{bmatrix}0\\ \Delta t_k^{\mathrm{KF}}\end{bmatrix}\omega_k$$

卡尔曼滤波器中的系统协方差矩阵为

$$Q=\mathrm{E}\{\boldsymbol{\omega}_k\boldsymbol{\omega}_K^{\mathrm{T}}\}=\begin{bmatrix}0 & 0\\ 0 & (\Delta t_k^{\mathrm{KF}})^2\mathrm{E}\{\omega_k^2\}\end{bmatrix}=\begin{bmatrix}0 & 0\\ 0 & (\Delta t_k^{\mathrm{KF}})^2\sigma_w^2\end{bmatrix} \tag{2-65}$$

式中，假设 Δt_k^{KF} 为常数 0.2s，$k\in[1,\infty)$。在算法 2-4 中卡尔曼滤波器的预测部

分，Q 用于将误差协方差从 P_{k-1}^+ 传播到 P_k^-。

在算法 2-4 中，状态 x_{k+1} 和 $\dot{x}_{k+1}$ 的预测值通过下式得到：

$$\begin{bmatrix} x_{k+1} \\ \dot{x}_{k+1} \end{bmatrix} = \begin{bmatrix} 1 & \Delta t_k \\ -(k\,\Delta t_k)/m & 1-(c\,\Delta t_k)/m \end{bmatrix} \tag{2-66}$$

传感器是实现卡尔曼滤波器的最后一个组件。假设测量位置 x_k 的传感器（采样频率为 Δt_k^{KF}）如下：

$$z_k = x_k + v_k \tag{2-67}$$

这里，我们假设噪声特性符合传感器规范，即 v_k 的标准差 σ_v 等于 0.75m。比较式（2-67）与式（2-52）可得

$$\boldsymbol{H} = [1\ \ 0], R = \sigma_v^2$$

图 2-19 展示了仿真场景的时间序列示例，噪声位置测量值在图中用点表示，位置和速度的估计状态相当接近于真实状态。

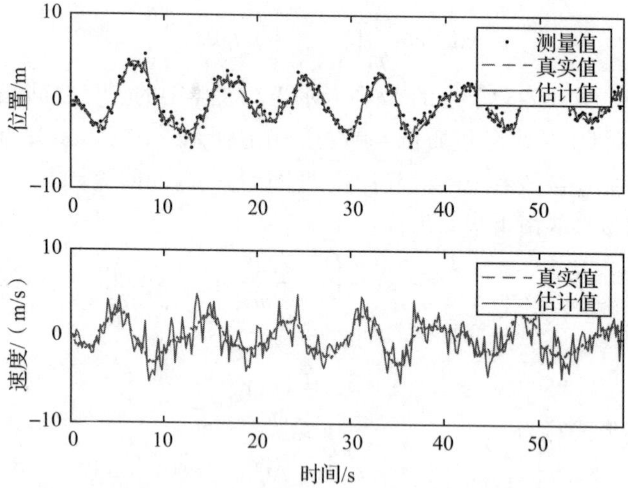

图 2-19　质量 – 弹簧 – 阻尼器系统的卡尔曼滤波器仿真（见彩插）

对于任何卡尔曼滤波器的仿真，还需要绘制一个重要的图像。回顾式（2-53），其中卡尔曼增益 K_k 旨在最小化误差协方差 P_k 的对角项之和。

$$P_k = \mathrm{E}\{\Delta \boldsymbol{x}_k\ \Delta \boldsymbol{x}_k^{\mathrm{T}}\} \tag{2-68}$$

P_k 的第一和第二对角项分别为 $p_{11} = \mathrm{E}\{(\Delta x_k)^2\}$ 和 $p_{12} = \mathrm{E}\{(\Delta \dot{x}_k)^2\}$，位置和速度估计误差的 3σ 界限由 $\pm 3\sqrt{p_{11}}$ 和 $\pm 3\sqrt{p_{22}}$ 给出。假设误差分布也是高斯分布，则 3σ 界限保证了误差有 99.7% 的概率保持在界限内。

在实际情况下，真实状态是未知的，误差也是未知的。而在仿真中，真实

状态是可访问的，并且能准确评估滤波器的性能。如图 2-20 所示，位置误差大部分时间都在界限内，并且边界与实际误差序列相当接近。速度误差一直在界限内，并且边界相对来说比较宽。

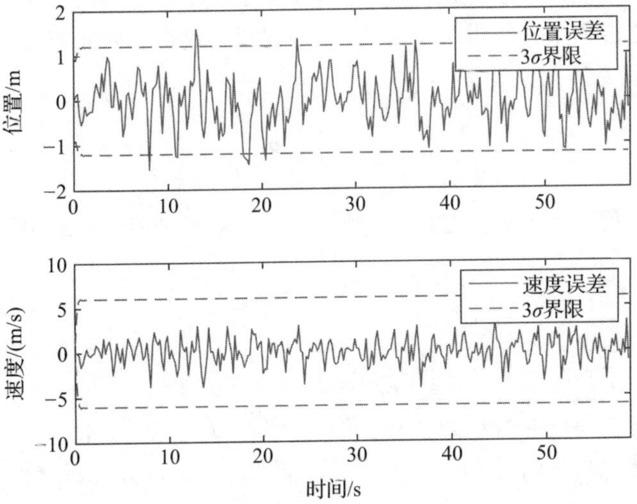

图 2-20　质量 – 弹簧 – 阻尼器系统的卡尔曼滤波器状态误差和 3σ 界限

2.2.4　扩展卡尔曼滤波器

大多数无人机使用陀螺仪和光学传感器来测量角速度和绝对姿态。图 2-14 中的白噪声和偏置噪声用来仿真陀螺仪的测量，卡尔曼滤波器在姿态估计中的主要目的是使用光学传感器和动态模型，估计陀螺仪测量式（2-11）中的偏置误差 β。角速度测量通过从原始陀螺仪测量中减去偏置误差进行校正，如下所示：

$$\hat{\omega}(t_k)=\tilde{\omega}(t_k)-\hat{\beta}(t_k) \tag{2-69}$$

式中，$\hat{\omega}(t_k)$ 是在 t_k 时的估计角速度，$\hat{\beta}(t_k)$ 是待设计的卡尔曼滤波器在 t_k 时的估计偏差。关于下文推导的姿态估计卡尔曼滤波器，感兴趣的读者可参考 Lefferts 等在 1982 年，以及 Crassidis 和 Junkins 在 2011 年发表的论文。

1. 误差动力学

本节推导姿态误差动力学的控制微分方程。定义误差四元数 $\delta\boldsymbol{q}$ 等于估计姿态和实际姿态之间差值的四元数。Bani Younes 和 Mortari（2019）给出了误差四元数的动力学如下：

$$\delta\dot{\boldsymbol{q}}_{13}=-\frac{1}{2}[\delta\boldsymbol{\omega}\times]\delta\boldsymbol{q}_{13}-[\hat{\boldsymbol{\omega}}\times]\delta\boldsymbol{q}_{13}+\frac{1}{2}\delta q_4\delta\boldsymbol{\omega} \tag{2-70a}$$

$$\delta\dot{q}_4=-\frac{1}{2}\delta\boldsymbol{\omega}^{\mathrm{T}}\delta\boldsymbol{q}_{13} \tag{2-70b}$$

式中，$\delta\boldsymbol{\omega}=\boldsymbol{\omega}-\hat{\boldsymbol{\omega}}$。误差动力学是非线性的，因此原始的线性系统卡尔曼滤波器不能直接应用。为了将卡尔曼滤波器用于非线性问题，我们需要进行线性化处理。该技术最初用于估计航天器轨道轨迹，称为扩展卡尔曼滤波器（Extended Kalman Filter，EKF）(Grewal and Andrews，2010)。

在线性化过程中，假设误差角的大小$|\delta\theta|$很小。误差四元数的近似值如下：

$$\delta\boldsymbol{q}_{13}=\boldsymbol{e}\sin\frac{\delta\theta}{2}\approx\boldsymbol{e}\frac{\delta\theta}{2} \tag{2-71a}$$

$$\delta q_4=\cos\frac{\delta\theta}{2}\approx 1 \tag{2-71b}$$

假设误差角速度$\|\delta\boldsymbol{\omega}\|$也很小。那么非线性误差动力学（2-70）线性化如下：

$$\delta\dot{\boldsymbol{q}}_{13}\approx-[\hat{\boldsymbol{\omega}}\times]\delta\boldsymbol{q}_{13}+\frac{1}{2}\delta\boldsymbol{\omega} \tag{2-72a}$$

$$\delta\dot{q}_4\approx 0 \tag{2-72b}$$

这里忽略了高阶项。从而误差角速度可以表示为：

$$\delta\boldsymbol{\omega}=\boldsymbol{\omega}-\hat{\boldsymbol{\omega}}=(\tilde{\boldsymbol{\omega}}-\boldsymbol{\beta}-\boldsymbol{\eta}_v)-(\tilde{\boldsymbol{\omega}}-\hat{\boldsymbol{\beta}})=-\delta\boldsymbol{\beta}-\boldsymbol{\eta}_v$$

式中，$\delta\boldsymbol{\beta}=\boldsymbol{\beta}-\hat{\boldsymbol{\beta}}$，并且使用了陀螺仪测量模型式（2-11）。误差动力学式（2-72a）则写为：

$$\delta\dot{\boldsymbol{q}}_{13}\approx-[\hat{\boldsymbol{\omega}}\times]\delta\boldsymbol{q}_{13}-\frac{1}{2}\delta\boldsymbol{\beta}-\frac{1}{2}\boldsymbol{\eta}_v \tag{2-73}$$

或者以 Itô 的形式写为：

$$\mathrm{d}(\delta\boldsymbol{q}_{13})=-[\hat{\boldsymbol{\omega}}\times]\delta\boldsymbol{q}_{13}\mathrm{d}t-\frac{1}{2}\delta\boldsymbol{\beta}\mathrm{d}t-\frac{1}{2}\boldsymbol{\eta}_v\mathrm{d}t$$

2. 偏置噪声

虽然在估计中假设偏差是恒定的，即

$$\hat{\boldsymbol{\beta}}(t_{k+1})=\hat{\boldsymbol{\beta}}(t_k) \tag{2-74}$$

但真实偏差如式（2-29）所示。从式（2-29）中减去式（2-74）得

$$\boldsymbol{\beta}(t_{k+1})-\hat{\boldsymbol{\beta}}(t_{k+1})=\boldsymbol{\beta}(t_k)-\hat{\boldsymbol{\beta}}(t_k)+\boldsymbol{\eta}_u(t_{k+1})\Delta t_k$$

利用$\delta\boldsymbol{\beta}$的定义，偏置误差动力学可写为如下形式：

$$\delta\boldsymbol{\beta}(t_{k+1})=\delta\boldsymbol{\beta}(t_k)+\boldsymbol{\eta}_u(t_{k+1})\Delta t_k$$

其 Itô 形式为

$$\mathrm{d}(\delta\boldsymbol{\beta})=\boldsymbol{\eta}_u\mathrm{d}t$$

或者写为常见形式

$$\delta\dot{\boldsymbol{\beta}}=\boldsymbol{\eta}_u$$

为了避免在以下推导的方程中频繁除以 2，定义

$$\delta\boldsymbol{\alpha}=2\delta\boldsymbol{q}_{13}=\boldsymbol{e}\delta\theta=[\delta\theta_1\ \ \delta\theta_2\ \ \delta\theta_3]^{\mathrm{T}}$$

它等于每个机体坐标轴的小角度旋转，那么式（2-73）变为

$$\delta\dot{\boldsymbol{\alpha}} = -[\hat{\boldsymbol{\omega}}\times]\delta\boldsymbol{\alpha} - \delta\boldsymbol{\beta} - \boldsymbol{\eta}_v$$

最后，QUEST 算法中 EKF 的控制微分方程为

$$\frac{\mathrm{d}}{\mathrm{d}t}\Delta\boldsymbol{x} = F\Delta\boldsymbol{x} + G\boldsymbol{w}_c \tag{2-75}$$

其中

$$\Delta\boldsymbol{x} = \begin{bmatrix}\delta\boldsymbol{\alpha}\\ \delta\boldsymbol{\beta}\end{bmatrix},\ \boldsymbol{w}_c = \begin{bmatrix}\boldsymbol{\eta}_v\\ \boldsymbol{\eta}_u\end{bmatrix},\ \boldsymbol{F} = \begin{bmatrix}-[\hat{\boldsymbol{\omega}}\times] & -\boldsymbol{I}_3\\ \boldsymbol{0}_3 & \boldsymbol{0}_3\end{bmatrix},\ \boldsymbol{G} = \begin{bmatrix}-\boldsymbol{I}_3 & \boldsymbol{0}_3\\ \boldsymbol{0}_3 & \boldsymbol{I}_3\end{bmatrix},$$

$\boldsymbol{0}_3$ 是元素都为零的 3×3 的矩阵；随机噪声向量 $\boldsymbol{\eta}_u$ 和 $\boldsymbol{\eta}_v$ 是零均值高斯噪声。协方差 $\sigma_v^2\boldsymbol{I}_3$ 和 $\sigma_u^2\boldsymbol{I}_3$ 由式（2-26）和式（2-32）给出如下：

$$\mathrm{E}(\boldsymbol{\eta}_v\boldsymbol{\eta}_v^{\mathrm{T}}) = \sigma_v^2\boldsymbol{I}_3,\ \mathrm{E}(\boldsymbol{\eta}_u\boldsymbol{\eta}_u^{\mathrm{T}}) = \sigma_u^2\boldsymbol{I}_3$$

其中，朝向三个机体坐标方向的传感器具有相同的噪声特性，并且两个噪声之间是不相关的，因此

$$\mathrm{E}(\boldsymbol{\eta}_v\boldsymbol{\eta}_u^{\mathrm{T}}) = \boldsymbol{0}_3$$

3. 误差动力学中的噪声传播

对于离散卡尔曼滤波器，控制方程式（2-75）变换为一个离散方程。对式（2-75）从 t_k 到 t_{k+1} 积分如下（Chen，2009）：

$$\Delta\boldsymbol{x}(t_{k+1}) = \mathrm{e}^{F\Delta t_k}\Delta\boldsymbol{x}(t_k) + \int_{t=t_k}^{t=t_{k+1}}\mathrm{e}^{F\Delta t}G\boldsymbol{w}_c(t)\mathrm{d}t \tag{2-76}$$

式中，$\Delta t_k = t_{k+1} - t_k$，并且对于 $t\in[t_k, t_{k+1})$，有 $\Delta t = t_{k+1} - t$。指数矩阵关于 Δt 的三阶泰勒级数展开由下式给出：

$$\mathrm{e}^{F\Delta t} = I_6 + F\Delta t + \frac{\Delta t^2}{2}F^2 + \frac{\Delta t^3}{6}F^3 + \cdots = \begin{bmatrix}\Phi_1(t,\hat{\boldsymbol{\omega}}) & \Phi_2(t,\hat{\boldsymbol{\omega}})\\ 0_3 & I_3\end{bmatrix} \tag{2-77}$$

其中

$$\Phi_1(t,\hat{\boldsymbol{\omega}}) = I_3 - \Delta t[\hat{\boldsymbol{\omega}}\times] + \frac{\Delta t^2}{2}[\hat{\boldsymbol{\omega}}\times]^2 - \frac{\Delta t^3}{6}[\hat{\boldsymbol{\omega}}\times]^3 + \cdots \tag{2-78a}$$

$$\Phi_2(t,\hat{\boldsymbol{\omega}}) = \Delta t I_3 - \frac{\Delta t^2}{2}[\hat{\boldsymbol{\omega}}\times] + \frac{\Delta t^3}{6}[\hat{\boldsymbol{\omega}}\times]^2 - \cdots \tag{2-78b}$$

将式（2-76）中的积分展开如下：

$$\int_{t=t_k}^{t=t_{k+1}}\mathrm{e}^{F\Delta t}G\boldsymbol{w}_c\mathrm{d}t = \int_{t=t_k}^{t=t_{k+1}}\begin{bmatrix}-\Phi_1(t,\hat{\boldsymbol{\omega}})\boldsymbol{\eta}_v + \Phi_2(t,\hat{\boldsymbol{\omega}})\boldsymbol{\eta}_u\\ \boldsymbol{\eta}_u\end{bmatrix}\mathrm{d}t = \boldsymbol{w}_d$$

其中

$$\boldsymbol{w}_d = \begin{bmatrix}\int_{t=t_k}^{t=t_{k+1}}\Phi_1(t,\hat{\boldsymbol{\omega}})\boldsymbol{\eta}_v\mathrm{d}t - \int_{t=t_k}^{t=t_{k+1}}\Phi_2(t,\hat{\boldsymbol{\omega}})\boldsymbol{\eta}_u\\ \int_{t=t_k}^{t=t_{k+1}}\boldsymbol{\eta}_u\mathrm{d}t\end{bmatrix}$$

再将式（2-76）写为类似式（2-64）的紧凑形式如下：

$$\Delta \boldsymbol{x}_{k+1} = \Phi \Delta \boldsymbol{x}_k + \boldsymbol{w}_d \tag{2-79}$$

式中，$\Phi = \mathrm{e}^{F\Delta t_k}$，这是站在卡尔曼滤波器设计的视角来看待误差动力学式（2-79）。与式（2-66）线性卡尔曼滤波器的状态预测不同，对于 QUEST 算法，离散误差动力学式（2-79）没有用于传播 EKF 中的状态，这一点是很让人惊讶的。离散模型的两个主要目的是获得已经执行的状态转移矩阵 $\boldsymbol{\Phi}$，和找到过程噪声 $\boldsymbol{w}_d$ 的随机性质。具体来说，我们要确定噪声的均值和协方差。容易看出，$\mathrm{E}(\boldsymbol{w}_d) = 0$。

卡尔曼滤波器依赖于过程噪声协方差矩阵 $\mathrm{E}(\boldsymbol{w}_d \boldsymbol{w}_d^{\mathrm{T}})$ 的值。按照上面所示的公式手动计算协方差矩阵是烦琐的，并且容易出错。计算机中的符号运算是执行这种长代数运算的一种强大方法。Farrenkopf 在 1978 年发表的论文中推导出了单轴旋转情况下的协方差，以下过程将推导扩展到三维空间中任意的旋转运动。

MATLAB 中的符号数学工具箱和 Python 中的 Sympy 工具包提供了符号数学运算功能。尽管符号运算功能尚未完全自动化，但如果我们正确使用它们，可以节省时间并最大限度地减少推导错误。程序 2-17 是 MATLAB 的 m 文件，用于定义所有符号和矩阵 $\boldsymbol{F}$、$\boldsymbol{G}$、$\boldsymbol{w}_d$ 和 $\mathrm{e}^{F\Delta t}$，其中 $\mathrm{e}^{F\Delta t}$ 在 Δt 上展开到四阶。

程序 2-17 （MATLAB）使用符号运算推导过程噪声的协方差 Q：定义变量

```
clear;

% symbols for omega, noise and the variances
syms w1 w2 w3 Dt nv1 nv2 nv3 nu1 nu2 nu3 real;
syms sgm2_u sgm2_v real; % these are variance, i.e. sigma-squared

wx=[ 0 -w3 w2; w3 0 -w1; -w2 w1 0];
nv=[nv1;nv2;nv3];
nu=[nu1;nu2;nu3];
wc=[nv;nu];

% F & G Matrices
F = [-wx -eye(3); zeros(3,6)];
G = [-eye(3) zeros(3); zeros(3) eye(3)];

% e^{Ft}
Phi = eye(6) + F*Dt + (1/2)*(F^2)*Dt^2 + (1/6)*(F^3)*Dt^3 + (1/24)
     *(F^4)*Dt^4;

% wd before integral
wd = Phi*wc;

% E(wd wd^T)
cov_wd = simplify(expand(wd*wd'));
Q_cov = sym(zeros(6));

eqn2=sgm2_u==nu1^2;
```

```
27 eqn3=sgm2_u==nu2^2;
28 eqn4=sgm2_u==nu3^2;
29 eqn5=sgm2_v==nv1^2;
30 eqn6=sgm2_v==nv2^2;
31 eqn7=sgm2_v==nv3^2;
```

在第 23 行中，程序使用了符号数学工具箱中的命令 simplify 和 expand，这两个函数经常用于计算机中的符号运算。由于符号运算的能力并不完美，因此在执行这些运算时需要一些帮助。考虑以下运算：

```
>> syms x y real;
>> x*(y+1) - x*y
```

syms 是 MATLAB 中定义符号的关键字。x 和 y 两个变量被定义并声明为实变量。在第 2 行中，我们预期可以得到 x，因为 $x(y+1)-xy=xy+x-xy=x$，但事实并非如此，自动消除不会发生。只有下面这两种显式调用才会执行简化运算：

```
>> expand(x*(y+1) - x*y)
```

或

```
>> simplify(x*(y+1) - x*y)
```

是显式调用。

expand 和 simplify 之间是有区别的，例如

```
>> expand(cos(x)^2+sin(x)^2)
```

返回原始表达式，不做任何进一步的简化。

```
>> simplify(cos(x)^2+sin(x)^2)
```

返回预期值 1。在不考虑何时执行以及执行哪一个命令的情况下，每当我们执行代数运算，都会应用这两个命令，以便在下一个符号运算之前，它们具有最简形式。

在第 24 行中，使用 sym() 命令声明用于存储协方差计算结果的符号 6×6 零矩阵。从第 26 行开始，对于 $i=u,v$ 和 $j=x,y,z$，使用 == 符号定义 $\sigma_i^2=\mathrm{E}(\eta_{ij}^2)$，其中假设每个轴的传感器噪声特性彼此相同。eqn2 定义了 $\sigma_v^2=\mathrm{E}(v_{vx}^2)$，定义中的 v_{ij}^2 之后在符号运算中被替代为 σ_{ij}^2。

程序 2-18 是程序 2-17 的延续。定义 eqn1 为 $\boldsymbol{w}_d\boldsymbol{w}_d^{\mathrm{T}}$ 积分内的第一行第一列元素，并应用 expand 来简化表达式。由于它是一个多项式，因此应用 simple 命令不会发生进一步的简化。当然，除了在计算机中进行额外的计算之外，调用简化命令不会造成任何问题，并且会得出相同的结果。在第 7 行中，使用程序 2-17

中定义的方程，所有的 v_{ij}^2 被替换为 σ_{ij}^2，其中 rhs(eqn2) 表示 eqn2 的右侧，等于 σ_{ux}^2；lhs(eqn2) 表示 eqn2 的左侧。subs 命令用于将一个符号替换为另一个符号。如下面几行命令：

```
>> syms x y x2 y2 real;
>> eqn1 = x^2==x2
>> eqn2 = x^2 + y^2 + x*y + x*x*y
>> subs(eqn2,{lhs(eqn1)},{rhs(eqn1)})
```

把 eqnl 中的 x^2 替换为 x_2，则输出变为 $x_2+y^2+xy+x_2y$。

程序 2-18 （MATLAB）使用符号运算推导过程噪声的协方差 Q：替换和积分

```
1
2  % (continue from Program 2.17)
3  syms q11 real;
4
5  % symbolic calculation of the inside integral
6  eqn_1=q11==expand(cov_wd(1,1));
7  PPT_11 = subs(eqn_1,{rhs(eqn2),rhs(eqn3),rhs(eqn4),rhs(eqn5),rhs(
       eqn6),rhs(eqn7)},{lhs(eqn2),lhs(eqn3),lhs(eqn4),lhs(eqn5),lhs(
       eqn6),lhs(eqn7)});
8  PPT_11 = subs(rhs(PPT_11),{nv1,nv2,nv3,nu1,nu2,nu3},{0,0,0,0,0,0});
9
10 % integral from t_k to t_k + Delta t
11 eqn_1=q11==expand(int(PPT_11,Dt,[0 Dt]));
12
13 % ignore higher order terms
14 Q_cov(1,1) = subs(rhs(eqn_1),{Dt^9,Dt^8,Dt^7,Dt^6,Dt^5,Dt
       ^4},{0,0,0,0,0,0});
```

程序 2-18 第 7 行中执行了多个替换。在发生替换的两行中，通过将 η_{ij}^2 和 η_{ij} 替换为 σ_i^2 和 0 改变了期望值。在第 11 行，执行以 Dt 为符号的积分，其中 Dt 等于 Δt。当 $t_k=0, t_{k+1}=\Delta t_k-t, \Delta t=\Delta t_k-t, \mathrm{d}(\Delta t)=-\mathrm{d}t$ 时，式（2-76）中的积分项变为：

$$
\begin{aligned}
\boldsymbol{w}_d &= \int_{t=t_k}^{t=t_{k+1}} \mathrm{e}^{F\Delta t} G\boldsymbol{w}_c(t)\mathrm{d}t = \int_{\Delta t=\Delta t_k}^{\Delta t=0} \mathrm{e}^{F\Delta t} G\boldsymbol{w}_c(\Delta t_k-\Delta t)[-\mathrm{d}(\Delta t)] \\
&= \int_{\Delta t=0}^{\Delta t=\Delta t_k} \mathrm{e}^{F\Delta t} G\boldsymbol{w}_c(\Delta t_k-\Delta t)\mathrm{d}(\Delta t)
\end{aligned}
$$

最终的结果存储在前面定义的符号矩阵中。

对协方差矩阵的其余八个元素重复相同的过程。我们得到以下结果：

$$
\mathrm{E}(\boldsymbol{w}_d\boldsymbol{w}_d^{\mathrm{T}}) = \begin{bmatrix} \left(\sigma_v^2\Delta t_k + \dfrac{\Delta t_k^3}{3}\sigma_u^2\right)I_3 & -\dfrac{\Delta t_k^2}{2}\sigma_u^2 I_3 - \dfrac{\Delta t_k^3}{6}\sigma_u^2[\hat{\boldsymbol{\omega}}\times] \\ -\dfrac{\Delta t_k^2}{2}\sigma_u^2 I_3 - \dfrac{\Delta t_k^3}{6}\sigma_u^2[\hat{\boldsymbol{\omega}}\times] & \sigma_u^2\Delta t_k I_3 \end{bmatrix} \tag{2-80}
$$

假设角速度 $\|\hat{\boldsymbol{\omega}}\|$ 足够小，使得 $\Delta t_k^3[\hat{\boldsymbol{\omega}}\times]$ 与其他项相比可以忽略不计，则协方差矩

阵变为：

$$\mathrm{E}(\boldsymbol{w}_d\boldsymbol{w}_d^{\mathrm{T}})=\begin{bmatrix}\left(\sigma_v^2\Delta t_k+\dfrac{\Delta t_k^3}{3}\sigma_u^2\right)I_3 & -\dfrac{\Delta t_k^2}{2}\sigma_u^2 I_3\\ -\dfrac{\Delta t_k^2}{2}\sigma_u^2 I_3 & \sigma_u^2\Delta t_k I_3\end{bmatrix} \tag{2-81}$$

在协方差矩阵（2-81）中，由于角速度较小，机体坐标系每个方向上的过程噪声都是完全解耦的。式（2-80）中的过程噪声通过 $[\hat{\omega}\times]$ 具有耦合的项，因此当 Δt_k 和 $\|\hat{\boldsymbol{\omega}}\|$ 足够小时，高阶项都可以忽略不计，此时协方差简单变为：

$$\mathrm{E}(\boldsymbol{w}_d\boldsymbol{w}_d^{\mathrm{T}})\approx\begin{bmatrix}\sigma_v^2\Delta t_k I_3 & 0_3\\ 0_3 & \sigma_u^2\Delta t_k I_3\end{bmatrix} \tag{2-82}$$

现在，每个轴都被解耦，$\boldsymbol{\eta}_u$ 对 $\delta\boldsymbol{\alpha}$ 的影响消失。

获取式（2-80）的第一行和第一列元素的 Python 程序如程序 2-19 所示。sympy 是数学符号运算模块。我们导入五个特定函数：symbols 用于定义符号，Matrix 用于定义符号矩阵，simplify 和 expand 与 MATLAB 符号工具箱中的作用相同，integrate 是符号函数积分器。与 MATLAB 程序 2-17 中的第 23 行不同，Python 程序 2-19 中的第 24 行没有进行扩展和简化。我们仅在第 28 行中单独扩展和简化了第一行和第一列元素。正如我们所观察到的，与 MATLAB 命令相比，整个矩阵的扩展和简化需要更长的计算时间，并且不需要对所有元素执行运算。这同样适用于 MATLAB 运算，以防止单行计算时间过长，不过这需要较大内存以完成运算。替换操作不是 sympy 中的一个独立函数，而是符号方程中的一个方法。第 28 行中定义的 cov_wd_11 可用于替换，第 29 行中的 cov_wd_11() 执行替换。最后，第 32 行的 integrate 函数对 cov_wd_11 进行了从 0 到由元组 (Dt，0，Dt) 表示的 Dt 的积分。

程序 2-19 （Python）使用符号运算推导过程噪声的协方差 Q：定义变量和积分

```
1
2  from sympy import symbols, Matrix, simplify, expand, integrate
3
4  w1, w2, w3, Dt, nv1, nv2, nv3, nu1, nu2, nu3 = symbols('w1 w2 w3 Dt
       nv1 nv2 nv3 nu1 nu2 nu3')
5  sgm2_u, sgm2_v = symbols('sgm2_u sgm2_v') # these are variance, i.e
       . sigma-squared
6
7  wx = Matrix([[ 0, -w3, w2], [w3, 0, -w1], [-w2, w1, 0]])
8
9  nv = Matrix([[nv1],[nv2],[nv3]])
10 nu = Matrix([[nu1],[nu2],[nu3]])
11 wc = Matrix([nv,nu])
12
13 # F & G Matrices
14 F = Matrix([[-wx,-Matrix.eye(3)],[Matrix.zeros(3,6)]])
```

```
G = Matrix([[-Matrix.eye(3), Matrix.zeros(3)],[Matrix.zeros(3),
    Matrix.eye(3)]])

# e^{Ft}
Phi = Matrix.eye(6) + F*Dt + (1/2)*(F**2)*(Dt**2) + (1/6)*(F**3)*(
    Dt**3) + (1/24)*(F**4)*(Dt**4)

# wd before integral
wd = Phi@wc

# E(wd wd^T)
wd_wd_T = wd@wd.transpose()
Q_cov = Matrix.zeros(6)

# Q_11: integrate from 0 to Dt
cov_wd_11 = simplify(expand(wd_wd_T[0,0]))
cov_wd_11 = cov_wd_11.subs([[nu1**2,sgm2_u],[nu2**2,sgm2_u],[nu3
    **2,sgm2_u],[nv1**2,sgm2_v],[nv2**2,sgm2_v],[nv3**2,sgm2_v]])
cov_wd_11 = cov_wd_11.subs([[nu1,0],[nu2,0],[nu3**2,0],[nv1,0],[nv2
    ,0],[nv3,0]])

cov_wd_11 = integrate(cov_wd_11,(Dt,0,Dt))
cov_wd_11 = simplify(expand(cov_wd_11))
cov_wd_11 = cov_wd_11.subs([[Dt**4,0],[Dt**5,0],[Dt**6,0],[Dt
    **7,0],[Dt**8,0],[Dt**9,0]])
cov_wd_11 = expand(cov_wd_11)
Q_cov[0,0] = cov_wd_11
```

4. 状态转移矩阵 $\boldsymbol{\Phi}$

式（2-78）中的状态转移矩阵 $\boldsymbol{\Phi}_1$ 和 $\boldsymbol{\Phi}_2$ 具有闭合形式的表达式。使用以下表述：

$$[\hat{\omega}\times]^3 = -\|\hat{\omega}\|^2[\hat{\omega}\times],$$

我们证明了高阶项满足以下方程：

$$\begin{aligned}
&[\hat{\omega}\times]^4 = -\|\hat{\omega}\|^2[\hat{\omega}\times]^2\\
&[\hat{\omega}\times]^5 = -\|\hat{\omega}\|^2[\hat{\omega}\times]^3 = \|\hat{\omega}\|^4[\hat{\omega}\times]\\
&[\hat{\omega}\times]^6 = \|\hat{\omega}\|^4[\hat{\omega}\times]^2\\
&[\hat{\omega}\times]^7 = \|\hat{\omega}\|^4[\hat{\omega}\times]^3 = -\|\hat{\omega}\|^6[\hat{\omega}\times]\\
&\vdots
\end{aligned}$$

我们用上述方程替换 $\boldsymbol{\Phi}_1$ 或 $\boldsymbol{\Phi}_2$ 中的项，并且分别提取出 $[\hat{\omega}\times]$ 和 $[\hat{\omega}\times]^2$ 项。它们是正余弦函数的泰勒级数展开式。因此，转换矩阵写为如下（Markley and Crassidis，2014）：

$$\boldsymbol{\Phi}_1 = I_3 - [\hat{\omega}\times]\left[\frac{\sin(\|\hat{\omega}\|\Delta t)}{\|\hat{\omega}\|}\right] + [\hat{\omega}\times]^2\left[\frac{1-\cos(\|\hat{\omega}\|\Delta t)}{\|\hat{\omega}\|^2}\right] \tag{2-83a}$$

$$\boldsymbol{\Phi}_2 = -I_3\Delta t + [\hat{\omega}\times]\left[\frac{1-\cos(\|\hat{\omega}\|\Delta t)}{\|\hat{\omega}\|^2}\right] - [\hat{\omega}\times]^2\left[\frac{\|\hat{\omega}\|\Delta t - \sin(\|\hat{\omega}\|\Delta t)}{\|\hat{\omega}\|^3}\right] \tag{2-83b}$$

幸运卡

开心收下

限时免费数字学习资源

“幸运”
不过是机会
遇到了正在努力的你

扫背面二维码领取

我们仔细地构造了转换矩阵，它除以了角速度的幂值，即 $\|\hat{\boldsymbol{\omega}}\|^p\ (p=1,2,3)$。只有当 $\|\hat{\boldsymbol{\omega}}\|^p$ 大于 ε（ε 是一个小的正数，例如 0.0001）时，才可以进行如上构造，下述转换矩阵用于 $\|\hat{\boldsymbol{\omega}}\|^p \leqslant \varepsilon$ 的情况：

$$\boldsymbol{\Phi}_1 = I_3 - [\hat{\omega}\times]\Delta t \tag{2-84a}$$

$$\boldsymbol{\Phi}_2 = -I_3 \Delta t \tag{2-84b}$$

或者当 Δt 足够小时，对于角速度的任何可行值，我们在所有时刻都使用转换矩阵的简单形式。

5. 向量的测量

一组光学传感器（如恒星敏感器）的向量测量结果如下所示：

$$\begin{bmatrix} \tilde{\boldsymbol{r}}_B^1(t_k) \\ \tilde{\boldsymbol{r}}_B^2(t_k) \\ \vdots \\ \tilde{\boldsymbol{r}}_B^n(t_k) \end{bmatrix} = \begin{bmatrix} \boldsymbol{C}_{BR}[\boldsymbol{q}(t_k)]\boldsymbol{r}_R^1 \\ \boldsymbol{C}_{BR}[\boldsymbol{q}(t_k)]\boldsymbol{r}_R^2 \\ \vdots \\ \boldsymbol{C}_{BR}[\boldsymbol{q}(t_k)]\boldsymbol{r}_R^n \end{bmatrix} + \begin{bmatrix} \boldsymbol{v}^1(t_k) \\ \boldsymbol{v}^2(t_k) \\ \vdots \\ \boldsymbol{v}^n(t_k) \end{bmatrix} \tag{2-85}$$

式中，n 维向量测量值 $\tilde{\boldsymbol{r}}_B^i$ 在时刻 t_k 从传感器获得，$\boldsymbol{r}_R^i$ 是存储于数据库中朝向所识别物体（例如恒星）的方向向量，在式（2-37）中给出了以四元数形式表示的方向余弦矩阵 $\boldsymbol{C}_{BR}$。$\boldsymbol{q}(t_k)$ 是当前未知的实际四元数。

离散非线性测量方程由下式给出：

$$\boldsymbol{z}(t_k) = \boldsymbol{h}[\boldsymbol{q}(t_k)] + \boldsymbol{v}(t_k) \tag{2-86}$$

其中

$$\boldsymbol{z}(t_k) = \begin{bmatrix} \tilde{\boldsymbol{r}}_B^1(t_k) \\ \tilde{\boldsymbol{r}}_B^2(t_k) \\ \vdots \\ \tilde{\boldsymbol{r}}_B^n(t_k) \end{bmatrix}, \boldsymbol{v}(t_k) = \begin{bmatrix} \boldsymbol{v}^1(t_k) \\ \boldsymbol{v}^2(t_k) \\ \vdots \\ \boldsymbol{v}^n(t_k) \end{bmatrix}, \boldsymbol{h}[\boldsymbol{q}(t_k)] = \begin{bmatrix} \boldsymbol{C}_{BR}[\boldsymbol{q}(t_k)]\boldsymbol{r}_R^1 \\ \boldsymbol{C}_{BR}[\boldsymbol{q}(t_k)]\boldsymbol{r}_R^2 \\ \vdots \\ \boldsymbol{C}_{BR}[\boldsymbol{q}(t_k)]\boldsymbol{r}_R^n \end{bmatrix}$$

并且假定向量测量噪声的协方差 R_k 已知如下，其与陀螺仪中的噪声无关。

$$R_k = \mathrm{E}[\boldsymbol{v}(t_k)\boldsymbol{v}^{\mathrm{T}}(t_k)]$$

与线性卡尔曼滤波器的测量方程式（2-52）不同，矩阵 $\boldsymbol{H}$ 不可直接使用，但有非线性函数 $h(\cdot)$，非线性测量中的 $\boldsymbol{H}$ 是通过线性化获得的。考虑以下第 i 个向量的测量值：

$$\boldsymbol{z}_i(t_k) = \tilde{\boldsymbol{r}}_B^i(t_k) = \boldsymbol{C}_{BR}[\boldsymbol{q}(t_k)]\boldsymbol{r}_R^i + \boldsymbol{v}^i(t_k)$$

式中，i=1, 2, …, n。方向余弦矩阵由当前估计的四元数得到，如下所示：

$$\boldsymbol{C}_{BR}[\boldsymbol{q}(t_k)] = \boldsymbol{C}_{B\hat{B}}[\delta\boldsymbol{q}]\boldsymbol{C}_{\hat{B}R}[\hat{\boldsymbol{q}}(t_k)] \tag{2-87}$$

式中，$\hat{B}$ 是估计的姿态，$\boldsymbol{C}_{B\hat{B}}$ 是估计姿态和实际姿态之间的方向余弦矩阵，其四

元数由式 $\delta\boldsymbol{q}=[\delta\boldsymbol{q}_{13}^{\mathrm{T}}\delta q_4]^{\mathrm{T}}$ 给出。

使用式（2-37）中的定义，将小姿态误差假设式（2-71）应用于方向余弦矩阵可得

$$\boldsymbol{C}_{B\hat{B}}[\delta\boldsymbol{q}]\approx I_3-2[\delta\boldsymbol{q}_{13}\times]=I_3-[\delta\boldsymbol{\alpha}\times] \tag{2-88}$$

其中忽略了高阶项。将式（2-88）代入式（2-87）得

$$\boldsymbol{C}_{BR}[\boldsymbol{q}(t_k)]=\boldsymbol{C}_{\hat{B}R}[\hat{\boldsymbol{q}}(t_k)]-[\delta\boldsymbol{\alpha}\times]\boldsymbol{C}_{\hat{B}R}[\hat{\boldsymbol{q}}(t_k)]$$

两边同乘 $\boldsymbol{r}_R^i$ 得

$$\boldsymbol{C}_{BR}[\boldsymbol{q}(t_k)]\boldsymbol{r}_R^i-\boldsymbol{C}_{\hat{B}R}[\hat{\boldsymbol{q}}(t_k)]\boldsymbol{r}_R^i=-[\delta\boldsymbol{\alpha}\times]\{\boldsymbol{C}_{\hat{B}R}[\hat{\boldsymbol{q}}(t_k)]\boldsymbol{r}_R^i\}$$

令 $\boldsymbol{a}=\boldsymbol{C}_{\hat{B}R}[\hat{\boldsymbol{q}}(t_k)]\boldsymbol{r}_R^i$，则

$$-[\delta\boldsymbol{\alpha}\times]\boldsymbol{a}=[\boldsymbol{a}\times]\delta\boldsymbol{\alpha}=[(\boldsymbol{C}_{\hat{B}R}[\hat{\boldsymbol{q}}(t_k)]\boldsymbol{r}_R^i)\times]\delta\boldsymbol{\alpha}$$

定义 $\Delta\boldsymbol{z}_i$ 如下：

$$\Delta\boldsymbol{z}_i(t_k)=\boldsymbol{C}_{BR}[\boldsymbol{q}(t_k)]\boldsymbol{r}_R^i-\boldsymbol{C}_{B'R}[\hat{\boldsymbol{q}}(t_k)]\boldsymbol{r}_R^i=[(\boldsymbol{C}_{B'R}[\hat{\boldsymbol{q}}(t_k)]\boldsymbol{r}_R^i]\times\delta\boldsymbol{\alpha}$$

式中，$i=1,2,\cdots,n$。则有

$$\Delta\boldsymbol{z}_k=\begin{bmatrix}\Delta\boldsymbol{z}_1(t_k)\\\Delta\boldsymbol{z}_2(t_k)\\\vdots\\\Delta\boldsymbol{z}_n(t_k)\end{bmatrix}=\begin{bmatrix}[(\boldsymbol{C}_{B'R}[\hat{\boldsymbol{q}}(t_k)]\boldsymbol{r}_R^1)\times] & 0_3\\ [(\boldsymbol{C}_{B'R}[\hat{\boldsymbol{q}}(t_k)]\boldsymbol{r}_R^2)\times] & 0_3\\ \vdots & \vdots\\ [(\boldsymbol{C}_{B'R}[\hat{\boldsymbol{q}}(t_k)]\boldsymbol{r}_R^n)\times] & 0_3\end{bmatrix}\begin{bmatrix}\delta\boldsymbol{\alpha}(t_k)\\\delta\boldsymbol{\beta}(t_k)\end{bmatrix}=H_k\Delta\boldsymbol{x}_k \tag{2-89}$$

由此建立了 H_k 的表达式。

6. 小结

线性化的状态空间形式，式（2-79），和线性化的测量方程，式（2-89），如下所示：

$$\Delta\boldsymbol{x}_{k+1}=\boldsymbol{\varPhi}\Delta\boldsymbol{x}_k+\boldsymbol{w}_d$$
$$\Delta\boldsymbol{z}_k=\boldsymbol{H}_k\Delta\boldsymbol{x}_k$$

式中，$\boldsymbol{\varPhi}$ 由式（2-83）和式（2-84）给出，$\boldsymbol{H}_k$ 由式（2-89）给出，$Q=\mathrm{E}[\boldsymbol{w}_d\boldsymbol{w}_d^{\mathrm{T}}]$，$\mathrm{E}[\boldsymbol{w}_d\boldsymbol{w}_d^{\mathrm{T}}]$ 由式（2-80）给出。

7. 卡尔曼滤波器更新

当向量测量值可用时，更新卡尔曼增益 K_k 和估计误差协方差矩阵 $\boldsymbol{P}_k=\mathrm{E}[\Delta\boldsymbol{x}_k\Delta\boldsymbol{x}_k^{\mathrm{T}}]$ 如下：

$$K_k=\boldsymbol{P}_k^-\boldsymbol{H}_k^{\mathrm{T}}(\boldsymbol{H}_k\boldsymbol{P}_k^-\boldsymbol{H}_k^{\mathrm{T}}+\boldsymbol{R}_k)^{-1} \tag{2-90a}$$

$$\boldsymbol{P}_k^+=(I_6-K_k\boldsymbol{H}_k)\boldsymbol{P}_k^- \tag{2-90b}$$

$$\Delta\boldsymbol{x}_k=K_k[\boldsymbol{z}_k-\boldsymbol{h}(\hat{\boldsymbol{q}}_k^-)] \tag{2-90c}$$

在标准 EKF 中，使用以下状态更新方程：

$$x_k^+ = x_k^- + \Delta x_k \tag{2-91}$$

偏置估计更新如下：

$$\hat{\beta}_k^+ = \hat{\beta}_k^- + \Delta\beta_k = \hat{\beta}_k^- + [0_3 \quad I_3]\Delta x_k \tag{2-92}$$

角速度通过式（2-69）进行更新。

然而，更新的式（2-91）并不用于更新四元数。由于四元数是姿态信息，简单的四元数加减法几乎没有物理意义。对于当前的四元数估计值 $\hat{q}_k^-$ 以及真实四元数和当前四元数之间的误差四元数 δq_k，二者之和 $\hat{q}_k^- + \delta q_k$ 没有任何明确的物理解释来纠正当前四元数估计中的误差。相反，要明确误差四元数本身是一种姿态，因此应该对其进行更新，由当前估计的误差四元数所指示的姿态量来旋转当前估计的四元数。这可以通过四元数代数完成，如下所示，对应于式（2.87）中的方向余弦矩阵乘法（Wie，2008）：

$$\hat{q}_k^+ = \hat{q}_k^- + \begin{bmatrix} \hat{q}_4^-(t_k)I_3 + [\hat{q}_{13}^-(t_k)\times] \\ -\hat{q}_{13}^-(t_k) \end{bmatrix} \delta q_{13}(t_k) \tag{2-93}$$

其中

$$\delta q_{13}(t_k) = 2\delta\alpha_k = 2[I_3 \quad 0_3]\Delta x_k$$

8. 卡尔曼滤波传播

四元数的传播如下：

$$q_{k+1}^- = \begin{bmatrix} \cos\frac{\Delta\theta_k}{2} I_3 - \frac{\sin(\Delta\theta_k/2)}{\|\hat{\omega}_k\|}[\hat{\omega}_k\times] & \frac{\sin(\Delta\theta_k/2)}{\|\hat{\omega}_k\|}\hat{\omega}_k \\ -\frac{\sin(\Delta\theta_k/2)}{\|\hat{\omega}_k\|}\hat{\omega}_k^{\mathrm{T}} & \cos\frac{\Delta\theta_k}{2} \end{bmatrix} q_k^+ \tag{2-94}$$

这是四元数运动学方程在恒定角速度假设下的解析解，其中 $\Delta\theta_k = \|\hat{\omega}_k\|\Delta t$。此外，偏差通过下式传播

$$\hat{\beta}_{k+1}^- = \hat{\beta}_k^+ \tag{2-95}$$

由此，误差协方差通过下式传播：

$$P_{k+1}^- = \Phi_k P_k^+ \Phi_k^{\mathrm{T}} + Q \tag{2-96}$$

算法 2-5 中给出了四元数估计和偏差估计卡尔曼滤波器的总结。

我们在计算式（2-94）中的正弦项时要注意，当角速度幅值等于零或接近零时，正弦项除以它将会发散到无穷大。为了避免这个问题，需要为正弦项的计算加入鲁棒性。例如：

$$\frac{\sin(\Delta\theta_k/2)}{\|\hat{\omega}_k\|} = \begin{cases} \frac{\sin(\|\hat{\omega}_k\|\Delta t/2)}{\|\hat{\omega}_k\|} & 当\ \|\hat{\omega}_k\| \geqslant \varepsilon \\ \Delta t/2 & 当\ \|\hat{\omega}_k\| < \varepsilon \end{cases}$$

式中，ε 是一个适当选择的小正数，同时使用了小角度近似，即对于 $\theta \approx 0$ 有 $\sin\theta \approx \theta$。

算法 2-5 用于四元数估计的扩展卡尔曼滤波器

```
Initialize
```

$$\hat{\mathbf{q}}_0^+,\ \hat{\boldsymbol{\beta}}_0^+ = \mathbf{0},\ \hat{\boldsymbol{\omega}}_0 = \tilde{\boldsymbol{\omega}},\ P_0^+ = E\left(\Delta\mathbf{x}_0\, \Delta\mathbf{x}_0^T\right)$$

where, typically, the bias is set to zero, and the angular velocity is set to the gyro measurement.

for $k = 1, 2, \ldots$ **do**

  Correct the gyro measurement using (2.69): $\hat{\boldsymbol{\omega}}(t_k) = \tilde{\boldsymbol{\omega}}(t_k) - \hat{\boldsymbol{\beta}}(t_k)$

  Prediction: from t_{k-1} to t_k

    Propagate the quaternion using (2.94), $\hat{\mathbf{q}}_k^-$

    Propagate the bias using (2.95), $\hat{\boldsymbol{\beta}}_k^-$

    Propagate the error covariance using (2.96), P_k^-

  Update: when the measurement, $\mathbf{z}_k$, is available at t_k

    Update K_k, P_k^+, and $\Delta\mathbf{x}_k$ using (2.90)

    Update the bias using (2.92), $\boldsymbol{\beta}_k^+$

    Update the quaternion using (2.93), $\mathbf{q}_k^+$

  Substitute: when no measurement, $\mathbf{z}_k$, is available at t_k

$$\mathbf{q}_k^+ = \mathbf{q}_k^-,\ \boldsymbol{\beta}_k^+ = \boldsymbol{\beta}_k^-,\ P_k^+ = P_k^-$$

end for

2.3 姿态动力学和控制

2.3.1 动力学运动方程

在运动学方程式（2-5）中，角速度 $\boldsymbol{\omega}$ 由牛顿第二定律的姿态动力学运动方程给出，推导如下：

$$\dot{\boldsymbol{\omega}} = -\boldsymbol{J}^{-1}\boldsymbol{\omega}\times(\boldsymbol{J}\boldsymbol{\omega}) + \boldsymbol{J}^{-1}\sum_i \boldsymbol{M}_i \tag{2-97}$$

式中，$\boldsymbol{J}$ 是车辆的转动惯量，$\boldsymbol{M}_i$ 是第 i 个外部转矩，也可以是姿态执行器的转矩。转动惯量定义为

$$\boldsymbol{J} = \begin{bmatrix} J_{11} & -J_{12} & -J_{13} \\ -J_{12} & J_{22} & -J_{23} \\ -J_{13} & -J_{23} & J_{33} \end{bmatrix} \tag{2-98}$$

$$
=\begin{bmatrix} \int_m y^2+z^2\,\mathrm{d}m & -\int_m xy\,\mathrm{d}m & -\int_m xz\,\mathrm{d}m \\ -\int_m xy\,\mathrm{d}m & \int_m x^2+z^2\,\mathrm{d}m & -\int_m yz\,\mathrm{d}m \\ -\int_m xz\,\mathrm{d}m & -\int_m yz\,\mathrm{d}m & \int_m x^2+y^2\,\mathrm{d}m \end{bmatrix} \quad (2\text{-}98 续)
$$

式中，x、y、z 是 $\mathrm{d}m$ 在机体坐标系中的坐标。$\boldsymbol{J}$ 是对称且正定的，即所有的特征值都严格大于零。$\boldsymbol{J}$ 的正定性与质量的正定性是相对应的，非对角项 J_{ij}（$i \neq j$）不能为负。定义包括负号在内的非对角项也是很常见的。因此，当转动惯量矩阵由外部提供或提供给外部时，必须检查非对角项定义。

与平移运动中的质量不同，转动惯量是一个矩阵。转动惯量与质量有明显的差异。向量乘以质量，向量的方向保持不变，但向量乘以转动惯量，向量的方向通常会改变。平移速度 v 与线性动量 mv 的方向是相同的。而对于旋转速度 $\boldsymbol{\omega}$，角动量（或动量矩）$\boldsymbol{J\omega}$ 的方向通常与角速度向量的方向不同。只有在某些特殊情况下二者相等，例如，$\boldsymbol{J}$ 是一个球体，其转动惯量等于 $\alpha \mathrm{I}_3$，其中 α 是一个正数。

惯量矩阵的另一个性质是：

$$
J_{ii} < J_{jj} + J_{kk} \quad (2\text{-}99)
$$

式中，（i，j，k）可以是（1，2，3）、（2，1，3）或（3，1，2）。任意两个对角项的总和必须大于另一个对角项。这里证明了（i，j，k）=（2，1，3）的情况

$$
\begin{aligned} J_{11}+J_{33} &= \int_m y^2+z^2\mathrm{d}m + \int_m x^2+y^2\mathrm{d}m \\ &= \int_m x^2+z^2\mathrm{d}m + 2\int_m y^2\mathrm{d}m = J_{22} + 2\int_m y^2\mathrm{d}m > J_{22} \end{aligned} \quad (2\text{-}100)
$$

另外两种情况的证明类似。

牛顿第二定律同样适用于旋转运动，并且和平移运动的定律完全相同，表 2-1 展示了它们之间的等效表示。其中 $\boldsymbol{h}$ 是角动量，$\boldsymbol{M}$ 是力矩。牛顿第二定律在惯性坐标系中对时间求导，但角动量 $\boldsymbol{h}$ 是在机体坐标系中，即作为卫星性质之一的 $\boldsymbol{J}$ 也在机体坐标系中，且 $\boldsymbol{\omega}$ 以机体坐标系的形式表达。传输定理用于获取在机体坐标系中表示的向量相对于惯性坐标系的时间导数，如下所示（Schaub and Junkins，2018）：

$$
\frac{\mathrm{d}(\cdot)^N}{\mathrm{d}t} = \frac{\mathrm{d}(\cdot)^B}{\mathrm{d}t} + \boldsymbol{\omega}_B \times (\cdot)^B \quad (2\text{-}101)
$$

表 2-1　平移和旋转运动

特性	平移	旋转
质量	$m = 2[\mathrm{kg}]$	$\boldsymbol{J} = \begin{bmatrix} 15 & -0.2 & -1.2 \\ -0.2 & 20.5 & 0.3 \\ -1.2 & 0.3 & 13 \end{bmatrix} [\mathrm{kg\,m^2}]$

（续）

特性	平移	旋转
速度	$\boldsymbol{v}=[2\ \ -2.5\ \ 3]^{\mathrm{T}}[\mathrm{m/s}]$	$\boldsymbol{\omega}=[-0.3\ \ 5\ \ 3]^{\mathrm{T}}[\mathrm{rad/s}]$
动量	$\boldsymbol{p}=m\boldsymbol{v}$	$\boldsymbol{h}=\boldsymbol{J\omega}$
力	$\boldsymbol{F}$	$\boldsymbol{M}$
N2L	$\boldsymbol{F}=\mathrm{d}\boldsymbol{p}/\mathrm{d}t$	$\boldsymbol{M}=\mathrm{d}\boldsymbol{h}/\mathrm{d}t$

式中，$\mathrm{d}(\cdot)^N/\mathrm{d}t$ 和 $\mathrm{d}(\cdot)^B/\mathrm{d}t$ 分别表示惯性坐标系和机体坐标系中对时间的导数，$\boldsymbol{\omega}_B$ 是 B 在机体坐标系下相对于 N 的角速度。旋转动力学中大多数的混淆发生在区分以下差异时：

- 向量 $\boldsymbol{x}$，在 N 或 B 下的表达：$\boldsymbol{x}_N$ 或 $\boldsymbol{x}_B$；
- 在 N 或 B 下，向量对时间的导数。

以下四种组合都是可能的：

$$\frac{\mathrm{d}(\boldsymbol{x}_N)^N}{\mathrm{d}t},\frac{\mathrm{d}(\boldsymbol{x}_N)^B}{\mathrm{d}t},\frac{\mathrm{d}(\boldsymbol{x}_B)^N}{\mathrm{d}t},\frac{\mathrm{d}(\boldsymbol{x}_B)^B}{\mathrm{d}t}$$

例如，向量 $\boldsymbol{x}$ 可以在 B 下表示，计算惯性坐标系中的导数，即 $\mathrm{d}(x_B)^N/\mathrm{d}t$。

要微分的向量可以在惯性坐标系或机体坐标系中表示，但牛顿第二定律中的时间导数必须在惯性坐标系中，即 $\mathrm{d}(\cdot)^N/\mathrm{d}t$。在机体坐标系中表示的角动量导数必须在惯性坐标系中如下所示：

$$\frac{\mathrm{d}(\boldsymbol{h}_B)^N}{\mathrm{d}t} \tag{2-102}$$

为了获得在机体坐标系中表达的导数，将传输定理应用于角动量的导数 $\boldsymbol{h}$

$$\frac{\mathrm{d}(\boldsymbol{h}_B)^N}{\mathrm{d}t}=\frac{\mathrm{d}(\boldsymbol{h}_B)^B}{\mathrm{d}t}+\boldsymbol{\omega}_B\times(\boldsymbol{h}_B)^B \tag{2-103}$$

在许多工程力学书籍中，这种导数关系的紧凑形式表示如下：

$$\frac{\mathrm{d}\boldsymbol{h}}{\mathrm{d}t}=\dot{\boldsymbol{h}}+\boldsymbol{\omega}\times\boldsymbol{h} \tag{2-104}$$

应用牛顿定律，获得以下运动方程：

$$\boldsymbol{M}_B=\frac{\mathrm{d}(\boldsymbol{h}_B)^N}{\mathrm{d}t}=\frac{\mathrm{d}[(\boldsymbol{J\omega})_B]^N}{\mathrm{d}t}+\boldsymbol{\omega}_B\times(\boldsymbol{J\omega})_B=\boldsymbol{J}\dot{\boldsymbol{\omega}}_B+\boldsymbol{\omega}_B\times(\boldsymbol{J\omega}_B) \tag{2-105}$$

很明显，最左边和最右边的所有向量都在机体坐标系中，包括 $\boldsymbol{\omega}$ 以及它的导数，去除下标 B（表示机体坐标系的下标），欧拉刚体旋转动力学方程由下式给出：

$$\boldsymbol{J}\dot{\boldsymbol{\omega}}=-\boldsymbol{\omega}\times(\boldsymbol{J\omega})+\boldsymbol{M} \tag{2-106}$$

式中，$\boldsymbol{M}$ 来自环境或执行器。

式（2-106）中给出的运动方程是用四元数运动学方程式（2-5）求解的。我们修改了 MATLAB 程序 2-1 和 Python 程序 2-2，加入了旋转动力学运动方程，角速度 $\boldsymbol{\omega}$ 可以通过求解式（2-106）获得。转动惯量矩阵由下式给出：

$$\boldsymbol{J}=\begin{bmatrix}0.005 & -0.001 & 0.004\\ -0.001 & 0.006 & -0.002\\ 0.004 & -0.002 & 0.004\end{bmatrix}[\text{kg m}^2] \tag{2-107}$$

这是 Lee 在 2012 年发表的论文中给出的四旋翼无人机（UAV）的近似值。设初始角速度为零，初始四元数等于 $[0, 0, 0, 1]^{\mathrm{T}}$。假设机体坐标系中的转矩 $\boldsymbol{M}$ 由下式给出：

$$\boldsymbol{M}(t)=\begin{bmatrix}0.00001+0.0005\sin 2t\\ -0.00002+0.0001\cos 0.1t\\ -0.0001\end{bmatrix}[\text{Nm}] \tag{2-108}$$

其中 t 的单位是 s。

1. MATLAB 程序

MATLAB 程序如程序 2-20 所示，微分方程包括 $\mathrm{d}q/\mathrm{d}t$ 和 $\mathrm{d}\omega/\mathrm{d}t$。在第 18 行中，初始条件包括 $q(0)$ 和 $\omega(0)$。在第 20 行中，最大步长选项设置为 0.01，这将积分时间间隔限制为小于 0.01，从而防止稀疏时间解情况的发生。使用了两个函数来分别实现 $\mathrm{d}q/\mathrm{d}t$ 和 $\mathrm{d}\omega/\mathrm{d}t$，它们合并为 dqdt_dwdt 函数中的一组微分方程，并将其传递给 ode45。四元数和角速度的时间序列如图 2-21 所示。

程序 2-20 （MATLAB）四旋翼无人机的旋转动力学仿真

```
1  clear;
2
3  init_time = 0; % [s]
4  final_time = 10.0; % [s]
5  time_interval = [init_time final_time];
6
7  J_inertia = [0.005 -0.001  0.004;
8              -0.001  0.006 -0.002;
9               0.004 -0.002  0.004];
10        % vehicle moment of inertia [kg m^2]
11 J_inv = inv(J_inertia);
12
13 J_inv_J_inertia = [J_inertia; J_inv];
14
15 q0 = [0 0 0 1]'; % initial quaternion
16 w0 = [0 0 0]'; % initial angular velocity
17
18 state_0 = [q0; w0]; % states including q0 and omega0
19
20 ode_options = odeset('RelTol',1e-6,'AbsTol',1e-9, 'MaxStep', 0.01);
```

```
[tout,state_out] = ode45(@(time,state) dqdt_dwdt(time,state,
    J_inv_J_inertia), ...
    time_interval, state_0, ode_options);

qout = state_out(:,1:4);
wout = state_out(:,5:7);


% ：(plot commands are left as an exercise)


function dstate_dt = dqdt_dwdt(time,state,J_inv_J_inertia)

    q_current = state(1:4);
    q_current = q_current(:)/norm(q_current);

    w_current = state(5:7);
    w_current = w_current(:);

    J_inertia = J_inv_J_inertia(1:3,:);
    inv_J = J_inv_J_inertia(4:6,:);

    M_torque = [     0.00001+0.0005*sin(2*time);
                     -0.00002+0.0001*cos(0.1*time);
                     -0.0001]; % [Nm]

    dqdt = dqdt_attitude_kinematics(q_current,w_current);
    dwdt = dwdt_attitude_dynamics(w_current, J_inertia, inv_J,
        M_torque);

    dstate_dt = [dqdt(:); dwdt(:)];

end

function dqdt = dqdt_attitude_kinematics(q_true,w_true)
    q_true = q_true(:);
    w_true = w_true(:);

    wx = [  0            -w_true(3)  w_true(2);
            w_true(3)    0           -w_true(1);
            -w_true(2)   w_true(1)   0];

    Omega = [   -wx          w_true;
                -w_true'     0];

    dqdt = 0.5*Omega*q_true;
end

function dwdt = dwdt_attitude_dynamics(w_true, J_inertia,
    inv_J_inertia, M_torque)
    w_true = w_true(:);
    Jw = J_inertia*w_true;
    Jw_dot = -cross(w_true,Jw) + M_torque(:);

    dwdt = inv_J_inertia*Jw_dot;
end
```

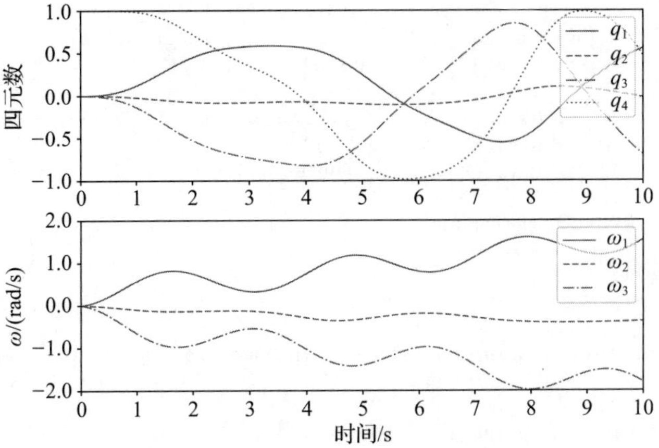

图 2-21 姿态动力学和运动学解（见彩插）

2. Python 程序

MATLAB 的 m 文件中的函数定义必须出现在程序的末尾，并且不受出现顺序的限制。在 Python 中，函数在使用前必须先定义。在程序 2-21 的第 68 行中，相对容差、绝对容差和最大积分步长分别使用 r_tol、atol 和 max_step 设置。***J*** 和 $\boldsymbol{J}^{-1}$ 分别对应 J_inertia 和 J_inv，使用 numpy 的 vstack 命令垂直堆叠，形成 6 × 3 矩阵，使用第 69 行中的 args 参数传递矩阵给常微分方程求解器。

程序 2-21 （Python）四旋翼无人机的旋转动力学仿真

```
1  import numpy as np
2  from numpy import linspace
3  from scipy.integrate import solve_ivp
4
5  init_time = 0 # [s]
6  final_time = 10.0 # [s]
7  num_data = 200
8  tout = linspace(init_time , final_time , num_data)
9
10 J_inertia = np.array([[0.005 , -0.001 , 0.004],
11                       [-0.001 , 0.006 , -0.002],
12                       [0.004 , -0.002 , 0.004]])
13 J_inv = np.linalg.inv(J_inertia)
14 J_inv_J_inertia = np.vstack((J_inertia ,J_inv))
15
16 q0 = np.array([0,0,0,1])
17 w0 = np.array([0,0,0])
18
19 state_0 = np.hstack((q0,w0))
20
21 def dqdt_attitude_kinematics(q_true , w_true):
22     quat=q_true
23
```

```
    wx=np.array([[0,              -w_true[2],      w_true[1]],
                [w_true[2],    0,               -w_true[0]],
                [-w_true[1],   w_true[0],        0]])

    Omega_13 = np.hstack((-wx,np.resize(w_true,(3,1))))
    Omega_4  = np.hstack((-w_true,0))
    Omega = np.vstack((Omega_13, Omega_4))

    dqdt = 0.5*(Omega@quat)

    return dqdt


def dwdt_attitude_dynamics(w_true,J_inertia,inv_J_inertia, M_torque
    ):

    Jw = J_inertia@w_true
    Jw_dot = -np.cross(w_true,Jw) + M_torque

    dwdt = inv_J_inertia@Jw_dot

    return dwdt


def dqdt_dwdt(time,state,J_inv_J_inertia):

    q_current = state[0:4]
    q_current = q_current/np.linalg.norm(q_current)
    w_current = state[4::]

    J_inertia = J_inv_J_inertia[0:3,:]
    J_inv = J_inv_J_inertia[3::,:]

    M_torque = np.array([0.00001+0.0005*np.sin(2*time),
                         -0.00002+0.0001*np.cos(0.75*time),
                         -0.0001])

    dqdt = dqdt_attitude_kinematics(q_current, w_current)
    dwdt = dwdt_attitude_dynamics(w_current, J_inertia, J_inv,
        M_torque)

    dstate_dt = np.hstack((dqdt,dwdt))
    return dstate_dt

sol = solve_ivp(dqdt_dwdt, (init_time, final_time), state_0,
    t_eval=tout,
    r_tol=1e-6, atol=1e-9, max_step=0.01,
    args=(J_inv_J_inertia,))

qout = sol.y[0:4,:]
wout = sol.y[4::,:]

#    : (plot commands are left as an exercise)
```

2.3.2 执行器和控制算法

四旋翼无人机用途广泛，通常配备四个相同的电机驱动四个螺旋桨，如图 2-22 所示。根据图 2-22，Beard（2008）给出了 x_B 和 y_B 方向上的转矩：

$$M_1 = L(F_\ell - F_r) = L\Delta F_{\ell r} \tag{2-109a}$$

$$M_2 = L(F_f - F_b) = L\Delta F_{fb} \tag{2-109b}$$

式中，L 是从机体坐标系中心到螺旋桨中心的长度，F_f 和 F_b 分别是螺旋桨在四旋翼无人机前侧和后侧产生的力，F_ℓ 和 F_r 是螺旋桨在四旋翼无人机左侧和右侧产生的力。z_B 中的转矩由电机转矩的反作用转矩产生，如下所示：

$$M_3 = \tau_f + \tau_b - \tau_\ell - \tau_r = \Delta\tau \tag{2-110}$$

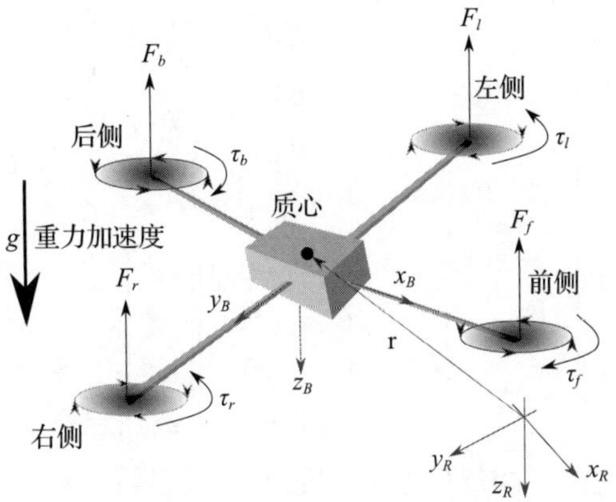

图 2-22 带有四个执行器的四旋翼无人机，其中机身框架和参考框架分别用 B 和 R 表示，z_R 的正方向与 z_B 相同，以便它们在主稳定姿态下对齐（见彩插）

式中，τ_r、τ_ℓ、τ_f、τ_b 是作用在四旋翼无人机上的电机转矩，其方向与每个螺旋桨的旋转方向相反。前后螺旋桨的旋转方向与 z_B 相反，左右螺旋桨的方向与 z_B 方向相同。所需力矩 M_1、M_2、M_3，所需力差 $\Delta F_{\ell r}$ 和 ΔF_{bf}，以及所需转矩差 $\Delta\tau$，将由稍后要设计的控制算法来确定。对于给定的所需力和转矩，四个电机的力和转矩写为

$$\begin{bmatrix} F \\ M_1 \\ M_2 \\ M_3 \end{bmatrix}_{期望} = \begin{bmatrix} -1 & -1 & -1 & -1 & 0 \\ 0 & 0 & L & -L & 0 \\ L & -L & 0 & 0 & 0 \\ 0 & 0 & 0 & 0 & 1 \end{bmatrix} \begin{bmatrix} F_f \\ F_b \\ F_\ell \\ F_r \\ \sum_{i=s} \tau_i \end{bmatrix} \tag{2-111}$$

其中 $s=\{f,b,\ell,r\}$。我们只关心这里的姿态控制。为了保持相同的位置，力的总和 F 会有一个期望的大小。

力和转矩与螺旋桨－电机的旋转角速度的平方成正比，如下所示（Khodja et al., 2017）:

$$F_s = C_T\omega_s^2 \tag{2-112a}$$

$$\tau_s = C_D\omega_s^2 \tag{2-112b}$$

式中，C_T 是螺旋桨的推进器系数；C_D 是螺旋桨的阻力系数；ω_s 是电机相对于四旋翼无人机机体坐标系的角速度，可由旋转编码器测量，或者使用提供了电机的电压信号和电机转矩之间关系的标准电机方程计算。将式（2-112）代入式（2-111）有

$$\begin{bmatrix} F \\ M_1 \\ M_2 \\ M_3 \end{bmatrix}_{期望} = \begin{bmatrix} -1 & -1 & -1 & -1 & 0 \\ 0 & 0 & L & -L & 0 \\ L & -L & 0 & 0 & 0 \\ 0 & 0 & 0 & 0 & 1 \end{bmatrix} \begin{bmatrix} C_T & 0 & 0 & 0 \\ 0 & C_T & 0 & 0 \\ 0 & 0 & C_T & 0 \\ 0 & 0 & 0 & C_T \\ C_D & C_D & -C_D & -C_D \end{bmatrix} \begin{bmatrix} \omega_f^2 \\ \omega_b^2 \\ \omega_\ell^2 \\ \omega_r^2 \end{bmatrix}$$

$$= \begin{bmatrix} -C_T & -C_T & -C_T & -C_T \\ 0 & 0 & LC_T & -LC_T \\ LC_T & -LC_T & 0 & 0 \\ C_D & C_D & -C_D & -C_D \end{bmatrix} \begin{bmatrix} \omega_f^2 \\ \omega_b^2 \\ \omega_\ell^2 \\ \omega_r^2 \end{bmatrix}_{期望}$$

由于矩阵是可逆的，期望平方角速度由下式获得：

$$\begin{bmatrix} \omega_f^2 \\ \omega_b^2 \\ \omega_\ell^2 \\ \omega_r^2 \end{bmatrix}_{期望} = \frac{1}{4} \begin{bmatrix} \dfrac{-1}{C_T} & 0 & \dfrac{2}{LC_T} & \dfrac{1}{C_D} \\ \dfrac{-1}{C_T} & 0 & \dfrac{-2}{LC_T} & \dfrac{1}{C_D} \\ \dfrac{-1}{C_T} & \dfrac{2}{LC_T} & 0 & \dfrac{-1}{C_D} \\ \dfrac{-1}{C_T} & \dfrac{-2}{LC_T} & 0 & \dfrac{-1}{C_D} \end{bmatrix} \begin{bmatrix} F \\ M_1 \\ M_2 \\ M_3 \end{bmatrix}_{期望} \tag{2-113}$$

使用 MATLAB 或 Python 中的符号运算函数可以很容易地获得矩阵的逆，所以将其作为习题。注意，逆矩阵与期望的力和转矩的乘积并不能保证提供正的期望角速度。如果 ω_s^2 中出现负值，则将其设置为零。

按如下方式设置螺旋桨－电机参数：$C_T = 8.8\times10^{-7}[\mathrm{N/(rad/s)^2}]$，$C_D = 11.3\times10^{-8}[\mathrm{Nm/(rad/s)^2}]$，$L$=0.127m（Khodja et al., 2017）。

1. MATLAB 程序

修改程序 2-20 并加入电机模型，得到程序 2-22。程序定义了电机特性的附加变量，将其包含在 quadcopter_uav 中，并传递给微分方程求解器。该变量包括不同大小的变量，即 3×3 转动惯量矩阵和三个标量常数。使用 {…} 创建的元数组可以储存不同类型或大小的数据。要访问元数组中的元素，例如，第三个元素可以由 quadcopter_uav{3} 检索。第 47 行及以下定义的变量用于访问元数组中的每个值。

用于姿态稳定的控制算法尚未设计，所以在程序中要把仿真和控制算法分开设计。在 dqdt_dwdt 函数内部，我们预留了实现控制器的位置。控制器的功能包括以下：

- 计算所需的力和转矩值；
- 将它们转换为所需的电机角速度；
- 向电机发送所需的角速度指令。

这些功能在控制器部分实现。在电机仿真中，电机接收角速度指令，并在 94 行处将其转换为电机角速度。理想情况下电机的角速度与指令角速度相同。但对于实际电机模型，我们可以将它细致化处理或简单地实现其一阶模型如下：

$$\dot{\omega}_m = \frac{(-\omega_m + \omega_{\text{command}})}{\tau_m} \tag{2-114}$$

式中，ω_m 和 ω_{command} 分别为电机角速度和指令角速度，τ_m 是通过实验确定的电机时间常数。

> **全局变量**：不能只是因为方便而使用全局变量。只有当不可避免或其他方法太复杂而无法实现时，才应当使用全局变量。

在仿真中，我们主要对电机产生的力和转矩感兴趣。然而，从微分方程中提取这些值并不简单，因为它们不是状态变量的一部分。有几种方法可以从积分器中提取这些值。在这里，我们使用了一个全局变量，它可以从程序中的任何地方访问。通常情况下不应当使用全局变量，因为全局变量的变化很难跟踪。

然而，全局变量不应该仅仅为了方便而使用。它只在不可避免或其他方法过于复杂时使用。在此处，使用全局变量提取内部值是很有用的。程序 2-22 中的第 13 行定义了全局变量，用于存储时间、力和三个转矩值。为了区分全局变量和局部变量，全局变量名称以 global_ 开头。在 MATLAB 中，全局变量是用关键字 global 创建的。在创建全局变量后的下一行中，对其进行初始化。此外，在使用全局变量的函数 dqdt_dwdt 中，也要声明全局变量。

这四个值存储在每个时间步中。我们不知道积分器控制的初始仿真时间和最终仿真时间之间有多少时间步。为了避免数据过大，用于控制保存时间间隔的 dt_save 变量取值为 0.05s。如第 74 行所示，在微分方程的定义内，只有当前时刻比前一时刻大 0.05s 时，数据才会存储到全局变量中。仿真完成后，全局变量值被转移到局部变量，并且全局变量在第 32 行被删除。

程序 2-22 （MATLAB）使用螺旋桨 – 电机执行器模型仿真四旋翼无人机的旋转动力学

```
1
2    ⋮ (omitted)
3
4  C_T = 8.8e-7; %motor thruster coefficient [N/(rad/s)^2]
5  C_D = 11.3e-8;%motor drag coefficient [Nm/(rad/s)^2]
6  L_arm = 0.127;%length from centre of quadcopter to motor [m]
7
8  quadcopter_uav = {J_inertia, J_inv, C_T, C_D, L_arm};
9
10   ⋮ (omitted)
11
12 % use global variables only for saving values
13 global global_motor_time_FM_all;
14 global_motor_time_FM_all = [];
15
16 % minimum time interval for saving values to the global
17 dt_save = 0.05; %[s]
18
19 %% simulation
20 ode_options = odeset('RelTol',1e-6,'AbsTol',1e-9, 'MaxStep', 0.01);
21 [tout,state_out] = ode45(@(time,state) dqdt_dwdt(time,state,
       quadcopter_uav,dt_save), ...
22     time_interval, state_0, ode_options);
23
24 qout = state_out(:,1:4);
25 wout = state_out(:,5:7);
26
27 time_Motor = global_motor_time_FM_all(:,1);
28 Force_Motor = global_motor_time_FM_all(:,2);
29 Torque_Motor = global_motor_time_FM_all(:,3:5);
30
31 % clear all global variables
32 clearvars -global
33
34   ⋮ (omitted)
35
36 %% functions
37 function dstate_dt = dqdt_dwdt(time,state,quadcopter_uav,dt_save)
38
39     global global_motor_time_FM_all;
40
41     q_current = state(1:4);
42     q_current = q_current(:)/norm(q_current);
43
44     w_current = state(5:7);
```

```
    w_current = w_current(:);

    J_inertia = quadcopter_uav{1};
    inv_J = quadcopter_uav{2};
    C_T = quadcopter_uav{3};
    C_D = quadcopter_uav{4};
    L_arm = quadcopter_uav{5};

    %--------------------------------------
    % Begin: this part is controller
    %--------------------------------------
    M_Desired = [      0.00001+0.0005*sin(2*time);
                      -0.00002+0.0001*cos(0.1*time);
                      -0.0001]; %[N]

    mg = 10; %[N]
    F_M_desired = [-mg; M_Desired];

    w_motor_fblr_squared_desired = propeller_motor_FM2w_conversion(
        F_M_desired, ...
        C_T, C_D, L_arm);
    w_motor_fblr_desired = sqrt(w_motor_fblr_squared_desired);
    %--------------------------------------
    % End: this part is controller
    %--------------------------------------

    % Motor Force & Torque
    FM_Motor = propeller_motor_actuator(C_T, C_D, L_arm,
        w_motor_fblr_desired);
    M_torque = FM_Motor(2:4);

    if time < 1e-200
        global_motor_time_FM_all = [time FM_Motor(:)'];
    elseif time > global_motor_time_FM_all(end,1)+dt_save
        global_motor_time_FM_all = [global_motor_time_FM_all; time
            FM_Motor(:)'];
    end


    % Kinematics & Dynamics
    dqdt = dqdt_attitude_kinematics(q_current,w_current);
    dwdt = dwdt_attitude_dynamics(w_current, J_inertia, inv_J,
        M_torque);

    dstate_dt = [dqdt(:); dwdt(:)];

end

  : (omitted)

function FM_Motor = propeller_motor_actuator(C_T,C_D,L_arm,
    w_command)

    % assume perfect motor angular velocity control
    w_motor = w_command(:);
```

```

    F_fblr = C_T*(w_motor.^2);
    tau_fblr = C_D*(w_motor.^2);

    F_motor = sum(F_fblr);
    M_motor = [ L_arm*(F_fblr(3)-F_fblr(4));
                L_arm*(F_fblr(2)-F_fblr(1));
                sum(tau_fblr(1:2))-sum(tau_fblr(3:4))];

    FM_Motor = [F_motor; M_motor];
end

 : (omitted)
```

2. Python 程序

Python 程序 2-23 使用螺旋桨 – 电机执行器模型仿真四旋翼无人机的旋转动力学。

我们使用关键字 global 来定义全局变量。在函数 dqdt_dwdt(·) 中要声明用到的全局变量。从第 64 行开始，全局变量值被转移到局部变量中，并使用命令 del 删除全局变量。四旋翼无人机电机力和转矩的仿真如图 2-23 所示。

程序 2-23 （Python）使用螺旋桨 – 电机执行器模型仿真四旋翼无人机的旋转动力学

```
1
2  : (omitted)
3
4  # use global variables only for saving values
5  global global_motor_time_FM_all
6
7  # minimum time interval for saving values to the global
8  dt_save = 0.05
9
10 : (omitted)
11
12 def dqdt_dwdt(time,state,J_inv_J_inertia,Motor_para,dt_save):
13
14     global global_motor_time_FM_all
15
16     q_current = state[0:4]
17     q_current = q_current/np.linalg.norm(q_current)
18     w_current = state[4::]
19
20     J_inertia = J_inv_J_inertia[0:3,:]
21     J_inv = J_inv_J_inertia[3::,:]
22     C_T = Motor_para[0]
23     C_D = Motor_para[1]
24     L_arm = Motor_para[2]
25
26     #-----------------------------------
27     # Begin: this part is controller
```

```
    #-----------------------------------
    M_Desired = np.array([0.00001+0.0005*np.sin(2*time),
                          -0.00002+0.0001*np.cos(0.75*time),
                          -0.0001])
    mg = 10.0 #[N]
    F_M_Desired = np.hstack([-mg, M_Desired])

    w_motor_fblr_squared_desired = propeller_motor_FM2w_conversion(
        F_M_Desired, C_T, C_D, L_arm)
    w_motor_fblr_desired = np.sqrt(w_motor_fblr_squared_desired)
    #-----------------------------------
    # End: this part is controller
    #-----------------------------------

    # Motor Force & Torque
    FM_Motor = propeller_motor_actuator(C_T, C_D, L_arm,
        w_motor_fblr_desired)
    M_torque = FM_Motor[1::]

    current_data = np.hstack((time,FM_Motor,))
    if time < 1e-200:
        global_motor_time_FM_all = current_data.reshape(1,5)
    elif time > global_motor_time_FM_all[-1,0]+dt_save:
        global_motor_time_FM_all = np.vstack((
            global_motor_time_FM_all,current_data,))

    dqdt = dqdt_attitude_kinematics(q_current, w_current)
    dwdt = dwdt_attitude_dynamics(w_current, J_inertia, J_inv,
        M_torque)

    dstate_dt = np.hstack((dqdt,dwdt))
    return dstate_dt

# solve ode
sol = solve_ivp(dqdt_dwdt, (init_time, final_time), state_0,
  t_eval=tout, atol=1e-9, rtol=1e-6, max_step=0.01,
  args=(J_inv_J_inertia, Motor_para, dt_save,))
qout = sol.y[0:4,:]
wout = sol.y[4::,:]

time_Motor = global_motor_time_FM_all[:,0]
Force_Motor = global_motor_time_FM_all[:,1]
Torque_Motor = global_motor_time_FM_all[:,2::]
del global_motor_time_FM_all

: (omitted)
```

3. 姿态控制算法

针对飞机、卫星、无人机等的姿态控制算法很多。四元数反馈控制是常用的姿态控制器之一，特别是卫星的姿态控制（Wie，2008）。它的一般形式也可用于四旋翼无人机的姿态稳定。四元数反馈控制由下式给出：

$$\boldsymbol{u}=-\boldsymbol{K}\boldsymbol{q}_{13}-\boldsymbol{C}\boldsymbol{\omega}-\boldsymbol{\omega}\times(\boldsymbol{J}\boldsymbol{\omega}) \tag{2-115}$$

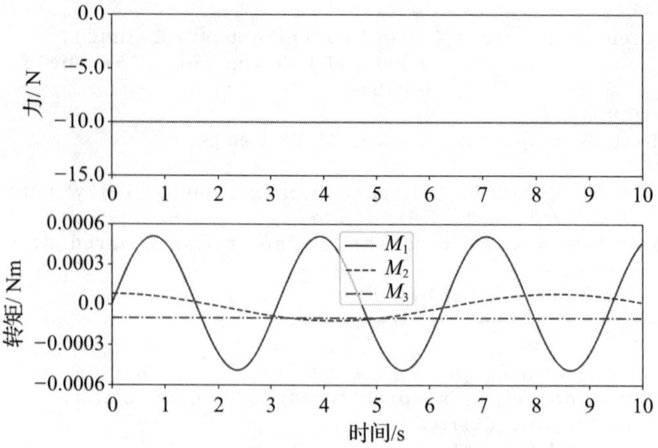

图 2-23　四旋翼无人机电机力和转矩的仿真（见彩插）

其中，四元数表示四旋翼无人机坐标系 B 相对于参考坐标系 R 的姿态，如图 2-22 所示。K 和 C 为控制增益正定矩阵，即对称且所有特征值均为正，右侧的最后一项是为了消除动力学中的非线性陀螺效应。所需的平衡点为：

$$\boldsymbol{q}_{13}^{\mathrm{eq}}=[0\ \ 0\ \ 0]^{\mathrm{T}},\ q_4^{\mathrm{eq}}=1,\ \omega_1^{\mathrm{eq}}=0,\ \omega_2^{\mathrm{eq}}=0,\ \omega_3^{\mathrm{eq}}=0,$$

为了提供平衡点处的稳定性条件，首先将李亚普诺夫函数 V 定义为所有状态的函数如下：

$$V=V(\boldsymbol{q}_{13},q_4,\boldsymbol{\omega}),$$

其必须满足以下两个条件：

$$V(\boldsymbol{q}_{13},q_4,\boldsymbol{\omega})=0,\ 当且仅当\boldsymbol{q}_{13}=\boldsymbol{q}_{13}^{\mathrm{eq}},\ q_4=q_4^{\mathrm{eq}},\ \boldsymbol{\omega}=\boldsymbol{\omega}^{\mathrm{eq}} \tag{2-116a}$$

$$V(\boldsymbol{q}_{13},q_4,\boldsymbol{\omega})>0,\ 否则 \tag{2-116b}$$

在动学力系统中，类似总能量的函数满足上述条件。令

$$V=\frac{1}{2}\boldsymbol{\omega}^{\mathrm{T}}\boldsymbol{K}^{-1}\boldsymbol{J}\boldsymbol{\omega}+\boldsymbol{q}_{13}^{\mathrm{T}}\boldsymbol{q}_{13}+(q_4-1)^2 \tag{2-117}$$

式中，$\boldsymbol{K}$ 和 $\boldsymbol{K}^{-1}$ 都是对称的。对 V 进行时间求导得到

$$\frac{\mathrm{d}V}{\mathrm{d}t}=\boldsymbol{\omega}^{\mathrm{T}}\boldsymbol{K}^{-1}\boldsymbol{J}\dot{\boldsymbol{\omega}}+2\boldsymbol{q}_{13}^{\mathrm{T}}\dot{\boldsymbol{q}}_{13}+2(q_4-1)\dot{q}_4 \tag{2-118}$$

将下式

$$\boldsymbol{J}\dot{\boldsymbol{\omega}}=-\boldsymbol{\omega}\times(\boldsymbol{J}\boldsymbol{\omega})+\boldsymbol{u}=-\boldsymbol{K}\boldsymbol{q}_{13}-C\boldsymbol{\omega} \tag{2-119a}$$

$$\dot{\boldsymbol{q}}_{13}=\frac{1}{2}(-[\boldsymbol{\omega}\times]\boldsymbol{q}_{13}+\boldsymbol{\omega}q_4) \tag{2-119b}$$

$$\dot{q}_4=-\frac{1}{2}\boldsymbol{\omega}^{\mathrm{T}}\boldsymbol{q}_{13} \tag{2-119c}$$

代入 $\mathrm{d}V/\mathrm{d}t$ 得到

$$\begin{aligned}\frac{\mathrm{d}V}{\mathrm{d}t}&=\omega^{\mathrm{T}}\boldsymbol{K}^{-1}[-\boldsymbol{K}\boldsymbol{q}_{13}-C\boldsymbol{\omega}]+\boldsymbol{q}_{13}^{\mathrm{T}}(-[\boldsymbol{\omega}\times]\boldsymbol{q}_{13}+\boldsymbol{\omega}q_4)-(q_4-1)\boldsymbol{\omega}^{\mathrm{T}}\boldsymbol{q}_{13}\\&=-\boldsymbol{\omega}^{\mathrm{T}}\boldsymbol{q}_{13}-\boldsymbol{\omega}^{\mathrm{T}}\boldsymbol{K}^{-1}C\boldsymbol{\omega}-\overbrace{\boldsymbol{q}_{13}^{\mathrm{T}}[\boldsymbol{\omega}\times]\boldsymbol{q}_{13}}^{=0}+\boldsymbol{q}_{13}^{\mathrm{T}}\boldsymbol{\omega}q_4-q_4\boldsymbol{\omega}^{\mathrm{T}}\boldsymbol{q}_{13}+\boldsymbol{\omega}^{\mathrm{T}}\boldsymbol{q}_{13}\\&=-\boldsymbol{\omega}^{\mathrm{T}}\boldsymbol{K}^{-1}C\boldsymbol{\omega}\end{aligned} \quad (2\text{-}120)$$

由于 $K^{-1}C$ 是正定的，因此 V 的导数小于或等于零，即 $\dot{V}\leqslant 0$。

如果能证明 $\dot{V}<0$，即负正定，稳定性的证明就完成了，并且说明了平衡点是渐近稳定的。$\dot{V}\leqslant 0$ 意味着在非平衡点 $\boldsymbol{q}$，$\dot{V}$ 可能为零（$\dot{V}$ 不是 $\boldsymbol{q}$ 的方程）。我们必须考虑其子集，即 $\dot{V}=0$ 在状态空间中是如何定义的。将 $\omega=0$ 和 $\dot{\omega}=0$ 代入式（2-119a）中，我们发现 $\boldsymbol{q}_{13}$ 必须为零。由于四元数的单位范数条件，q_4 必须为 1。称为不变集的子集仅由一个点组成，即平衡点。拉萨尔不变集定理表明：所有状态轨迹都将收敛于不变集（Slotine et al.，1991）。因此，可以得出平衡点渐近稳定的结论。

将期望转矩设置为四元数反馈控制器计算的控制输入如下：

$$\begin{bmatrix}M_1\\M_2\\M_3\end{bmatrix}_{期望}=\boldsymbol{u}$$

4. 高度控制算法

尽管本节中控制设计的主要目的是稳定姿态，但平移运动可以由下式模拟：

$$\dot{\boldsymbol{r}}=\boldsymbol{v}$$

$$\dot{\boldsymbol{v}}=\begin{bmatrix}0\\0\\g\end{bmatrix}+\frac{1}{m}C_{BR}^{\mathrm{T}}(\boldsymbol{q})\begin{bmatrix}0\\0\\-\sum\limits_{i\in s}F_i\end{bmatrix}$$

式中，$\boldsymbol{r}$ 为 3×1 矩阵，表示四旋翼无人机在三维参考系中的位置坐标；g=9.81m/s^2；四旋翼无人机的质量 m 等于 0.45kg；$C_{BR}(\boldsymbol{q})$ 使用式（2-37）计算。为了获得所需的高度 $h_{期望}=-(z_R)_{期望}$，$\boldsymbol{z}_R$ 方向上所需的力抵消重力，并产生了与高度和速度误差成比例的反馈力如下：

$$(f_z)_{期望}=\begin{bmatrix}0\\0\\-mg\end{bmatrix}+k_1[(z_R)_{期望}-z_R]+k_2[(\dot{z}_R)_{期望}-\dot{z}_R]$$

式中，k_1 和 k_2 是要设计的控制增益，将这两个控制增益乘以位置差值和速度差值。这就是比例微分（PD）控制器，它是工业中最常见的控制器之一。此外，四个螺旋桨的期望力之和如下：

$$F_{期望}=[0\ \ 0\ \ 1]C_{BR}(\boldsymbol{q})\begin{bmatrix}0\\0\\(f_z)_{期望}\end{bmatrix}$$

四旋翼无人机的位置跟踪控制设计与姿态稳定控制设计不是同一个控制问题，后者必须计算期望姿态，以引导螺旋桨力到期望方向上。可以在 Beard（2008）、Yu 等人（2019）和 Xie 等人（2021）的著作中找到示例。

5. 仿真

设置初始条件如下：

$$\boldsymbol{q}(0)=\frac{1}{\sqrt{4}}[1\ \ 1\ \ -1\ \ 1]^{\mathrm{T}}]$$

$$\boldsymbol{\omega}(0)=[0.1\ \ -0.2\ \ 0.1]^{\mathrm{T}}\ [\mathrm{rad/s}]$$

$$\boldsymbol{r}(0)=[0\ \ 0\ \ -30]^{\mathrm{T}}\ [\mathrm{m}]$$

$$\boldsymbol{v}(0)=[0\ \ 0\ \ 0]^{\mathrm{T}}\ [\mathrm{m/s}]$$

期望高度和 z_R 方向上的速度分别设置为 –30m 和 0m/s。

通过多次试验和误差来实现合理的收敛速度和控制输入幅度，控制增益设计为

$$K=0.01I_3，C=0.001I_3，k_1=0.1，k_2=0.5$$

平移动力学与姿态动力学是耦合的，而上述控制设计将其忽略了。如果 k_1 和 k_2 增益太大，耦合效应会更显著，四旋翼无人机将不稳定。图 2-24a 展示了姿态在大约 30s 内收敛到所需的平衡点。图 2-24b 显示，在类似的时间长度内，海拔高度稳定在 30m。x_R 和 y_R 方向的速度 v_1 和 v_2 收敛到非零值时，四旋翼无人机就会飞离起始位置。电机产生的力和转矩如图 2-25a 所示，电机的相应角速度如图 2-25b 所示。如果电机角速度过高，可以通过下面三种方法调节：

- 调节控制增益：K、C、k_1、k_2。
- 更换螺旋桨：C_T 和 C_D。
- 调整四旋翼无人机的大小：m 和 L。

6. 控制器 MATLAB 程序

控制器在程序 2-24 中给出。用控制器进行仿真，并绘制图 2-24 和图 2-25 留作本章习题。

程序 2-24 （MATLAB）四元数反馈控制和 PD 控制

```
function w_motor_fblr_desired =
    quaternion_feedback_and_altitude_control(q_current, ...
    w_current, rv_current, J_inertia, C_T, C_D, L_arm, C_BR, ...
    mass_quadcopter, grv_acce)

    zR_desired = -30; %[m]
    zdotR_desired = 0; %[m/s]
```

```
7       K_qf = 0.01*eye(3);
8       C_qf = 0.001*eye(3);
9       k1 = 0.1;
10      k2 = 0.5;
11
12      q_13 = q_current(1:3); q_13 =q_13(:);
13      w = w_current(:);
14
15      Fmg_R = grv_acce*mass_quadcopter; %[N]
16      Falt_R = k1*(zR_desired-rv_current(3))+k2*(zdotR_desired-
            rv_current(6));
17      F_desired_R = [0;0;-Fmg_R+Falt_R];
18      F_desired_B = C_BR*F_desired_R;
19
20      u_qf = -K_qf*q_13 - C_qf*w - cross(w,J_inertia*w);
21      M_Desired = u_qf;
22
23      F_M_desired = [F_desired_B(3); M_Desired];
24
25      w_motor_fblr_squared_desired = propeller_motor_FM2w_conversion(
            F_M_desired , ...
26          C_T, C_D, L_arm);
27
28      w_motor_fblr_desired = sqrt(w_motor_fblr_squared_desired);
29
30      end
```

7. 鲁棒性分析

控制设计完成后，要进行相应的鲁棒性分析。在选择或优化控制增益时，各种物理参数被假设为特定值。但事实上，这些值可能与假设的值是不同的。在控制器最终被实现到无人机的车载计算机之前，需要检查在某些不确定的变量变化范围内，其性能是否是可接受的。四旋翼无人机性能由姿态的稳定时间 t_s 度量。

$$\| \boldsymbol{q}_{13}(t) \|_2 \leq 0.01[\text{rad/s}], \quad 当 t \geq t_s \tag{2-121}$$

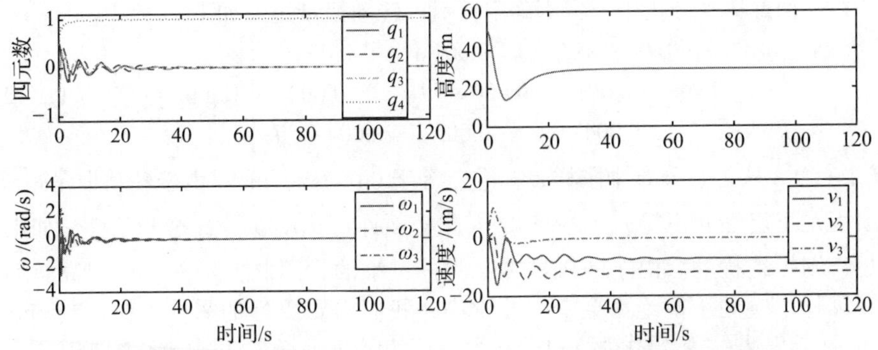

a) 使用四元数反馈控制的姿态稳定

b) 使用PD控制的高度稳定，其中高度与 z_R 符号相反

图 2-24（见彩插）

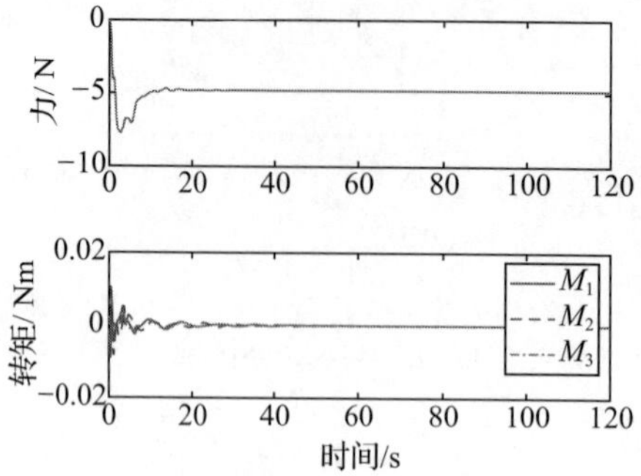

a）机体坐标系中每个方向的总螺旋桨力和转矩

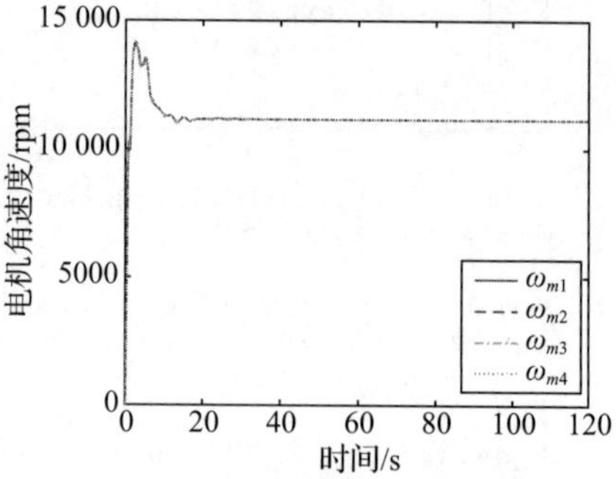

b）四旋翼无人机电机角速度（单位为rpm）

图 2-25（见彩插）

其中，$\|\cdot\|_2$ 是 2– 范数，即 $(\boldsymbol{q}_{13}^{\mathrm{T}}\boldsymbol{q}_{13})^{1/2}$。下面的程序计算了稳定时间 t_s：

```
q13 = qout(:,1:3);
q13_norm = sqrt(sum(q13.^2,2));
q13_ts = int32(q13_norm>0.01);
q13_ts = cumsum(q13_ts);
q13_ts = tout(q13_ts==q13_ts(end));
ts = q13_ts(1);
```

在计算 $\|\boldsymbol{q}_{13}\|$ 时，int32 将 true/false 变为整数 1 或 0，cumsum 返回累和，例如

$$\text{cumsum}([1\ \ 0\ \ 3\ \ -2\ \ 5]) \Rightarrow [1\ \ 1\ \ 4\ \ 2\ \ 7] \tag{2-122}$$

稳定时间的索引是第一个，对应的累和为最后一个。该计算中的主要假设是，稳定时间在仿真的时间区间内是存在的。如果计算出的稳定时间接近模拟的最终时间，则最终时间必须增加，以确定计算出的稳定时间（输出曲线可能在计算出的稳定时间之后有着超出界限 0.01 的波动）。

在这种鲁棒性分析中，将不确定性引入转动惯量矩阵如下：

$$\boldsymbol{J} = \begin{bmatrix} 0.005+\delta J_1 & -0.001 & 0.004 \\ -0.001 & 0.006+\delta J_2 & -0.002 \\ 0.004 & -0.002 & 0.004+\delta J_3 \end{bmatrix} [\text{kg m}^2] \tag{2-123}$$

$\delta J_i, i=1,2,3$ 从正态分布中采样，标准差等于 0.002 $\text{kg}\cdot\text{m}^2$。由于转动惯量矩阵 $\boldsymbol{J}$ 必须满足正定性和不等式（2-99），因此必须针对扰动 $\boldsymbol{J}$ 检查这些条件，如果不满足，则拒绝扰动。由于随机样本空间是三维的，因此拒绝率不会很高。但对于高维样本空间，拒绝率会变得非常高，我们需要更好的采样方法。Tempo 等在 2012 年发表的论文中对控制设计和分析的随机采样方法进行了深入讨论。算法 2-6 中给出了基于随机采样的鲁棒性分析的伪代码。图 2-26 显示稳定时间在最坏情况下短于 80s，其中不确定度大小高达 0.008 $\text{kg}\cdot\text{m}^2$，随机样本的数量为

10000。基于这些结果得出了概率性结论，读者可以从 Tempo 等在 2012 年发表的论文中找到一些有趣的概念和方法，例如 Chernoff 界。

算法 2-6　基于随机采样的鲁棒性分析的伪代码

设定标称转动惯量,$\bar{J}$
初始化其余的仿真参数
for i **do**dx = 1, 2, ···, (最大仿真次数)
　　while 不满足正定性和式 (2-99) **do**
　　　　从某个分布生成随机 δJ_1、δJ_2、δJ_3
　　　　设定转动惯量,$J = \bar{J} + \mathrm{diag}[\delta J_1, \delta J_2, \delta J_3]$
　　　　检查J的条件
　　end while
　　运行仿真
　　计算稳定时间
end for

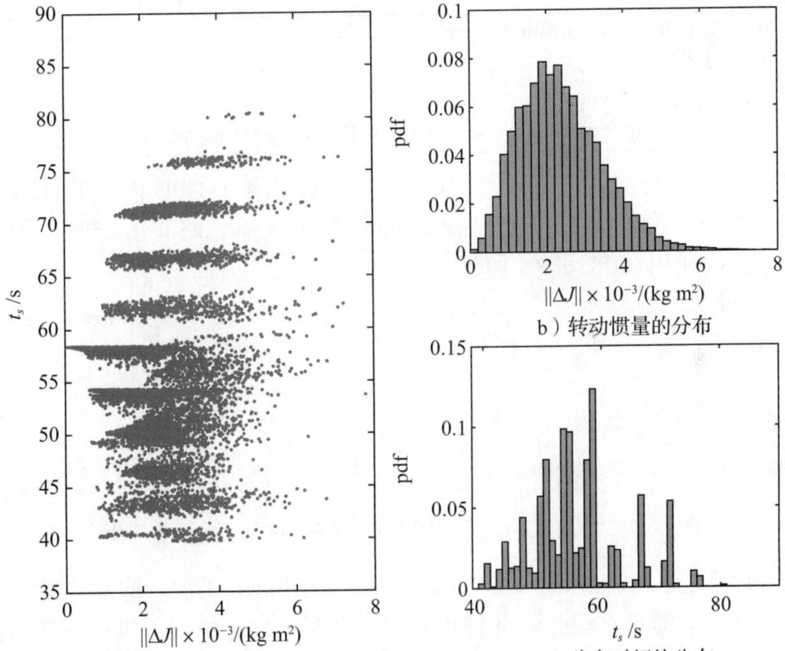

a）稳定时间关于转动惯量不确定性的分布　b）转动惯量的分布　c）稳定时间的分布

图　2-26

8. 并行处理

由于现代中央处理器（CPU）具有多个核心，因此可以并行运行多个仿真，并减少总计算时间。基于随机采样的鲁棒性分析，即蒙特卡罗仿真，很容易实现并行计算（每个仿真都是完全独立的）。在MATLAB中，使用并行计算工具箱，把for替换为parfor就可以实现并行计算（算法2-6），parfor使用的内核数量可以在MATLAB首选配置中设置。

Python中的并行计算很简单，但需要对非并行模拟程序进行一些小的修改。如程序2-25所示，使用multiprocessing库来多次执行函数。首先，从multiprocessing库中导入Pool。其次，使用map函数执行robustness_analysis_MC函数（程序2-26），该函数针对每个扰动转动惯量解决了四旋翼无人机的闭环动力学问题。map函数的第一个参数是并行执行的函数的名称，第二个参数是值的列表，其中对于该示例，列表的大小等于模拟的数量，即3000。要使用的CPU内核的数量设置为4。最后，结果存储在返回变量result中。结果是一个列表，其元素是元组（t_s，$\|\delta J\|$），是函数robustness_analysis_MC的返回值。

程序 2-25 （Python）使用多处理库的并行处理

```python
from multiprocessing import Pool
num_MC = 3000
num_core = 4
with Pool(num_core) as p:
    result = p.map(robustness_analysis_MC , range(num_MC))
```

串行仿真需要大约93分钟的计算时间。使用4个CPU内核的并行处理进行的相同仿真大约需要25分钟，仅为93分钟的27%，略高于25%的预期。如图2-27所示，四个CPU正在100%运行。

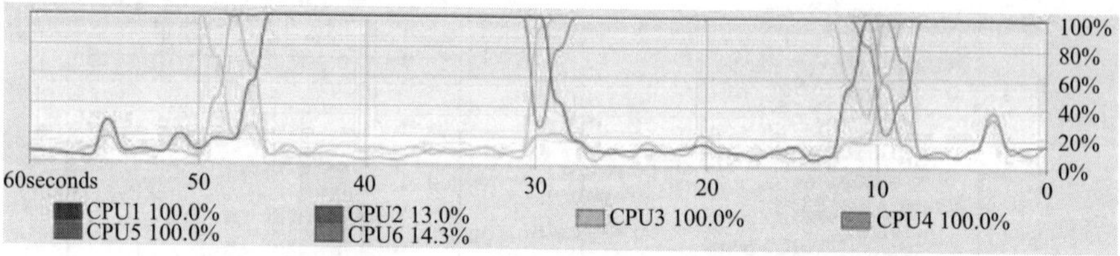

图 2-27 负载显示，其中四个CPU在100%运行（见彩插）

在程序2-25中，Python关键字with用于调用map函数。这是常用的Python编程方法之一。简单来说，with使程序即使在某些异常情况下也能正常运行。例如，当robustness_analysis_MC并行执行时，一些计算会导致映射函数崩溃并挂起。即使在这种情况下，with语句也会使函数正确终止，这样ghost进程就不会进一步占用内存，避免降低计算速度。

程序 2-26 （Python）针对扰动转动惯量的四旋翼无人机的闭环动力学

```
1  def robustness_analysis_MC(MC_id):
2
3      J_inertia = np.array([[0.005, -0.001, 0.004],
4                            [-0.001, 0.006, -0.002],
5                            [0.004, -0.002, 0.004]])
6
7      not_find_dJ = True
8
9      np.random.seed()
10
11     while not_find_dJ:
12
13         dJ = np.diag(0.002*np.random.randn(3))
14
15         J_inertia_perturbed = J_inertia + dJ
16
17         pd_cond = np.min(np.linalg.eig(J_inertia_perturbed)[0])>0
18         j3_cond = J_inertia_perturbed[0,0]+J_inertia_perturbed[1,1]
                > J_inertia_perturbed[2,2]
19         j2_cond = J_inertia_perturbed[0,0]+J_inertia_perturbed[2,2]
                > J_inertia_perturbed[1,1]
20         j1_cond = J_inertia_perturbed[1,1]+J_inertia_perturbed[2,2]
                > J_inertia_perturbed[0,0]
21
22         if pd_cond and j1_cond and j2_cond and j3_cond:
23             not_find_dJ = False
24
25     dJ_norm = np.linalg.norm(dJ)
26     J_inv_perturbed = np.linalg.inv(J_inertia_perturbed)
27
28     quadcopter_uav=(J_inertia_perturbed, J_inv_perturbed, C_T, C_D,
           L_arm)
29
30     sol = solve_ivp(dqdt_dwdt_drvdt, (init_time, final_time),
          state_0, t_eval=tout,
31                    atol=1e-9, rtol=1e-6, max_step=0.01,
32                    args=(quadcopter_uav,))
33     qout = sol.y[0:4,:]
34
35     q13=qout[0:3,:]
36     q13_norm = np.sqrt((np.sum(q13**2,axis=0)))
37     q13_ts = (q13_norm>0.01)*np.ones(num_data)
38     q13_ts = np.cumsum(q13_ts)
39     q13_ts = tout[q13_ts==q13_ts[-1]]
40     ts = q13_ts[0]
41
42     print(f'#{MC_id}: {np.linalg.norm(dJ):6.5f}, {q13_ts:4.2f}\n')
43
44     return ts, dJ_norm
```

在使用 map 并行执行的函数内部生成随机数时，必须使用程序 2-26 第 9 行中的显式随机种子函数。否则，3000 次仿真都使用相同的随机种子，第 13 行中的随机扰动将始终生成相同的数字。为了在每次迭代中生成不同的随机数，我们在每次运行之前显式调用 seed 函数。

第 42 行中的 print 命令是从 Python 3.6 中引入的。这样打印格式化的数字、字符串等会非常方便。要打印的数字只需放在花括号内，而格式放在冒号旁边。

习题

习题 2.1 （MATLAB）绘制以下三种容差情况下的图 2-5：(i) 相对容差 =1e^{-3}，绝对容差 = 1e^{-6}；(ii) 相对容差 =1e^{-6}，绝对容差 =1e^{-9}；(iii) 相对容差 =1e^{9}，绝对容差 = 1e^{-12}。注意，还应设置与图中所示相同的图例和轴标签。提示：使用 odeset 函数设置容差并传递给 ode45。

习题 2.2 （MATLAB）使用 surf 命令绘制图 2-11，并在 MATLAB 命令提示符下执行以下命令，查看图中相应概率密度函数的变化：(i) shading flat；(ii) shading interp；(iii)shading faceted。

习题 2.3 （Python）将程序 2-12 中第 38 行的 rstride 和 cstride 值更改为大于 1 的正整数，并确认图 2-12 中两个可选参数的功能。此外，尝试将图的颜色更改为 “plasma”“inferno”“magma” 中的一个，并查看每个颜色的效果。

习题 2.4 （MATLAB/Python）编写一个 MATLAB 或 Python 程序，使用算法 2-1 在 0 ～ 120s 的时间范围内生成偏置噪声，其中 $\sigma_{\beta x}=\sigma_{\beta y}=0.01^\circ/\sqrt{\text{s}}$， $\sigma_{\beta z}=0.02^\circ/\sqrt{\text{s}}$， $\Delta t_k=0.1\text{s}$，初始偏置 $\beta(t_0=0)$ 取自 $-0.03^\circ/\text{s}$ ～ $+0.03^\circ/\text{s}$ 之间的均匀分布。

习题 2.5 构建如图 2-28 所示的传感器坐标系和机体坐标系之间转换的仿真算法，如何由传感器坐标系中的 $\boldsymbol{r}^1$ 获得机体坐标系中的 $\boldsymbol{r}^1$？

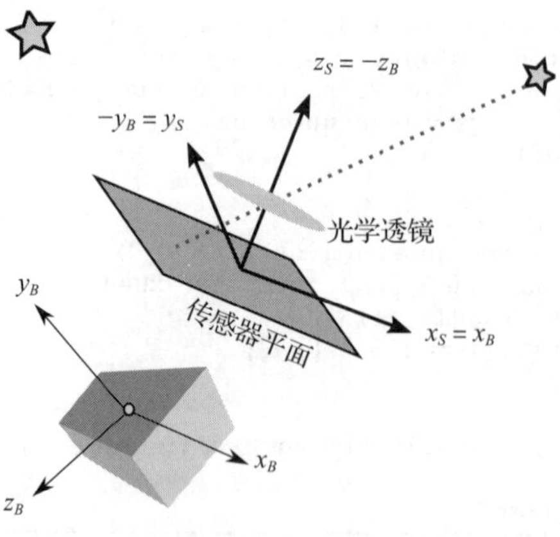

图 2-28 传感器坐标系和机体坐标系

习题 2.6 （MATLAB/Python）使用式（2-37）和算法 2-2 实现将方向余弦矩阵转换为四元

数和将四元数转换为方向余弦矩阵的函数。

习题 2.7 （MATLAB/Python）恒星敏感器识别了恒星数据库中的以下五颗恒星：

$$\boldsymbol{r}_R^1 = \begin{bmatrix} -0.6794 & -0.3237 & -0.6586 \end{bmatrix}_R^{\mathrm{T}}$$

$$\boldsymbol{r}_R^2 = \begin{bmatrix} -0.7296 & 0.5858 & 0.3528 \end{bmatrix}_R^{\mathrm{T}}$$

$$\boldsymbol{r}_R^3 = \begin{bmatrix} -0.2718 & 0.6690 & -0.6918 \end{bmatrix}_R^{\mathrm{T}}$$

$$\boldsymbol{r}_R^4 = \begin{bmatrix} -0.2062 & -0.3986 & 0.8936 \end{bmatrix}_R^{\mathrm{T}}$$

$$\boldsymbol{r}_R^5 = \begin{bmatrix} 0.6858 & -0.7274 & -0.0238 \end{bmatrix}_R^{\mathrm{T}}$$

恒星测量值由下式给出：

$$\boldsymbol{r}_B^1 = \begin{bmatrix} -0.2147 & -0.7985 & 0.5626 \end{bmatrix}_B^{\mathrm{T}}$$

$$\boldsymbol{r}_B^2 = \begin{bmatrix} -0.7658 & 0.4424 & 0.4667 \end{bmatrix}_B^{\mathrm{T}}$$

$$\boldsymbol{r}_B^3 = \begin{bmatrix} -0.8575 & -0.4610 & -0.2284 \end{bmatrix}_B^{\mathrm{T}}$$

$$\boldsymbol{r}_B^4 = \begin{bmatrix} 0.4442 & 0.6863 & 0.5758 \end{bmatrix}_B^{\mathrm{T}}$$

$$\boldsymbol{r}_B^5 = \begin{bmatrix} 0.9407 & -0.1845 & -0.2847 \end{bmatrix}_B^{\mathrm{T}}$$

使用式（2-50）计算 $\boldsymbol{C}_{BR}$ 并得到如下结果：

$$\boldsymbol{C}_{BR} = \begin{bmatrix} 0.4885 & -0.8403 & 0.2350 \\ 0.1096 & 0.3263 & 0.9389 \\ -0.8656 & -0.4329 & 0.2516 \end{bmatrix}$$

习题 2.8 （MATLAB/Python）实现算法 2-3 中的 QUEST，在机体坐标系和参考坐标系中引入多颗恒星，并对此进行仿真测试。

习题 2.9 恒星敏感器坐标系如图 2-28 所示。扩展习题 2.8 中的仿真，以包括传感器视场效果。只有当 z_S 和恒星向量之间的角度小于或等于 12° 时，恒星敏感器才能检测到恒星，这里，恒星向量从传感器坐标系的原点指向每颗恒星。

习题 2.10 （MATLAB/Python）完成 MATLAB 程序 2-15 或 Python 程序 2-16，使用算法 2-4 实现式（2-64）和式（2-67）的卡尔曼滤波器，并绘制图 2-19 和图 2-20。

习题 2.11 推导式（2-70）中给出的四元数误差动力学。

习题 2.12 （MATLAB/Python）完成 MATLAB 程序 2-17 和程序 2-18，或完成 Python 程序 2-19，并计算式（2-80）中给出的协方差矩阵。

习题 2.13 （MATLAB/Python）使用习题 2.7 中的光学传感器的向量测量值，在 MATLAB 或 Python 中实现算法 2-5 中的卡尔曼滤波器，这里假设测量值始终可以从传感器中得到。

习题 2.14 （姿态动力学）完成程序 2-20 和程序 2-21，并绘制图 2-21。

习题 2.15 （MATLAB/Python）通过 MATLAB 或 Python 中的符号矩阵求逆得到式（2-113）

中的矩阵。

习题 2.16（MATLAB/Python）更新程序 2-22 或程序 2-23，加入式（2-114）中给出的一阶电机模型，其中 τ_m 等于 0.01s。

习题 2.17（MATLAB/Python）更新程序 2-22 或程序 2-23，绘制四个电机的角速度。

习题 2.18（MATLAB）使用程序 2-24，更新程序 2-22 的第 94 行，并输出图 2-24 和图 2-25。

习题 2.19（MATLAB/Python）利用式（2-123）中给出的不确定转动惯量，执行鲁棒性分析，并绘制图 2-26。

参考文献

Ahmad Bani Younes and Daniele Mortari. Derivation of all attitude error governing equations for attitude filtering and control. *Sensors*, 19(21):4682, 2019. https://doi.org/10.3390/s19214682.

Randal W. Beard. Quadrotor dynamics and control. *Brigham Young University*, 19(3):46–56, 2008.

C. T. Chen. *Linear System Theory and Design, Third Edition, International Edition*. OUP USA, 2009. ISBN 9780195392074. https://books.google.co.uk/books?id=D9nXSAAACAAJ.

J. L. Crassidis. Angular velocity determination directly from star tracker measurements. *Journal of Guidance Control and Dynamics - J GUID CONTROL DYNAM*, 25:11, 2002. https://doi.org/10.2514/2.4999.

J. L. Crassidis and J. L. Junkins. *Optimal Estimation of Dynamic Systems*. Chapman & Hall/CRC Applied Mathematics & Nonlinear Science. CRC Press, 2011. ISBN 9781439839867.

R. L. Farrenkopf. Analytic steady-state accuracy solutions for two common spacecraft attitude estimators. *Journal of Guidance and Control*, 1(4):282–284, 1978. https://doi.org/10.2514/3.55779. https://arc.aiaa.org/doi/abs/10.2514/3.55779.

M. A. A. Fialho and D. Mortari. Theoretical limits of star sensor accuracy. *Sensors*, 19(24), 2019. https://doi.org/10.3390/s19245355.

M. S. Grewal and A. P. Andrews. Applications of kalman filtering in aerospace 1960 to the present [historical perspectives]. *IEEE Control Systems Magazine*, 30(3):69–78, 2010. https://doi.org/10.1109/MCS.2010.936465.

R. E. Kalman. A new approach to linear filtering and prediction problems. *Journal of Basic Engineering*, 82(1):35–45, 1960. ISSN 0021-9223. https://doi.org/10.1115/1.3662552.

M. A. Khodja, M. Tadjine, M. S. Boucherit, and M. Benzaoui. Experimental dynamics identification and control of a quadcopter. In *2017 6th International Conference on Systems and Control (ICSC)*, pages 498–502, May 2017. https://doi.org/10.1109/ICoSC.2017.7958668.

Taeyoung Lee. Robust adaptive attitude tracking on so(3) with an application to a quadrotor UAV. *IEEE Transactions on Control Systems Technology*, 21(5):1924–1930, 2012.

E. J. Lefferts, F. L. Markley, and M. D. Shuster. Kalman filtering for spacecraft attitude estimation. *Journal of Guidance, Control, and Dynamics*, 5(5):417–429, 1982. https://doi.org/10.2514/3.56190.

F. Landis Markley and John L. Crassidis. *Fundamentals of Spacecraft Attitude Determination and Control*. Springer, 2014.

W. H. Press, S. A. Teukolsky, W. T. Vetterling, and B. P. Flannery. *Numerical Recipes 3rd Edition: The Art of Scientific Computing*. Cambridge University Press, 2007. ISBN 9780521880688.

H. Schaub and J. L. Junkins. *Analytical Mechanics of Space Systems*. AIAA Education Series. American Institute of Aeronautics and Astronautics, 2003. ISBN 9781600860270.

Hanspeter Schaub and John L. Junkins. *Analytical Mechanics of Space Systems*. AIAA Education Series, Reston, VA, 4th edition, 2018. https://doi.org/10.2514/4.105210.

K. S. Shanmugan and A. M. Breipohl. *Random Signals: Detection, Estimation and Data Analysis*. John Wiley & Sons, 1988. ISBN 978-0471815556.

M. D. Shuster. Maximum likelihood estimation of spacecraft attitude. *Journal of the Astronautical Sciences*, 37:79–88, 1989. https://ci.nii.ac.jp/naid/20001198295/en/.

M. D. Shuster and S. D. Oh. Three-axis attitude determination from vector observations. *Journal of Guidance and Control*, 4(1):70–77, 1981. https://doi.org/10.2514/3.19717.

J. J. E. Slotine, J. J. E. Slotine, and W. Li. *Applied Nonlinear Control*. Prentice Hall, 1991. ISBN 9780130408907. https://books.google.co.uk/books?id=cwpRAAAAMAAJ.

Roberto Tempo, Giuseppe Calafiore, and Fabrizio Dabbene. *Randomized Algorithms for Analysis and Control of Uncertain Systems: With Applications*. Springer Science & Business Media, 2012.

The LaTeX Project Team. LaTeX - A document preparation system. https://www.latex-project.org/, 2020. Accessed: 2020-10-23.

The MathWorks. Row-major and column-major array layout. https://uk.mathworks.com/help/coder/ug/what-are-column-major-and-row-major-representation-1.html, 2020. Accessed: 2020-11-26.

N. G. Van Kampen. *Stochastic Processes in Physics and Chemistry*. North Holland, 2007.

Grace Wahba. A least squares estimate of satellite attitude. *SIAM Review*, 7(3):409–409, 1965. https://doi.org/10.1137/1007077.

B. Wie. *Space Vehicle Dynamics and Control*. AIAA Education Series. American Institute of Aeronautics and Astronautics, 2008. ISBN 9781563479533.

Oliver J. Woodman. An introduction to inertial navigation. Technical Report UCAM-CL-TR-696, University of Cambridge, Computer Laboratory, August 2007.

https://www.cl.cam.ac.uk/techreports/UCAM-CL-TR-696.pdf.

W. Xie, G. Yu, D. Cabecinhas, R. Cunha, and C. Silvestre. Global saturated tracking control of a quadcopter with experimental validation. *IEEE Control Systems Letters*, 5(1):169–174, 2021. https://doi.org/10.1109/LCSYS.2020.3000561.

G. Yu, D. Cabecinhas, R. Cunha, and C. Silvestre. Nonlinear backstepping control of a quadrotor-slung load system. *IEEE/ASME Transactions on Mechatronics*, 24(5):2304–2315, 2019. https://doi.org/10.1109/TMECH.2019.2930211.

Chapter3 第 3 章

自动驾驶车辆任务规划

任务规划是自动驾驶的重要组成部分。对于简单的路径规划问题，下面的简化动力学模型在实际中有着广泛应用：

$$\dot{\boldsymbol{r}} = \boldsymbol{v} \tag{3-1a}$$

$$\dot{\boldsymbol{v}} = \boldsymbol{u} \tag{3-1b}$$

式中，$\boldsymbol{r}$ 是位置向量，$\boldsymbol{v}$ 是速度向量，$\boldsymbol{u}$ 是任务规划器的指令。通过任务规划器的指令 $\boldsymbol{u}$ 求解式（3-1a）和式（3-1b），获得一个轨迹 $\boldsymbol{r}(t)$：在初始时刻 t_0 从初始位置 $\boldsymbol{r}(t_0)$ 出发，在终止时刻 t_f 到达目标位置 $\boldsymbol{r}(t_f)$。

3.1 路径规划

很多实际的路径规划问题都是在二维空间中进行的。位置向量 $\boldsymbol{r}$ 由图 3-1 中所示的 x 和 y 坐标给出，车辆位于坐标原点，目标位置是引力势场取得最小值的位置，即 (x_d, y_d)。

3.1.1 势场法

势场法引入人工势场函数来产生操作区域内的力 $\boldsymbol{u}$，这一思想受到了势场产生的物理力的启发。例如，弹簧力 $-kx$（k 是弹性系数，x 是与平衡位置的距离）就是势场方程的导数，即 $-\mathrm{d}V/\mathrm{d}h$，其中 $V = kx^2/2$ 是势场方程，$-\mathrm{d}V/\mathrm{d}x$ 中的负号表示力的方向是势能减小的方向。

图 3-1 中有三个斥力势场函数，表示车辆要避开的障碍物或危险区域；一个引力势场函数，用于将车辆驱向目标位置。一种最常见的势场函数形式如下：

$$U_a = \frac{1}{2}k_a\rho_a \tag{3-2a}$$

$$U_r^i = \begin{cases} 0, & \text{对于}\rho_r^i > \rho_o^i \\ \dfrac{1}{2}k_r\left(\dfrac{1}{\rho_r^i} - \dfrac{1}{\rho_o^i}\right), & \text{其他} \end{cases} \tag{3-2b}$$

式中，U_a 是引力势场函数，U_r^i 是第 i 个障碍物的第 r 个斥力势场函数，k_a 和 k_r 分别是引力势场强度和斥力势场强度，ρ_o^i 是第 i 个障碍物的半径。

$$\rho_a = \sqrt{(x - x_{\text{dst}})^2 + (y - y_{\text{dst}})^2} \tag{3-3a}$$

$$\rho_r^i = \sqrt{(x - x_{\text{ost}}^i)^2 + (y - y_{\text{ost}}^i)^2} \tag{3-3b}$$

式中，（x_{dst}，y_{dst}）是车辆的目标位置坐标，（x_{ost}^i，y_{ost}^i）是第 i 个障碍物的中心坐标。

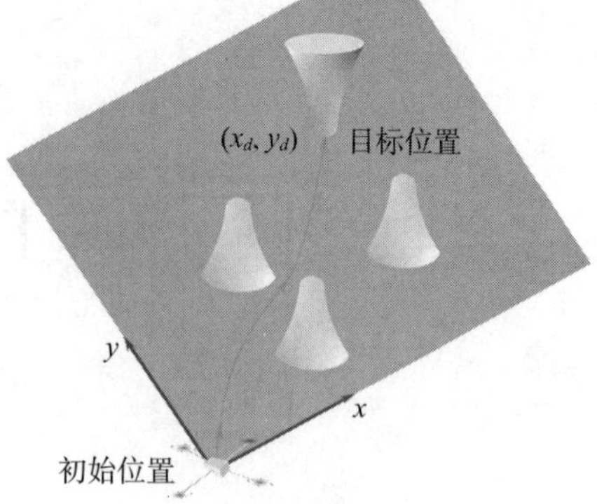

图 3-1　三个斥力势场函数和一个引力势场函数（见彩插）

所有引力函数的合力为

$$\boldsymbol{F} = \begin{bmatrix} F_x \\ F_y \end{bmatrix} = -\begin{bmatrix} \dfrac{\partial U_a}{\partial x} + \displaystyle\sum_{i=1}^{N_{\text{ost}}}\dfrac{\partial U_r^i}{\partial x} \\ \dfrac{\partial U_a}{\partial y} + \displaystyle\sum_{i=1}^{N_{\text{ost}}}\dfrac{\partial U_r^i}{\partial y} \end{bmatrix} \tag{3-4}$$

式中，N_{ost} 是障碍物的个数。x 轴正方向的引力可由下式得到：

$$-\frac{\partial U_a}{\partial x} = -\frac{\partial}{\partial x}\left(\frac{1}{2}k_a\rho_a^2\right) = -\frac{\partial}{\partial \rho_a}\left(\frac{1}{2}k_a\rho_a^2\right)\frac{\partial \rho_a}{\partial x} = -k_a(x - x_{\text{dst}})$$

x 轴正方向上第 i 个斥力（对于 $\rho_r^i \leqslant \rho_o^i$）可由下式得到：

$$-\frac{\partial U_r^i}{\partial x} = -\frac{\partial}{\partial x}\left[\frac{1}{2}k_r\left(\frac{1}{\rho_r^i} - \frac{1}{\rho_o^i}\right)\right] = \frac{1}{2}k_r\left(\frac{1}{\rho_r^i}\right)^2\frac{\partial \rho_r^i}{\partial x} = \frac{k_r(x - x_{\text{ost}}^i)}{(\rho_r^i)^3} \tag{3-5}$$

y 轴方向上力的表达式与之类似，留作习题 3.1。

当车辆远离目标位置时，引力 $k_a(x - x_{\text{dst}})$ 变大，这时需要限制力的大小，以避免产生过大的加速度。x 轴上考虑饱和性质的运动方程由下式给出：

$$\dot{v}_x = u_x = \frac{F_x}{m} = \begin{cases} \text{sat}[-k_a(x - x_{\text{dst}}), \overline{w}_x], \text{不接触障碍物} \\ \text{sat}[-k_a(x - x_{\text{dst}}), \overline{w}_x] + \dfrac{k_r(x - x_{\text{ost}}^{i^*})}{(\rho_r^{i^*})^3} \end{cases} \tag{3-6}$$

式中，m 表示物体质量。当 $i^* \in [1, N_{\text{obs}}]$ 时，车辆不会遇到障碍物或者一次只会遇到一个障碍物。$\overline{w}_x$ 是一个正数，表示引力可能的最大值。饱和函数定义为

$$\text{sat}(a,b)=\begin{cases}\text{sgn}(a)b, |a|>b\\ a, |a|\leqslant b\end{cases}$$

式中，b是正数，其中的符号函数为

$$\text{sgn}(a)=\begin{cases}-1, a<0\\ 0, a=0\\ +1, a>0\end{cases}$$

饱和函数可以简写为

$$\text{sat}(a,b)=\text{sgn}(a)\min(|a|,b)$$

这样实现起来形式比较紧凑。

对于没有接触障碍物的情况，运动方程是无阻尼的弹簧质点系统，系统将在目标点处振荡。例如，令$v(0)=0$，$x_{\text{dst}}=0$和$k_a=1$，运动方程变为

$$\dot{v}_x=\ddot{x}=-x$$

其解为$x(t)=x(0)\sin t$，将不会收敛于期望的x值。可以通过引入如下阻尼来修正：

$$\boldsymbol{F}_d=-c_d\boldsymbol{v} \tag{3-7}$$

运动方程变为

$$\dot{\boldsymbol{v}}=\frac{1}{m}(\boldsymbol{F}+\boldsymbol{F}_d) \tag{3-8}$$

考虑以下场景：初始时刻车辆位于x=0，y=5m处，目标位置（x_d，y_d）等于（20m，5m)，半径等于2.4m的四个障碍物位于（5m，8m)、(10m，5m)、(15m，8m）和（15m，2m）处（Chou et al.，2017），引力的最大值为10。

势场法中需要考虑的一个重要问题是局部平衡点，即$\boldsymbol{F}+\boldsymbol{F}_d=0$。若车辆经过此点时速度为$\boldsymbol{v}=0$，则车辆会被困在此点。此外，如果势场力垂直于障碍物表面，则路径无法躲开障碍物，如图3-2所示。在这种情况下，从初始位置到目标位置的连线，与从接触点到圆形障碍物中心的连线相互重合。在接触点处没有力的切向分量，且x方向的速度v_x会快速收敛到零。

势场法有几个改进版本和很多的变体版本，比如Waydo和Murray在2003年以及Chou等人在2017年发表的论文中提出了规避局部极小问题的流线函数方法。这里采取的方法是添加少量相对引力和斥力较小的噪声，运动方程由下式给出：

$$\dot{\boldsymbol{v}}=\frac{1}{m}(\boldsymbol{F}+\boldsymbol{F}_d+\boldsymbol{w}_k) \tag{3-9}$$

式中，$\boldsymbol{w}_k$表示噪声。

1. MATLAB

在程序3-1中，大小不同的模拟参数被打包到一个元组sim_para中，使用第

24 行中的大括号来定义元组。访问元组的元素类似访问矩阵的元素，但使用的是花括号，例如 r_obs，是 sim_para{2}。

积分器容差是使用 odeset 精心设置的，以保证计算时间不会太长。在许多路径规划场景中，我们并不需要极度精确的积分结果，因为这些场景中的任务可以在路径指令有几厘米误差的情况下完成。

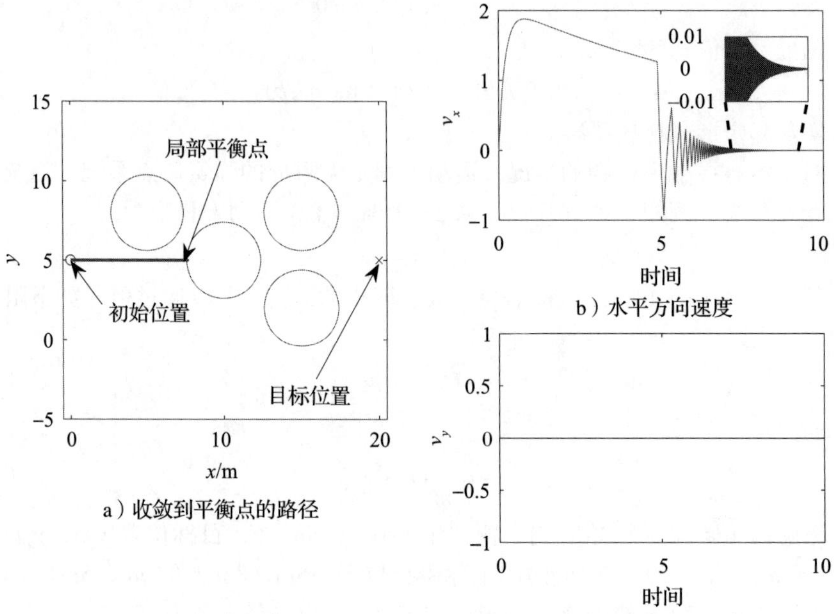

a）收敛到平衡点的路径

b）水平方向速度

c）垂直方向速度

图 3-2

程序 3-1 （MATLAB）使用元组传递多个变量

```
1  %% simulation parameters
2  r_vehicle = [0 5]; % initial vehicle position (x,y) [m]
3  v_vehicle = [0 0]; % initial vehicle velocity (vx,vy) [m/s]
4
5  r_desired = [20 5]; % desired vehicle position (xdst, ydst) [m]
6  r_obs = [5 8; 10 5; 15 8; 15 2]; % obstacles (xobs,yobs) [m]
7  rho_o_i = 2.4; % obstacle radius [m]
8
9  ka = 0.5;
10 kr = 100;
11 c_damping = 5;
12 F_attractive_max = 10;
13
14 time_interval = [0 50]; % [s]
15 state_0 = [r_vehicle v_vehicle];
```

```
16
17 % Perturbation Force
18 dt = 0.1;
19 wk_mag = 0.01;
20 N_noise = floor(diff(time_interval)/dt);
21 wk_time = linspace(time_interval(1),time_interval(2),N_noise);
22 wk_noise = wk_mag*(2*rand(N_noise,2)-1);
23
24 sim_para = {r_desired , r_obs , rho_o_i , ka , kr , c_damping ,
       F_attractive_max , wk_time , wk_noise};
25
26 %% simulation
27 ode_options = odeset('RelTol',1e-2,'AbsTol',1e-3, 'MaxStep', 0.1);
28 [tout,state_out] = ode45(@(time,state) drvdt_potential_field(time,
       state,sim_para), ...
29     time_interval , state_0 , ode_options);
```

程序 3-2 中定义了传递给微分方程求解器 ode45 的微分方程。元组 sim_para 用于定义模拟参数，噪声 $\boldsymbol{w}_k$ 每 0.1s 从 ±0.01 的均匀随机分布中采样（第 22 行）。在程序 3-2 第 49 行中，使用噪声样本对 $\boldsymbol{w}_k$ 进行插值。MATLAB 函数 interp1 是一维插值器，其中 wk_noise 的每一列都使用默认的线性选项进行插值，此函数中还有其他几种插值方法。由于 ode45 将在给定的积分时间区间中一直调用该函数，因此应实时对噪声值进行插值，而不能事先生成。

> **微分方程中的随机数**：在微分方程函数中直接包含随机数生成器会导致高度不连续性。每次调用方程时，由于随机数的原因，它都会返回不同的值。数值积分速度将明显减慢，甚至无法完成积分。

程序 3-2 （MATLAB）用于路径规划的势场微分方程

```
1  function dstate_dt = drvdt_potential_field(time,state,sim_para)
2
3      % states
4      x_vehicle = state(1);
5      y_vehicle = state(2);
6      v_current = state(3:4);
7
8      % simulation setting
9      xy_dst = sim_para{1};
10     xy_obs = sim_para{2};
11     rho_o_i = sim_para{3};
12     ka = sim_para{4};
13     kr = sim_para{5};
14     c_damping = sim_para{6};
15     Famax = sim_para{7}*ones(2,1);
16     wk_time = sim_para{8};
17     wk_noise = sim_para{9};
18
19     num_obs = size(xy_obs,1);
```

```

    % desired position
    x_dst = xy_dst(1);
    y_dst = xy_dst(2);

    % attaractive & damping force
    Fa = -ka*[(x_vehicle-x_dst); (y_vehicle-y_dst)];
    Fa = sign(Fa).*min([abs(Fa(:)) Famax(:)],[],2);
    Fd = -c_damping*v_current(:);

    % repulsive force
    Fr = [0; 0];
    for idx=1:num_obs

        x_ost = xy_obs(idx,1);
        y_ost = xy_obs(idx,2);
        rho_r_i = sqrt((x_vehicle-x_ost)^2+(y_vehicle-y_ost)^2);
        if rho_r_i > rho_o_i
            Frx_idx = 0;
            Fry_idx = 0;
        else
            Frx_idx = kr*(x_vehicle-x_ost)/(rho_r_i^3);
            Fry_idx = kr*(y_vehicle-y_ost)/(rho_r_i^3);
        end

        Fr(1) = Fr(1) + Frx_idx;
        Fr(2) = Fr(2) + Fry_idx;
    end

    wk = interp1(wk_time,wk_noise,time);

    F_sum = Fa(:) + Fr(:) + Fd(:) + wk(:);

    drdt = v_current(:);
    dvdt = F_sum;
    dstate_dt = [drdt; dvdt];

end
```

图 3-3 是针对同一场景获得的两个示例路径。由于随机力的作用，路径可以从与障碍物第一次接触的任何方向行进。障碍物的设置以 $y=5$ 为对称，因此两条路径在形状上是对称的。而在图 3-4 所示的情况下，由于障碍物的设置不是对称的，在路径规划器确定第一个接触点方向时，它们虽然表现出了相同的行为，但这之后的两个路径形状是不对称的。后一个路径似乎更好，因为与前一个路径相比，它可以以较少的转弯操作到达最终目的地。然而，该路径规划算法无法区分这两条路径在求解微分方程时的差别。

2. Python

基于 Python 的实现留作本章习题。

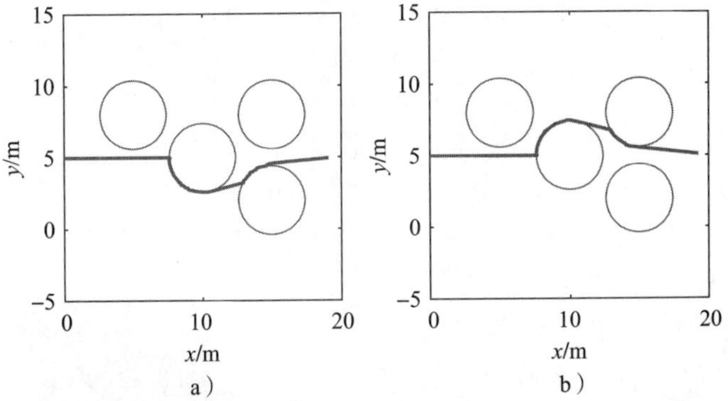

图 3-3 展示了两条同样可能的路径，障碍物是以 $y=5$ 为对称的

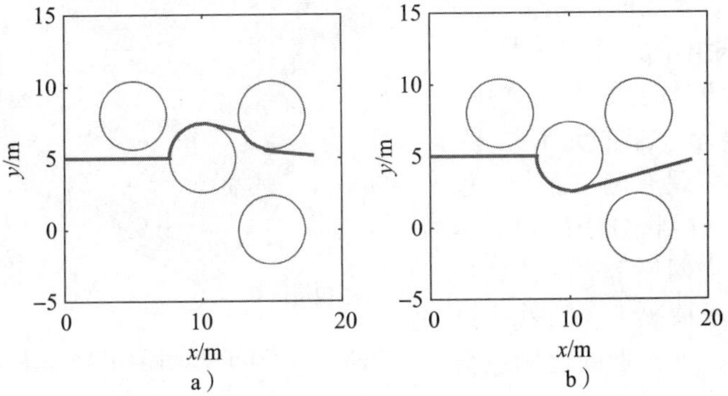

图 3-4 展示了两条同样可能的路径，障碍物的设置是不对称的

3.1.2 基于图论的采样方法

图论是以图为研究对象的一个数学领域。图论中的图由两部分组成，分别是节点和边。图 3-5 展示了基于图的路径规划示例。在这张图中，0 ～ 5 的圆圈数字代表节点，而 9 条虚线则代表连接这些节点的边。每条边的长度由其上的数字表示。在路径规划中，距离可以是一个超越物理长度的广义概念，它可能代表物理距离、风险、能耗、某个区域的能见度以及这些因素的组合。因为路径是双向的，车辆可以从节点 1 到节点 4，或者从节点 4 到节点 1，因此矩阵是对称的。由于车辆停留在同一地点没有任何的损耗，因此矩阵对角线上的项为零。但对于四旋翼无人机，停留在一个地方需要消耗能量，这种情况下应该引入保持在同一节点的成本惩罚。

构造权重邻接矩阵如下：

$$
\boldsymbol{A}=\begin{bmatrix}0&2&0&5&0&0\\2&0&1&3&4&0\\0&1&0&4&0&0\\5&3&4&0&2&4\\0&4&0&2&0&1\\0&0&0&4&1&0\end{bmatrix}\tag{3-10}
$$

在邻接矩阵中，每一行或每一列代表一个节点，即第 i 行或第 i 列代表第 i 个节点，矩阵中的数字则表示节点之间的距离。例如，第 2 行第 4 列的元素 3 表示节点 2 和节点 4 之间的距离。稀疏性是邻接矩阵的一个显著特征。在矩阵（3-10）的 36 个元素中，有 18 个也就是一半的元素是零。稀疏性是许多现有网络系统（包括通信网络、生物分子的相互作用网络和社交网络等）的常见特征之一。通常情况下，随着网络规模的增大，零元素的比例也会增加。

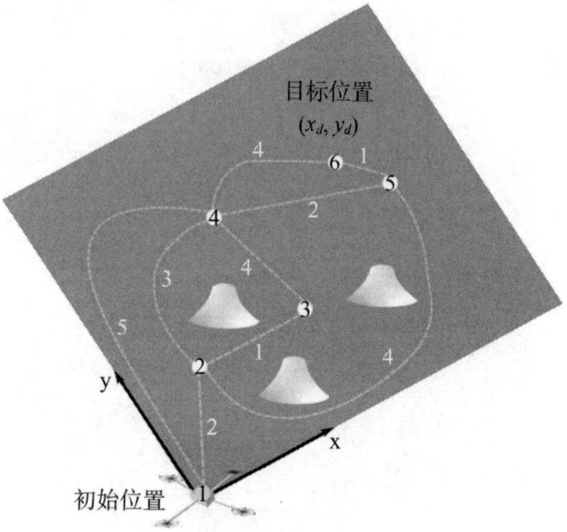

图 3-5　基于图的路径规划示例（见彩插）

MATLAB 和 Python 都有处理稀疏矩阵的高效方法，业界对稀疏矩阵也有着持续的研究（Press et al.，2007）。简单来说，在处理稀疏矩阵时不会存储零元素的位置，而是仅仅存储非零元素的位置，算法利用这些位置信息来减少操作次数。这样一来，在处理大规模稀疏矩阵时，会显著节约计算成本。

1. 稀疏矩阵 MATLAB 程序

使用程序 3-3 中的 sparse 命令将矩阵转换为稀疏矩阵。

程序 3-3　（MATLAB）构造稀疏矩阵

```
A_path_graph_full = [0 2 0 5 0 0;
                     2 0 1 3 4 0;
                     0 1 0 4 0 0;
                     5 3 4 0 2 4;
                     0 4 0 2 0 1;
                     0 0 0 4 1 0];
A_path_graph_sparse = sparse(A_path_graph_full);
```

在 MATLAB 命令行窗口键入稀疏矩阵，打印结果如下：

```
>> A_path_graph_sparse

A_path_graph_sparse =

   (2,1)         2
   (4,1)         5
   (1,2)         2
   (3,2)         1
   ....
```

左列是元素位置，右列是对应的元素。

2. 稀疏矩阵 Python 程序

使用程序 3-4 中的 csr_matrix 命令可以将矩阵转换为稀疏矩阵，其中 csr 代表压缩的稀疏行。Scipy 库提供了几个构造稀疏矩阵的函数方法，每种方法都有其相应的数值优势。对于这些方法的详细信息，可以在 scipy 参考手册中查阅（Virtanen et al.，2020）。

程序 3-4 （Python）构建稀疏矩阵

```
import numpy as np
from scipy import sparse

A_path_graph_full = np.array([[0, 2, 0, 5, 0, 0],
                              [2, 0, 1, 3, 4, 0],
                              [0, 1, 0, 4, 0, 0],
                              [5, 3, 4, 0, 2, 4],
                              [0, 4, 0, 2, 0, 1],
                              [0, 0, 0, 4, 1, 0]])

A_path_graph_sparse = sparse.csr_matrix(A_path_graph_full)
```

在 Python 命令行窗口使用 print 指令打印稀疏矩阵，打印结果如下：

```
In [108]: print(A_path_graph_sparse)
  (0, 1)  2
  (0, 3)  5
  (1, 0)  2
  (1, 2)  1
  ...
```

Python 和 MATLAB 有着不同的矩阵打印方式：前者在固定行中打印每一列元素；后者在固定列中打印每一行元素。Scipy 中的 csr_matrix 函数可以构建矩阵，其中 csc 表示压缩稀疏列且打印矩阵，打印出的序列与 MATLAB 稀疏矩阵中的打印序列相同。

然而，无论是在 MATLAB 还是在 Python 中，稀疏矩阵都是从完整的矩阵中创建的。这种方法首先要把大矩阵存储在内存中，当矩阵过大，这种方法是不适用的。对于大矩阵，可以使用直接稀疏矩阵构建的方法，该方法仅使用矩阵中非零元素的行号和列号。在下面的 Python 程序中，矩阵的上三角部分是结构化的，下三角部分是通过传输上三角部分来实现的。在 MATLAB 中的相同实现留作习题。

```
# sparse matrix from (row,column,values)
row_size = 6
col_size = 6

row = np.array([0, 0, 1, 1, 1, 2, 3, 3, 4])
col = np.array([1, 3, 2, 3, 4, 3, 4, 5, 5])
val = np.array([2, 5, 1, 3, 4, 4, 2, 4, 1])

A_path_graph_sparse = sparse.csc_matrix((val,(row,col)),shape=(row_size,col_size))
A_path_graph_sparse = A_path_graph_sparse+A_path_graph_sparse.transpose()
```

对于 6 × 6 矩阵，使用稀疏矩阵的优势并不明显。但是对于大型矩阵，使用稀疏矩阵的优势非常明显。在基于图的路径规划中，大多数计算的时间都花费在计算边的距离值上。对于已构建的图，有一些算法可以使用稀疏矩阵有效地解决最优（最短）路径规划问题。常用的最短路径规划算法包括 Dijkstra 算法、Bellman-Ford 算法和 A* 算法等。

3. Dijkstra 最短路径算法

Dijkstra 算法（1959）能够求解非负边的图的最短路径问题。在 MATLAB 或 Python 中，用很少的代码就可以实现这个算法，但是理解和调试代码并不容易，我们把这视为高层次设计的一次练习机会。就像在硬件系统的实现中使用硬件组件一样，要正确地集成现成的组件，我们必须对其有更高层次的理解。

需要了解该算法的详细程度视具体情况而定。在这里，只需要知道两件事情就足够了：第一，Dijkstra 算法适用于非负距离图；第二，它返回从单个源节点到所有其他节点的最短路径。第二点是非常重要的，因为只有在遍历了所有可能的路径后，才能确定计算出的路径是否最短。

4. Dijkstra 算法 MATLAB 程序

虽然我们之前介绍了如何在 MATLAB 中构造稀疏矩阵，但是 MATLAB 也有专门的图的数据类型。在 MATLAB 中创建图类似构建稀疏矩阵。在程序 3-5 中，函数 graph 的输入参数是行号、列号和值。然后通过调用 shortestpath 函数，我们可以计算从给定的起始节点到终止节点的最短路径。在 shortestpath 中有几种算法可供选择，默认的算法是 Dijkstra 算法。返回变量 opt_path 给出了最短路径的节点序列：①→②→⑤→⑥；opt_dist 则给出对应的距离是 7。程序 3-5 的最后两行展示了如何绘制图和最短路径，结果如图 3-6 所示。图 3-6 中的图形仅保持拓扑不变，其中虚线表示最短路径。

程序 3-5 （MATLAB）使用 Dijkstra 算法计算最短路径

```
% Shortest path planning
st_node = 1;
end_node = 6;

row_size = 6;
col_size = 6;

row = [1 1 2 2 2 3 4 4 5];
col = [2 4 3 4 5 4 5 6 6];
val = [2 5 1 3 4 4 2 4 1];

G_path_graph = graph(row,col,val);
[opt_path,opt_dst] = shortestpath(G_path_graph,st_node,end_node);

% Plot the result
G_graph_plot = plot(G_path_graph, ...
  'EdgeLabel',G_path_graph.Edges.Weight, ...
        'NodeFontSize',14,'EdgeFontSize',12);
highlight(G_graph_plot,opt_path,'EdgeColor','r', ...
        'LineWidth',2,'LineStyle','--');
```

5. Dijkstra 算法 Python 程序

Dijkstra 算法在 scipy 库中有相应的实现。程序 3-6 的第六行展示了 Dijkstra 函数的使用，其从 scipy.sparse.csgraph 包中导入。前两个输入参数分别是图和起始节点。算法在计算从起始节点到其他每个节点的所有最短路径的过程中，并没有指定终止节点。第三个输入参数表示 Dijkstra 函数生成的路径会传回第二个输出变量 pred 中。pred 变量中的第 i 个元素，表示最短路径中到达第 i 个节点之前的索引。例如，pred[5] 等于 4，表示前面的索引是 4，即从索引 4 到索引 5。对于 Python，其索引从零开始，则 pred[5] 表示从节点 5 到节点 6。在程序中使用 while 循环，反向跟踪从终止节点开始的最短路径。初始时刻的路径列表 path 为空，从终止节点开始的节点将通过 path.append 添加到列表中，直至到达起始节点。然后使用 path.reverse 函数，颠倒列表的顺序。第一个输出变量 dist 是一个列表，其记录了从起始节点到图中所有其他节点的距离成本。

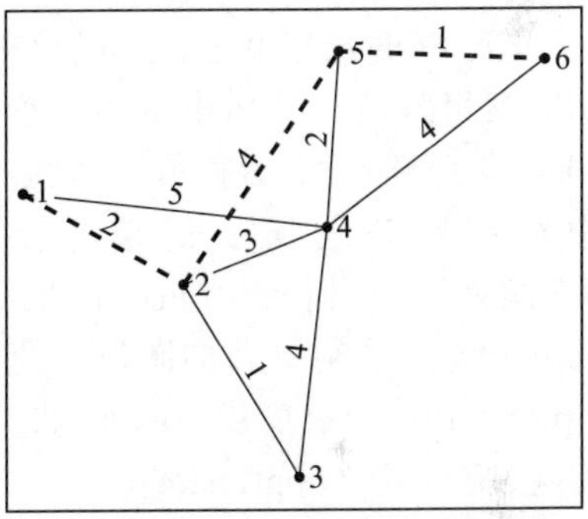

图 3-6 （MATLAB）绘制图和最短路径

Python 中的节点索引：为了减少节点编号的歧义，这里假设 Python 中节点从零开始。

程序 3-6 （Python）使用 Dijkstra 算法

```python
# shortest path from node 1
start_node = 0
end_node = 5

from scipy.sparse.csgraph import dijkstra
dist, pred = dijkstra(A_path_graph_sparse, indices = start_node, return_predecessors=True)

# print out the distance from start_node to end_node
print(f"distance from {start_node} to {end_node}: {dist[end_node]}.")

# construct the path
path = []
idx=end_node
while idx!=start_node:
    path.append(idx)
    idx = pred[idx]

path.append(start_node)
path.reverse()
print('path=',path)
```

图 3-7 展示了 Python 中的绘制图和最短路径。在 Python 中，绘制图和最短路径并不像在 MATLAB 中绘制两条线那么简单。程序 3-7 演示了如何使用 matplotlib 和 networkx 库绘制所有的图形。使用 zip 命令构建所有最优边的元组，并将它们分配给 opt_path_edge。然后，使用 from_cipy_sparce_matrix 将稀疏矩阵转换为 networkx 数据类型。networkx 中有一些可选的布局功能。使用 planar_layout 绘制图形以避免边缘重叠。构造边缘标签和颜色，并将它们传递给 networkx 中的 draw 函数。

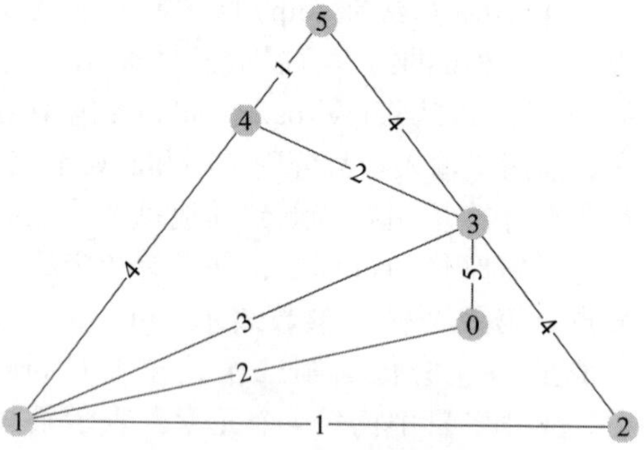

图 3-7 （Python）绘制图和最短路径

程序 3-7 （Python）绘制图和最短路径

```python
opt_path_edge = [(i,j) for i,j in zip(path[0:-1],path[1::])]

# draw graph
import matplotlib.pyplot as plt
fig, ax = plt.subplots(nrows=1,ncols=1)

import networkx as nx
```

```
8  A_graph_nx = nx.from_scipy_sparse_matrix(A_path_graph_sparse)
9
10 #pos=nx.spring_layout(A_graph_nx)
11 pos=nx.planar_layout(A_graph_nx)
12
13 edge_labels=nx.get_edge_attributes(A_graph_nx,'weight')
14 edge_color = ['red' if key in opt_path_edge else 'green' for key in
       edge_labels.keys()]
15
16 nx.draw(A_graph_nx, pos, node_size=500, node_color='yellow',
     edge_color=edge_color, labels={node:node for node in A_graph_nx
     .nodes()})
17 nx.draw_networkx_edge_labels(A_graph_nx,pos=pos,edge_labels=
     edge_labels)
```

在第 14 行中，构造 edge_color 列表，如果边属于最短路径，则其元素为红色，否则为绿色。这是 Python 相对 MATLAB 不同的编程方式之一，考虑以下两个列表：

```
F=[(0,1), (0,3), (1,2), (1,3)]
A=[(0,3), (1.3)]
```

想要知道 *F* 的各个元素是否在 *A* 中，结果一定是 [False, True, False, True]，这表明 F 的第二个和最后一个元素是在 *A* 中的。两个 for 循环可实现这个算法，程序如下：

```
C = [False, False, False, False]
for aa in A:
    idx=0;
    for ff in F:
        if aa==ff:
            C[idx] = True
        idx+=1
```

下面这行代码实现效果相同。

```
C = [ True if ff in A else False for ff in F]
```

这段代码更易理解，且更高效。ff in F 表示从 *F* 中取出一个元素，if ff in 则用来验证其是否在 *A* 中，然后返回 True 或 False，这样可遍历 *F* 中的每一个元素。

3.1.3 复杂障碍物

图 3-8 中存在两个障碍物，一个是圆形障碍物，另一个是非凸障碍物。初始位置位于原点，目标位置为 $x=9$，$y=4$。由于是非凸形状的障碍物，很难应用势场法。势场法生成的路径可能永远无法到达目标位置。相比之下，基于图的路径规划算法更适用于这类复杂形状障碍环境。

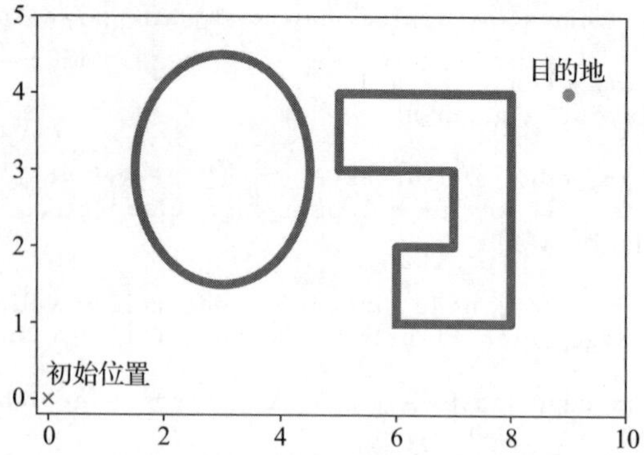

图 3-8　三个斥力势场函数和一个引力势场函数

1. MATLAB 程序

Voronoi 图是一组可用于划分二维空间的凸多边形。程序 3-8 在可操作区域上均匀生成随机数，Voronoi 函数使用这些随机数构造 Voronoi 图。Voronoi 图将二维平面分割成一个个凸多边形，每个多边形只包含一个随机点，并且该随机点是离该多边形内任何位置最近的点。该程序的操作区域大小根据地图形状决定。

图 3-9 显示了随机数和相应的 Voronoi 图。每个多边形只包括一个点，边界处的多边形将会开放到无穷大。为了避免出现无穷大的多边形，程序删除了在操作区域之外的多边形边界，在地图边界附近的随机点将不属于任何多边形。为了减少由于移除边界引起的附加效应，可以添加更多的随机点。

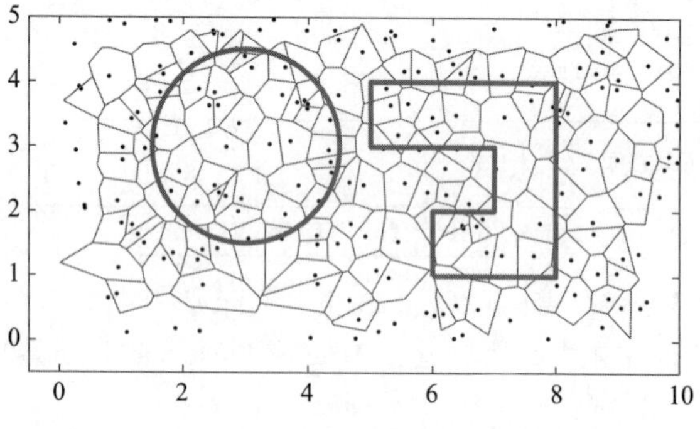

图 3-9　随机数和相应的 Voronoi 图

程序 3-8　（MATLAB）对复杂形状障碍物的路径规划

```
% number of samples
num_sample = 200;

% map size
x_min = 0; x_max = 10;
```

```
y_min = 0; y_max = 5;

% starting point
xy_start = [0 0];
xy_dest  = [9 4];

% spread num_sample random points over the map area
xn=rand(1,num_sample)*(x_max-x_min) + x_min;
yn=rand(1,num_sample)*(y_max-y_min) + y_min;

% divide region using voronoi
[vx,vy] = voronoi(xn,yn);

% reject points outside the map region
idx = (vx(1,:) < x_min) | (vx(2,:) < x_min);
vx(:,idx) = [];
vy(:,idx) = [];
idx = (vx(1,:) > x_max) | (vx(2,:) > x_max);
vx(:,idx) = [];
vy(:,idx) = [];
idx = (vy(1,:) < y_min) | (vy(2,:) < y_min);
vx(:,idx) = [];
vy(:,idx) = [];
idx = (vy(1,:) > y_max) | (vy(2,:) > y_max);
vx(:,idx) = [];
vy(:,idx) = [];

% circular obstacle
th=0:0.01:2*pi;
c_cx = 3; c_cy = 3; c_r = 1.5;
xc=c_r*cos(th)+c_cx;
yc=c_r*sin(th)+c_cy;

% polygon obstacle
xv = [6; 8; 8; 5; 5; 7; 7; 6; 6];
yv = [1; 1; 4; 4; 3; 3; 2; 2; 1];

% draw sampling points & obstacles
figure(1); clf;
plot(xn,yn,'k.');
hold on;
plot(xc,yc,'r-','LineWidth',2);
plot(xv,yv,'r-','LineWidth',2);
axis equal;
axis([x_min-0.5 x_max y_min-0.5 y_max]);
plot(vx,vy,'b-');
```

程序3-9的作用是删除障碍物内部的边，并将起点和终点添加到最近的节点上。对于圆形障碍物，使用以下不等式来查找需要删除的边：

$$(x_i - x_c)^2 + (y_i - y_c)^2 < r_c^2$$

式中，(x_i，y_i) 是对应边的坐标，(x_c，y_c) 是圆形障碍物的中心，r_c是障碍物的半径。确定一个点是否在任意形状的多边形内部是一个几何问题。在MATLAB

中，可以使用 inpolygon 函数来解决多边形中的点问题。向 inpolygon 函数传递多边形边界的坐标，如果给定点在多边形内部，则返回 True，否则返回 False。

程序使用了 200 个随机点，结果如图 3-10 所示。如果随机点的数量太少，则可能会出现图形不相交的情况，并且在起点和终点之间可能没有路径。因此，在任务区域内生成足够数量的随机点才能确保路径规划的准确性和可靠性。在图 3-10 所示的 200 个随机点的示例中，可能无法找到最短路径，建议在这种情况下使用 1000 个以上的随机点。

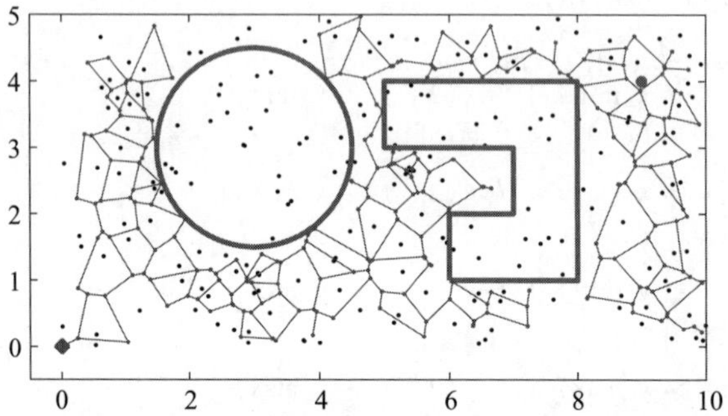

图 3-10　删除障碍物内部的边，并添加起点和终点

程序 3-9 （MATLAB）删除障碍物内部的边，并添加起点和终点

```
% remove vertices inside the circular object
vx1=vx(1,:);
vy1=vy(1,:);
r_sq = (vx1-c_cx).^2+(vy1-c_cy).^2;
idx1=(r_sq <) c_r^2);

vx2=vx(2,:);
vy2=vy(2,:);
r_sq = (vx2-c_cx).^2+(vy2-c_cy).^2;
idx2=(r_sq <) c_r^2);

idx= or(idx1,idx2);
vx(:,idx)=[];
vy(:,idx)=[];

% remove vertices inside the polygon
vx1=vx(1,:);
vy1=vy(1,:);
in = inpolygon(vx1,vy1,xv,yv);
vx(:,in)=[];
vy(:,in)=[];

vx2=vx(2,:);
vy2=vy(2,:);
in = inpolygon(vx2,vy2,xv,yv);
vx(:,in)=[];
```

```
vy(:,in)=[];

% add start &) destination points to the graph
vx1d = vx(:);
vy1d = vy(:);
dr = kron(ones(length(vx1d),1),xy_start) - [vx1d vy1d];
[~,min_id] = min(sum(dr.^2,2));
vx = [vx [xy_start(1); vx1d(min_id)]];
vy = [vy [xy_start(2); vy1d(min_id)]];

dr = kron(ones(length(vx1d),1),xy_dest) - [vx1d vy1d];
[~,min_id] = min(sum(dr.^2,2));
vx = [vx [xy_dest(1); vx1d(min_id)]];
vy = [vy [xy_dest(2); vy1d(min_id)]];
```

程序 3-10 使用 Voronoi 图定义的节点和顶点构建图。首先，将起点和终点堆叠在名为 xy_12 的矩阵中，其大小为（边数）×2。矩阵的前一半是起点，后一半是终点。因为一个节点可能属于多条边，所以同一个节点的坐标可能会在矩阵中出现多次。为了获得不包含重复节点的列表，可以使用 unique 函数，如下所示：

```
[node_coord,~,node_index]=unique(xy_12,'rows');
```

传入参数 row，unique 函数将比较矩阵的每行元素，并向第一个变量 node_coord 返回一个删去了重复元素的列表。此外，第二个和第三个返回变量存储索引列表。如下述示例所示，假设 xy_12 由以下程序给出：

```
xy_12 = [
  1.5  2.1;
  3.2  -4.2;
  1.5  2.1;
  4.2  4.3];
```

这里第一行和第三行是一样的。调用 unique 函数

```
>> [node_unique, unique_index, full_index] = unique(xy_12);
```

每个返回变量的结果如下

```
node_unique =
  1.5   2.1
  3.2  -4.2
  4.2   4.3
unique_index =
  1
  2
  4
full_index =
  1
  2
  1
  3
```

返回的第一个矩阵 node_unique 删去了原矩阵重复的第三行。返回的第二个矩阵 unique_index 包含了矩阵 node_unique 每行在原矩阵的索引，即 xy_12(unique_index,:) 将返回矩阵 node_unique。类似地，node_unique(full_index,:) 将恢复矩阵 xy_12。在程序 3-10 中，unique 函数不需要第二项输出，对应位置被 ~ 取代，如下所示：

```
>> [node_unique, ~, full_index] = unique(xy_12);
```

这些节点列表和索引创建了定义双向边及其长度的节点的行号和列号，把这些节点传入函数 graph，即可得到如图 3-11 所示的最短路径。

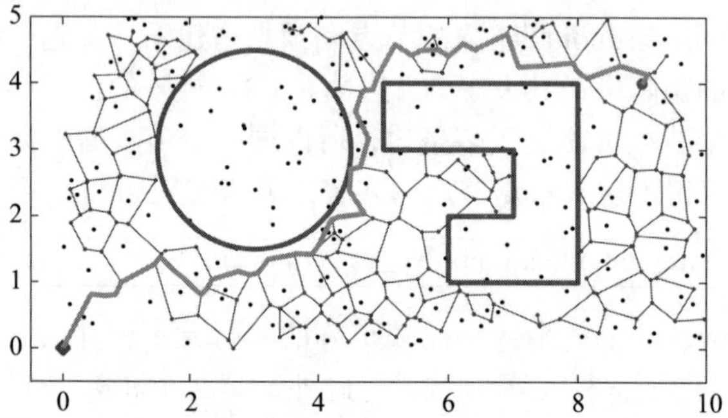

图 3-11　使用 Voronoi 图获得的最短路径

程序 3-10（MATLAB）Voronoi 图获得的最短路径

```
%% construct graph
xy_1 = [vx(1,:); vy(1,:)];
xy_2 = [vx(2,:); vy(2,:)];
xy_12 = [xy_1 xy_2]';
[node_coord,~,node_index]=unique(xy_12,'rows');
st_node_index = node_index(1:length(vx));
ed_node_index = node_index(length(vx)+1:end);
dst_edges = sqrt(sum((xy_1-xy_2).^2));
st_node = node_index(length(vx)-1);
ed_node = node_index(length(vx));

row = [st_node_index(:); ed_node_index(:)];
col = [ed_node_index(:); st_node_index(:)];
val = kron([1;1],dst_edges(:));
G_path_graph = graph(row,col,val);

%% calculate optimal path and plot the path
[opt_path_idx,opt_dst] = shortestpath(G_path_graph,st_node,ed_node);
opt_path = node_coord(opt_path_idx,:);

% draw voronoi after removing points in the obstacles
figure(1); clf;
```

```
plot(xn,yn,'k.');
hold on;
plot(xc,yc,'r-','LineWidth',2);
plot(xv,yv,'r-','LineWidth',2);
axis equal;
plot(vx,vy,'b.-');
axis([x_min-0.5 x_max y_min-0.5 y_max]);
plot(xy_start(1),xy_start(2),'bx','MarkerSize',5,'LineWidth',5);
plot(xy_dest(1),xy_dest(2),'ro','MarkerSize',5,'MarkerFacecolor','
    red');
plot(opt_path(:,1),opt_path(:,2),'g-','LineWidth',2);
```

2. Python 程序

随机点均匀分布在指定的地图区域上，初始位置和目的地分别作为第一和第二节点。程序定义了循环障碍和非循环障碍的边界坐标，这两个边界使用模块 matplotlib.path 中的 Path 定义了两个路径对象。

Path 对象有一个非常有用的函数是 contains_points，用于检查一组点是在对象内部（返回 True）还是在对象外部（返回 False）。使用 ~ 对布尔类型列表的值取反，我们可以获得 True 或 False 列表，表示对应点在障碍物之外还是之内。更多细节查看下述程序 3-11。

程序 3-11 （Python）复杂形状障碍物的路径规划

```
# number of samples
num_sample = 2000

# map size
map_width = 10
map_height = 5

# x,y coordinates of start and destination of the path to be
    calculated
xy_start = np.array([0,0])
xy_dest = np.array([9,4])

# spread num_sample random points over the map area
xy_points = np.random.rand(num_sample,2)
xy_points[::,0] = xy_points[::,0]*map_width
xy_points[::,1] = xy_points[::,1]*map_height

# stacking them all together with start and destination
xy_points = np.vstack((xy_start,xy_dest,xy_points))
start_node = 0
end_node = 1

# circular obstacle at [3,3], radius 1.5 & define the boundary
obs_xy = [3,3]
obs_rad = 1.5
th = np.arange(0,2*np.pi+0.01,0.01)
x_obs_0 = obs_rad*np.cos(th)+obs_xy[0]
y_obs_0 = obs_rad*np.sin(th)+obs_xy[1]
```

```
xy_obs_0 = np.vstack((x_obs_0,y_obs_0)).T

# non-convex obstacle boundary
x_obs_1 = np.array([6,8,8,5,5,7,7,6,6])
y_obs_1 = np.array([1,1,4,4,3,3,2,2,1])
xy_obs_1 = np.vstack((x_obs_1,y_obs_1)).T

# define obstacle using Path in matplotlib.path
from matplotlib.path import Path
Obs_0 = Path(xy_obs_0)
Obs_1 = Path(xy_obs_1)

# found points are not inside the circular obstacle
mask_0 = ~Obs_0.contains_points(xy_points)
xy_points = xy_points[mask_0,::]

mask_1 = ~Obs_1.contains_points(xy_points)
xy_points = xy_points[mask_1,::]
```

程序 3-12 使用 Delaunay 算法构建了一个图。Delaunay 三角剖分法和 Voronoi 图密切相关（Klein, 2016）。Delaunay 三角剖分使用一组给定的点来构造三角形，其中每个点都是三角形的顶点。构造三角形的方法是，每个圆只能外切一个三角形，而圆内没有其他三角形。Fortune 在 1995 年发表的论文中对此有详细介绍。

Delaunay 函数的返回值 tri 是一个 delaunay 类型的对象。tri.simplices 是储存三角形顶点的列表。tri.simplices 的每一行都是一个包含三个元素的数组，这三个元素分别对应三角形的三个顶点。

在一开始移除障碍物内部的点时，穿过障碍物顶点的长度往往比障碍物外的顶点要长。设截断长度为 1σ乘以平均长度。我们把超过截断长度的顶点从图中移除。但是，使用这个方法后，仍会存在部分顶点穿过障碍物的问题。为了解决这个问题，我们可以对算法进行一些修改。例如，沿着每个顶点对其他点进行采样，并检查这些点是否在障碍物内部。或者，沿着计算出的最短路径进行采样，使用新的采样点构建新的图，并计算其最短路径。

程序 3-12 （Python）图的最短路径

```
# construct graph using delaunay
from scipy.spatial import Delaunay
tri = Delaunay(xy_points)

# found triangle definition index
temp_idx=tri.simplices[::,0]
temp_jdx=tri.simplices[::,1]
temp_kdx=tri.simplices[::,2]

# remove longer paths, which are likely passing through the
    obstacle
dist_ij = np.sqrt(np.sum((xy_points[temp_idx,::] - xy_points[temp_jdx
    ,::])**2,1))
```

```python
dist_jk = np.sqrt(np.sum((xy_points[temp_jdx,::] - xy_points[temp_kdx,::])**2,1))
dist_ki = np.sqrt(np.sum((xy_points[temp_kdx,::] - xy_points[temp_idx,::])**2,1))
dd_all = np.hstack((dist_ij, dist_jk, dist_ki))
cut_dist = np.mean(dd_all)+np.std(dd_all)

# distance threshold for removing longer paths
cut_mask_ij = dist_ij<cut_dist
cut_mask_jk = dist_jk<cut_dist
cut_mask_ki = dist_ki<cut_dist
temp_xy_ij = np.vstack((temp_idx[cut_mask_ij],temp_jdx[cut_mask_ij]))
temp_xy_jk = np.vstack((temp_jdx[cut_mask_jk],temp_kdx[cut_mask_jk]))
temp_xy_ki = np.vstack((temp_kdx[cut_mask_ki],temp_idx[cut_mask_ki]))

# corresponding distance to the paths
dist_ij = dist_ij[cut_mask_ij]
dist_jk = dist_jk[cut_mask_jk]
dist_ki = dist_ki[cut_mask_ki]

# change format into row, column and the distance
xy_index = np.hstack((temp_xy_ij,temp_xy_jk,temp_xy_ki)).T
row_org = xy_index[::,0]
col_org = xy_index[::,1]
row = np.hstack((row_org,col_org))
col = np.hstack((col_org,row_org))
dist = np.hstack((dist_ij, dist_jk, dist_ki))
dist = np.hstack((dist, dist))
num_node = xy_points.shape[0]

# construct the distance matrix
from scipy.sparse import csr_matrix
dist_sparse = csr_matrix((dist,(row,col)), shape=(num_node,num_node))

# calculate the shortest path
from scipy.sparse.csgraph import dijkstra
dist, pred = dijkstra(dist_sparse, indices = start_node, return_predecessors=True)
print(f'distance from node #{start_node:0d} to node #{end_node:0d}: {dist[end_node]:4.2f}')

# obtain the shortest path
path = []
i=end_node
if np.isinf(dist[end_node]):
    print('the path does not exist!')
else:
    while i!=start_node:
        path.append(i)
        i = pred[i]
    path.append(start_node)
```

```
    print('path=',path[::-1])

opt_path = np.asarray(path[::-1])
```

程序 3-13 展示了重新采样的示例。与前面的方法类似，我们移除长度较长的边，以防止边与障碍物重叠。图 3-12a 对原始路径（点划线）与使用重新采样的更新路径（实线）进行了比较。重新采样点如图 3-12b 所示，与进入障碍物角落的原始路径不同，更新后的路径避开了左上角的障碍物。绘制图 3-12 的任务留作习题。

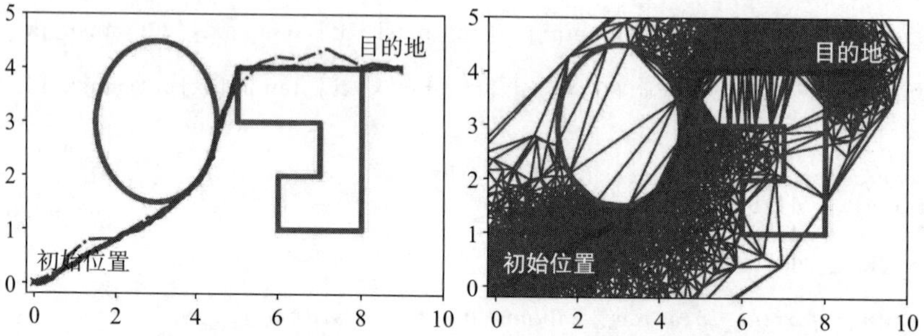

a）点划线为原始最短路径，实线为更新后的最短路径

b）用重新采样的图绘制更新后的最短路径

图 3-12（见彩插）

程序 3-13 （Python）在最短路径周围重新采样

```
xy_opt_points = xy_points[opt_path,:]
dxy_opt_dist = np.sqrt(np.sum((xy_opt_points[0:-1]-xy_opt_points
    [1::])**2,1))
N_new_samp = 1000

xy_samp = np.empty((0,2))

for crd, dst in zip(xy_opt_points,dxy_opt_dist):
    xy_samp = np.append(xy_samp,crd + np.random.randn(N_new_samp,2)
        *dst,axis=0)
```

不同的路径规划场景使得创造一种独特的、在任何场景下都最优的路径规划算法很难。在路径规划问题中，有许多启发式方法和变体，了解所考虑的操作场景类型和引入的假设对路径规划算法的设计至关重要。

3.2 移动目标跟踪

如图 3-13 所示，考虑一种装有视觉传感器的固定翼无人机，其目的是将移动的地面目标保持在摄像机的视野中。为了实现这一目标，无人机需要在 z 轴上保持尽可能高的高度，在$x-y$轴上保持与目标尽可能近的平面距离，从而最大限度地扩大相机的视野。然而，每架无人机都有最大攀升高度。视觉传感器的性能，如相机分辨率等；天气条件，如云层等，这些都限制了最大可能高度。因此，无人机在z方向上只能保持最大允许高度。这使得目标跟踪问题变成了二维空间$x-y$平面中的问题。

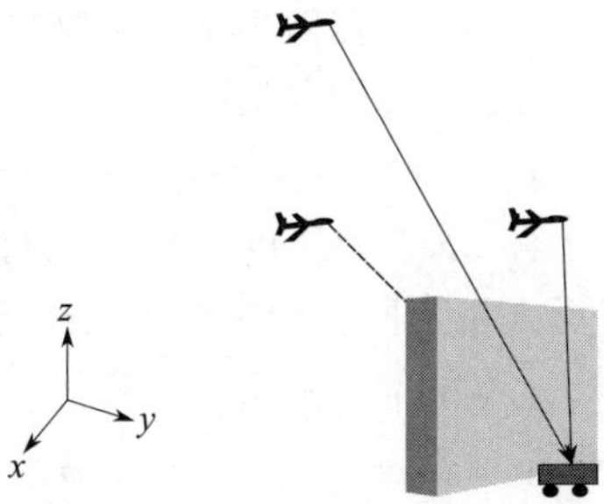

图 3-13　无人机最大化视野需要其高度相对于目标越高、距离相对于目标越近

3.2.1　无人机与移动目标模型

如图 3-14 所示的简化定高飞行器，其动态模型由如下方程给出：

$$\dot{x}_a = v_x, \dot{y}_a = v_y, \dot{v}_x = u_x, \dot{v}_y = u_y$$

式中，x_a和y_a分别是飞行器的x和y坐标（单位：m），v_x和v_y分别是飞行器x和y方向上的速度（单位：m/s），u_x和u_y分别是以牛顿为单位的控制输入。所有量均以全局坐标 x 和 y 表示，如图 3-14 所示。

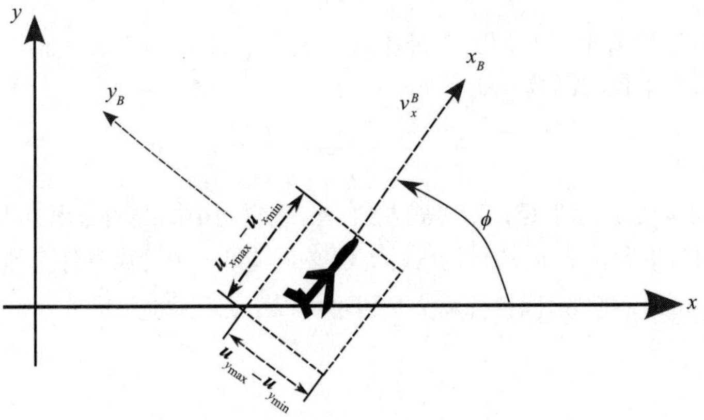

图 3-14　全局$(x-y)$和 UAV 位置(x_B-y_B)坐标，控制输入大小约束由虚线框表示

上述公式的状态空间形式为

$$\dot{\boldsymbol{x}}_a=\begin{bmatrix}0_2 & I_2\\0_2 & 0_2\end{bmatrix}\boldsymbol{x}_a+\begin{bmatrix}0_2\\I_2\end{bmatrix}\boldsymbol{u}=A_a\boldsymbol{x}_a+B_a\boldsymbol{u} \tag{3-11a}$$

$$\boldsymbol{y}=[I_2\quad 0_2]\boldsymbol{x}_a=C_A\boldsymbol{x}_a \tag{3-11b}$$

式中，$\boldsymbol{x}_a=[x_a,\ y_a,\ v_x,\ v_y)^{\mathrm{T}}$，$\boldsymbol{u}=[u_x,\ u_y]^{\mathrm{T}}$。

为了设计最佳导航算法，对飞行器做出重要限制如下。

- 机体坐标系中 x 方向的速度必须满足以下不等式：

$$0<v_{\min}\leqslant v_x^B\leqslant v_{\max} \tag{3-12}$$

式中，v_x^B 是飞行器在机体坐标系中的速度，假设飞行器姿态与速度向量一致，那么 v_y^B 总为零。与四旋翼无人机不同，固定翼无人机无法悬停，其最小速度 $v_{\min}$ 总是大于零。全局坐标中的速度由下式给出：

$$v_x=v_x^B\cos\phi,\quad v_y=v_x^B\sin\phi$$

式中，$\phi=\tan^{-1}(v_y/v_x)$，式（3-12）在全局坐标系表示为

$$v_{\min}^2\leqslant v_x^2+v_y^2\leqslant v_{\max}^2 \tag{3-13}$$

- 控制输入幅度约束如下：

$$u_{x_{\min}}\leqslant u_x^B\leqslant u_{x_{\max}} \tag{3-14a}$$

$$u_{y_{\min}}\leqslant u_y^B\leqslant u_{y_{\max}} \tag{3-14b}$$

式中，u_x^B 和 u_y^B 是在飞行器机体坐标系下的控制输入。式（3-14）中给出的不等式变为

$$u_{x_{\min}}\leqslant u_x\cos\phi+u_y\sin\phi\leqslant u_{x_{\max}} \tag{3-15a}$$

$$u_{y_{\min}}\leqslant -u_x\sin\phi+u_y\cos\phi\leqslant u_{x_{\max}} \tag{3-15b}$$

- 飞行器转弯半径必须大于最小转弯半径，即飞行路径的曲率半径必须小于最小半径的倒数，如下所示：

$$\frac{|v_x u_y-v_y u_x|}{(v_x^2+v_y^2)^{3/2}}\leqslant\frac{1}{r_{\min}} \tag{3-16}$$

式中，$r_{\min}$ 是最小转弯半径，不等式左边是二维空间中曲线的曲率方程。

提供加速指令 u_x 和 u_y 的目标跟踪算法必须满足三个约束条件，即式（3-13）、式（3-15）和式（3-16）。目标动力学模型由以下方程描述：

$$\dot{x}_t=w_x \tag{3-17a}$$

$$\dot{y}_t=w_y \tag{3-17b}$$

式中，x_t 和 y_t 是目标的坐标值（单位：m），w_x 和 w_y 分别是 x 和 y 方向上的速度（单位：m/s）。从设计目标跟踪的角度来看，地面目标的行为是未知的。通常情

况下，x 和 y 坐标中的目标速度 w_x 和 w_y 不完全可知。利用无人机中的传感器，可以设计卡尔曼滤波器来估计目标位置和速度。这超出了本章的范围，读者可参考 Julier 和 Uhlmann 在 2004 年以及 Zhan 和 Wan 在 2007 年发表的相关论文。

状态空间形式为

$$\dot{\boldsymbol{x}}_t = I_2\boldsymbol{w} = B_t\boldsymbol{w} \tag{3-18a}$$

$$\boldsymbol{z} = I_2\boldsymbol{x}_t = C_t\boldsymbol{x}_t \tag{3-18b}$$

式中，$\boldsymbol{x}_t = [\mathrm{x}_t, \ \mathrm{y}_t]^{\mathrm{T}}$，$\boldsymbol{w} = [\mathrm{w}_x, \ \mathrm{w}_y]^{\mathrm{T}}$。建模为一阶系统的目标可以大幅度改变其速度，由于地面运动目标的速度变化往往比飞行器快得多，因此这是一个合理的假设。目标速度范围被限制为

$$0 \leqslant w_x^2 + w_y^2 \leqslant w_{\max}^2 \tag{3-19}$$

式中，$w_{\max}$ 是大于零的最大目标速度。

3.2.2 最优目标跟踪问题

我们将需要最小化的代价函数设计为目标和飞行器之间的距离，如下：

$$\underset{\boldsymbol{w}(t)\in\mathbb{W}}{\text{Maximize}}\ \underset{\boldsymbol{u}(t)\in\mathbb{U}}{\text{Minimize}}\ J = \int_{t=t_0}^{t=t_f} [\boldsymbol{y}(t) - \boldsymbol{z}(t)]^{\mathrm{T}} [\boldsymbol{y}(t) - \boldsymbol{z}(t)] \mathrm{d}t \tag{3-20}$$

其服从以下方程：

$$\dot{\boldsymbol{x}}_a = A_a\boldsymbol{x}_a + B_a\boldsymbol{u} \tag{3-21a}$$

$$\dot{\boldsymbol{x}}_t = B_t\boldsymbol{w} \tag{3-21b}$$

$$\boldsymbol{y} = C_a\boldsymbol{x}_a \tag{3-21c}$$

$$\boldsymbol{z} = C_t\boldsymbol{x}_t \tag{3-21d}$$

以及

$$v_{\min}^2 \leqslant v_x^2 + v_y^2 \leqslant v_{\max}^2 \tag{3-22a}$$

$$u_{x_{\min}} \leqslant u_x \cos\phi + u_y \sin\phi \leqslant u_{x_{\max}} \tag{3-22b}$$

$$u_{y_{\min}} \leqslant -u_x \sin\phi + u_y \cos\phi \leqslant u_{y_{\max}} \tag{3-22c}$$

$$-\frac{1}{r_{\min}}(v_x^2 + v_y^2)^{3/2} \leqslant v_x u_y - v_y u_x \leqslant \frac{1}{r_{\min}}(v_x^2 + v_y^2)^{3/2} \tag{3-22d}$$

$$0 \leqslant w_x^2 + w_y^2 \leqslant w_{\max}^2 \tag{3-22e}$$

式中，$\mathbb{W}$ 和 $\mathbb{U}$ 分别是目标和飞行器的可行非空控制输入集合，t_0 和 t_f 分别是初始时间和终止时间，并给出了初始条件 $x_a(t_0)$ 和 $x_t(t_0)$。跟踪问题如上表示为极大极小问题，当目标开始逃离时，无人机通过机身上的摄像头进行目标跟踪。

因为同时限制了输入 u_x 和 u_y、状态 v_x 和 v_y，上述优化问题是难以求解的。为了简化问题，将微分方程离散化如下：

$$\boldsymbol{x}_a(k+1)=F_a\boldsymbol{x}_a(k)+G_a\boldsymbol{u}(k) \tag{3-23a}$$

$$\boldsymbol{x}_t(k+1)=F_t\boldsymbol{x}_t(k)+G_t\boldsymbol{w}(k) \tag{3-23b}$$

$$\boldsymbol{y}(k)=C_a\boldsymbol{x}_a(k) \tag{3-23c}$$

$$\boldsymbol{z}(k)=C_t\boldsymbol{x}_t(k) \tag{3-23d}$$

式中，$\boldsymbol{F}_a$、$\boldsymbol{G}_a$、$\boldsymbol{F}_t$、$\boldsymbol{G}_t$、$\boldsymbol{H}_a$ 和 $\boldsymbol{H}_t$ 是连续系统使用零阶保持器后对应的矩阵，如下：

$$\boldsymbol{F}_a=\begin{bmatrix}1 & 0 & \Delta t & 0\\ 0 & 1 & 0 & \Delta t\\ 0 & 0 & 1 & 0\\ 0 & 0 & 0 & 1\end{bmatrix},\ \boldsymbol{G}_a=\begin{bmatrix}0 & 0\\ 0 & 0\\ \Delta t & 0\\ 0 & \Delta t\end{bmatrix},\ \boldsymbol{F}_t=\boldsymbol{I}_2,\ \boldsymbol{G}_t=\Delta t\boldsymbol{I}_2 \tag{3-24}$$

代价函数的积分近似为有限和，如下：

$$\underset{\boldsymbol{w}(0),\boldsymbol{w}(1)\in\mathbb{W}}{\text{Maximize}}\ \underset{\boldsymbol{u}(0)\in\mathbb{U}}{\text{Minimize}}\frac{J}{\Delta t/2}\approx\sum_{k=1}^{2}[\ell(k)]^2$$

式中，$\Delta t=t_f-t_0$，并且

$$\ell(k)=\boldsymbol{y}(k)-\boldsymbol{z}(k)$$

我们使用一个更小的 Δt 来近似上述代价，如 $\Delta t=(t_f-t_0)/n$，其中 n 是子区间的个数，决策变量包括所有的 $\boldsymbol{u}(k)(k=0, 1, \cdots, n-2)$。这里为简便起见使用了两步近似，即 $n=2$ 是使得控制输入出现在近似代价函数中的最小区间数，可以直接拓展至 $n>2$ 的情况，这里 n 被称为系统的相对阶数。

1. 符号化 MATLAB 程序

程序 3-14 使用符号运算以获得近似的代价函数，图 3-15 是 pretty() 函数的输出，它以便于阅读的格式展示了符号函数方程。

```
Dt^4 ux0^2 + (4 Dt^3 vxa0 - 2 Dt^3 wx0 - 2 Dt^3 wx1 + 2 Dt^2 xa0 - 2 Dt^2 xt0) ux0 + Dt^4 uy0^2

 + (4 Dt^3 vya0 - 2 Dt^3 wy0 - 2 Dt^3 wy1 + 2 Dt^2 ya0 - 2 Dt^2 yt0) uy0 + 5 Dt^2 vxa0^2 - 6 Dt^2 vxa0 wx0

 - 4 Dt^2 vxa0 wx1 + 5 Dt^2 vya0^2 - 6 Dt^2 vya0 wy0 - 4 Dt^2 vya0 wy1 + 2 Dt^2 wx0^2 + 2 Dt^2 wx0 wx1 + Dt^2 wx1^2

 + 2 Dt^2 wy0^2 + 2 Dt^2 wy0 wy1 + Dt^2 wy1^2 + 6 Dt vxa0 xa0 - 6 Dt vxa0 xt0 + 6 Dt vya0 ya0 - 6 Dt vya0 yt0

 - 4 Dt wx0 xa0 + 4 Dt wx0 xt0 - 2 Dt wx1 xa0 + 2 Dt wx1 xt0 - 4 Dt wy0 ya0 + 4 Dt wy0 yt0 - 2 Dt wy1 ya0

 + 2 Dt wy1 yt0 + 2 xa0^2 - 4 xa0 xt0 + 2 xt0^2 + 2 ya0^2 - 4 ya0 yt0 + 2 yt0^2
```

图 3-15　（MATLAB）pretty() 函数的输出

程序 3-14　（MATLAB）使用符号运算以获得近似的代价函数

```
clear;

% define time interval
syms Dt real;
```

```
% aircraft & target dynamics
Fa = eye(4) + [zeros(2) Dt*eye(2); zeros(2,4)];
Ga = [zeros(2); Dt*eye(2)];
Ca = eye(2,4);

Ft = eye(2);
Gt = Dt*eye(2);
Ct = eye(2);

% define symbols for aircraft's and target's control inputs
syms ux0 uy0 ux1 uy1 real;
syms wx0 wy0 wx1 wy1 real;

u_vec_0 = [ux0 uy0]';
w_vec_0 = [wx0 wy0]';

u_vec_1 = [ux1 uy1]';
w_vec_1 = [wx1 wy1]';

% define symbols for the initial conditions
syms xa0 ya0 vxa0 vya0 real;

syms xt0 yt0 real;

xa_vec_0 = [xa0 ya0 vxa0 vya0]';
xt_vec_0 = [xt0 yt0]';

xa_k_plus_1 = Fa*xa_vec_0     + Ga*u_vec_0;
xa_k_plus_2 = Fa*xa_k_plus_1 + Ga*u_vec_1;
y_k_plus_1 = Ca*xa_k_plus_1;
y_k_plus_2 = Ca*xa_k_plus_2;

xt_k_plus_1 = Ft*xt_vec_0     + Gt*w_vec_0;
xt_k_plus_2 = Ft*xt_k_plus_1 + Gt*w_vec_1;
z_k_plus_1 = Ct*xt_k_plus_1;
z_k_plus_2 = Ct*xt_k_plus_2;

dyz_1=(y_k_plus_1-z_k_plus_1);
dyz_2=(y_k_plus_2-z_k_plus_2);
J_over_dt_2 = simplify(expand(dyz_1'*dyz_1+dyz_2'*dyz_2));

pretty(collect(J_over_dt_2,[ux0 uy0 ux1 uy1]))
```

图 3-15 中的代价函数的紧凑形式如下：

$$\frac{J}{\Delta t/2}=\Delta t^4[u_x^2(0)+\alpha u_x(0)+u_y^2(0)+\beta u_y(0)]+\gamma \tag{3-25}$$

式中，α、β 和 γ 是初始条件 $\boldsymbol{w}(0)$ 和 $\boldsymbol{w}(1)$ 的方程，它们由程序 3-15 求得。程序 3-15 在最后一行中使用 α、β 和 γ 构建代价函数，将其与原始代价函数进行比较，可以判断获得的 α、β 和 γ 是正确的。由于一般情况下目标的确切位置难以获得，因此式（3-25）给出的极大极小问题是不可解的。因此，完成仿真并得到目标位置后，我们需要使用代价函数来评估跟踪算法。此外，我们还可以检查所得代价与实际最优解之间的差距有多大，从而更好地优化算法。

程序 3-15 （MATLAB）从式（3-25）中求解 α、β 和 γ

```
ux_poly = coeffs(J_over_dt_2, ux0);
alpha = ux_poly(2)/ux_poly(3);

uy_poly = coeffs(ux_poly(1), uy0);
beta = uy_poly(2)/uy_poly(3);

gama = uy_poly(1);

poly_recover=(alpha*(Dt^4)*ux0+Dt^4*ux0^2+beta*(Dt^4)*uy0+Dt^4*uy0
    ^2)+gama;

% check alpha, beta, gama are correct: the following must return
    zero
zero_check = eval(expand(poly_recover-J_over_dt_2));
fprintf('Is this zero? %4.2f \n',zero_check);
```

2. 符号化 Python 程序

Python 程序 3-16 用于符号化计算代价函数。需要注意的是，使用 np.zeros() 函数生成零矩阵时，其输入参数应该是一个元组。例如，要生成 3 × 4 的零矩阵，应该使用 np.zeros((3,4)) 而不是 np.zeros(3,4)，后者会产生错误。此外，Python 中矩阵乘法的符号是 @。在 Python 中，符号表达式的输出会以图形格式自动打印，无须使用类似 MATLAB 中 pretty() 函数的操作。

程序 3-16 （Python）使用符号运算以获得近似的代价函数

```
import numpy as np
from sympy import symbols, simplify, expand

Dt, ux0, uy0, ux1, uy1, wx0, wy0, wx1, wy1 = symbols('Dt ux0 uy0
    ux1 uy1 wx0 wy0 wx1 wy1 ')
xa0, ya0, vxa0, vya0, xt0, yt0, th, w_max = symbols('xa0 ya0 vxa0
    vya0 xt0 yt0 th w_max')

# Dynamics
Fa = np.eye(4)+np.vstack((np.hstack((np.zeros((2,2)),Dt*np.eye(2)))
    ,np.zeros((2,4))))
Ga = np.vstack((np.zeros((2,2)),Dt*np.eye(2)))
Ca = np.eye(2,4)

Ft = np.eye(2)
Gt = Dt*np.eye(2)
Ct = np.eye(2)

# control inputs
u_vec_0 = np.array([[ux0], [uy0]])
w_vec_0 = np.array([[wx0], [wy0]])
```

```
19  u_vec_1 = np.array([[ux1], [uy1]])
20  w_vec_1 = np.array([[wx1], [wy1]])
21
22  # initial conditions
23  xa_vec_0 = np.array([[xa0], [ya0], [vxa0], [vya0]])
24  xt_vec_0 = np.array([[xt0], [yt0]])
25
26  # state propagation
27  xa_k_plus_1 = Fa@xa_vec_0     + Ga@u_vec_0
28  xa_k_plus_2 = Fa@xa_k_plus_1 + Ga@u_vec_1;
29  y_k_plus_1 = Ca@xa_k_plus_1;
30  y_k_plus_2 = Ca@xa_k_plus_2;
31
32  xt_k_plus_1 = Ft@xt_vec_0     + Gt@w_vec_0
33  xt_k_plus_2 = Ft@xt_k_plus_1 + Gt@w_vec_1
34  z_k_plus_1 = Ct@xt_k_plus_1
35  z_k_plus_2 = Ct@xt_k_plus_2
36
37  #------------------------------------------------
38  # calculate the cost function in the original form
39  #------------------------------------------------
40  dyz_1 = y_k_plus_1-z_k_plus_1
41  dyz_2 = y_k_plus_2-z_k_plus_2
42  J_over_dt_2 = dyz_1.T@dyz_1+dyz_2.T@dyz_2
43  J_over_dt_2 = simplify(expand(J_over_dt_2[0][0]))
44
45  alpha = J_over_dt_2.coeff(ux0,1)/(Dt**4)
46
47  temp = J_over_dt_2.coeff(ux0,0)
48  beta = temp.coeff(uy0,1)/(Dt**4)
49  gama = temp.coeff(uy0,0)
50
51  poly_recover = alpha*(Dt**4)*ux0 + (Dt**4)*(ux0**2) + beta*(Dt**4)*
        uy0 + (Dt**4)*(uy0**2) + gama
52
53  # check alpha, beta, gama are correct: the following must return
        zero
54  zero_check = float(expand(poly_recover-J_over_dt_2))
55  print(f"Is this zero? {zero_check:4.2f}\n")
```

假设目标的当前和未来位置已知，则式（3-25）只是一个带有式（3-22）中约束的二次函数的最小化问题。对于满足约束条件的 $u_x(0)$ 和 $u_y(0)$，或者说在约束边界处，代价函数的最优解为

$$\frac{\partial \bar{J}}{\partial u_x(0)} = 0 \to u_x(0) = -\frac{\alpha}{2}$$

$$\frac{\partial \bar{J}}{\partial u_y(0)} = 0 \to u_y(0) = -\frac{\beta}{2}$$

3. 最坏情况

站在目标的视角上考虑极大极小问题，假设无人机使用最优跟踪算法，那么

对于目标来说，最优策略应当最大化相对距离。由此我们构造最坏情况下的目标移动，以最大化代价函数。在图 3-16 中，飞行器从 $k=0$ 的位置移动到 $k=1$ 的位置。当目标要决定它必须向哪个方向移动时，最优选择是与以下具有最大速度的向量方向相同。

$$\Delta \boldsymbol{r}_{T_0A_1}=[x_t(0)-x_a(1)]\mathrm{i}+[y_t(0)-y_a(1)]\mathrm{j}$$

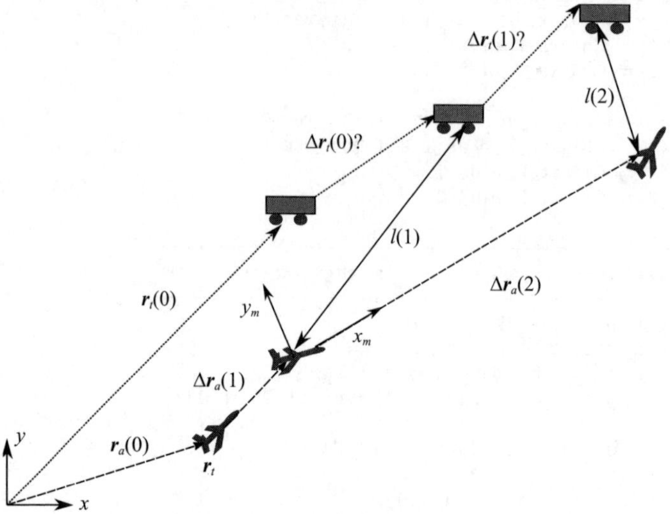

图 3-16　两步预测下的无人机目标跟踪

然而，对于使代价函数最大化的目标来说，这个方向并不是最优的，因为它影响了在下一步骤（$k=2$）中要行进的距离。引入角度 θ 作为使代价函数最大化的优化参数，如图 3-17 所示，$k=1$ 时的距离 $\ell(1)$ 由下式获得：

$$\ell(1)=\|\Delta \boldsymbol{r}_{T_0A_1}+\Delta \boldsymbol{r}_t(0)\|=\|\Delta \boldsymbol{r}_{T_0A_1}+w_{\max}\Delta t(\cos\theta\mathrm{i}+\sin\theta\mathrm{j})\|$$

对于 $k=2$，目标的最优选择是全速离开飞行器的位置。因此，$k=2$ 时的距离 $\ell(2)$ 由下式获得：

$$\ell(2)=\|\Delta \boldsymbol{r}_{T_1A_2}+\Delta \boldsymbol{r}_t(1)\|=\|\Delta \boldsymbol{r}_{T_1A_1}\|+\|\Delta \boldsymbol{r}_t(1)\|=\|\Delta \boldsymbol{r}_{T_1A_1}\|+w_{\max}\Delta t$$

式中，两个向量 $\Delta \boldsymbol{r}_{T_1A_2}$ 和 $\Delta \boldsymbol{r}_t$ 是平行的，因此可以分别计算距离并将它们相加。在最小化长度的意义下，最小化 $\ell(2)$ 等价于最小化以下函数：

$$\overline{\ell}(2)=\|\Delta r_{T_1A_1}\|=\|\Delta r_{T_0A_1}-\Delta r_a(2)+\Delta r_t(0)\|$$

最小化以下代价函数等效于原始的最小化问题：

$$\overline{J}=[\ell(1)]^2+[\overline{\ell}(2)]^2 \tag{3-26}$$

$[\overline{\ell}(2)]^2$ 的符号表达式比 $[\ell(2)]^2$ 简单得多，$[\ell(2)]^2$ 由下式给出：

$$[\ell(2)]^2 = \|\Delta \boldsymbol{r}_{T_1A_1}\|^2 + 2w_{\max}\Delta t\|\Delta \boldsymbol{r}_{T_1A_1}\| + w_{\max}^2\Delta t^2$$

第二项中的 $\Delta \boldsymbol{r}_{T_1A_1}$ 为 $(\Delta \boldsymbol{r}_{T_1A_1}\cdot\Delta \boldsymbol{r}_{T_1A_1})$ 的平方根，这会导致表达式非常复杂。在下面的程序中，$\ell(2)$ 和 $\overline{\ell}(2)$ 的等价描述显著降低了计算成本。

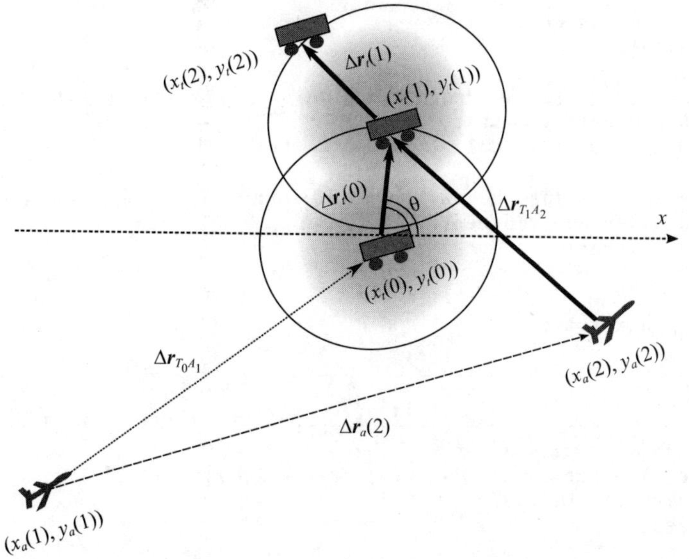

图 3-17 任务坐标系中，两步预测下的无人机目标跟踪

4. 优化 MATLAB 程序

我们可以使用程序 3-17 中所示的符号运算，根据初始条件获得 $\bar{J}$ 的表达式。θ 的导数公式如下：

$$\frac{\mathrm{d}\bar{J}}{\mathrm{d}\theta} = 0 \Rightarrow -a_{\triangle}\cos\theta^* + b_{\triangle}\sin\theta^* = 0$$

$$\Rightarrow \tan\theta^* = \frac{u_y(0)(\Delta t)^2 + 3v_y(0)\Delta t + 2y_a(0) - 2y_t(0)}{u_x(0)(\Delta t)^2 + 3v_x(0)\Delta t + 2x_a(0) - 2x_t(0)} = \frac{a_{\triangle}}{b_{\triangle}} \tag{3-27}$$

式中，θ^* 是给定设置下目标运动的最坏方向，注意 $a_{\triangle}$ 前面有负号。使用函数 coeffs() 时需要注意，这个函数返回的系数是按从最低到最高的顺序排列的。例如，向函数传入 $2\cos\theta - 3\sin\theta + 5$ 会返回以下数组：

```
>> syms theta real;
>> f=2*cos(theta)-3*sin(theta) + 5;
>> coeffs(f)
[-3*sin(theta)+5, 2]
```

其中余弦函数的系数 2 是返回数组的第二个元素。

程序 3-17 （MATLAB）目标以最坏情况运动下的代价函数$\bar{J}$

```
clear;

%------------------------------------------------
% define symbols
%------------------------------------------------
% define time interval
syms Dt real;

% define symbols for aircraft's and target's control inputs
syms ux0 uy0 ux1 uy1 real;
syms wx0 wy0 wx1 wy1 real;

% define symbols for the initial conditions
syms xa0 ya0 vxa0 vya0 real;
syms xt0 yt0 real;

% target characteristics
syms th w_max real;

%------------------------------------------------
% Dynamics
%------------------------------------------------
% aircraft & target dynamics
Fa = eye(4) + [zeros(2) Dt*eye(2); zeros(2,4)];
Ga = [zeros(2); Dt*eye(2)];
Ca = eye(2,4);

Ft = eye(2);
Gt = Dt*eye(2);
Ct = eye(2);

% control inputs
u_vec_0 = [ux0 uy0]';
w_vec_0 = [wx0 wy0]';
u_vec_1 = [ux1 uy1]';
w_vec_1 = [wx1 wy1]';

% initial conditions
xa_vec_0 = [xa0 ya0 vxa0 vya0]';
xt_vec_0 = [xt0 yt0]';

% state propagation
xa_k_plus_1 = Fa*xa_vec_0    + Ga*u_vec_0;
xa_k_plus_2 = Fa*xa_k_plus_1 + Ga*u_vec_1;
y_k_plus_1 = Ca*xa_k_plus_1;
y_k_plus_2 = Ca*xa_k_plus_2;

xt_k_plus_1 = Ft*xt_vec_0    + Gt*w_vec_0;
xt_k_plus_2 = Ft*xt_k_plus_1 + Gt*w_vec_1;
z_k_plus_1 = Ct*xt_k_plus_1;
z_k_plus_2 = Ct*xt_k_plus_2;

%------------------------------------------------
```

```
54 % calculate the cost function with the worst target manoeuvre
55 %------------------------------------------------
56 xa1 = y_k_plus_1(1);
57 ya1 = y_k_plus_1(2);
58 xa2 = y_k_plus_2(1);
59 ya2 = y_k_plus_2(2);
60
61 r_T0A1 = [xt0 - xa1; yt0 - ya1];
62 Delta_rt_0 = [Dt*w_max*cos(th); Dt*w_max*sin(th)];
63 r_A2A1 = [xa2-xa1; ya2-ya1];
64
65 ell_1 = r_T0A1 + Delta_rt_0;
66 ell_1_squared = ell_1(:)'*ell_1(:);
67
68 r_T1A2 = ell_1 - r_A2A1;
69 ell_2_squared = r_T1A2(:)'*r_T1A2(:);% + (Dt*w_max)^2;
70
71 J_cost_worst = (ell_1_squared + ell_2_squared);
72 dJdth_worst = simplify(diff(J_cost_worst,th));
73 coeff_cos_sin = coeffs(simplify(expand(dJdth_worst)),[cos(th) sin(
       th)]);
74
75 % calculate the worst cost function
76 a_triangle = coeffs(dJdth_worst,cos(th));
77 a_triangle = -a_triangle(2);  % do not forget the minus sign
78 b_triangle = coeffs(dJdth_worst,sin(th));
79 b_triangle = b_triangle(2);
80 check_a_b = expand(-a_triangle*cos(th)+b_triangle*sin(th)-
       dJdth_worst);
81 fprintf('Check [a*cos(th)+b*sin(th)]-dJdth_worst equal to zero?
       %4.2f\n', check_a_b);
82
83 c_triangle = sqrt(a_triangle^2 + b_triangle^2);
84 J_cost_worst = eval(J_cost_worst);
85 J_cost_worst = subs(J_cost_worst,sin(th),a_triangle/c_triangle);
86 J_cost_worst = subs(J_cost_worst,cos(th),b_triangle/c_triangle);
87 J_cost_worst = expand(J_cost_worst);
88
89 dJdux0 = simplify(diff(J_cost_worst,ux0));
90 dJduy0 = simplify(diff(J_cost_worst,uy0));
```

将$\bar{J}$中的正弦和余弦函数替换为

$$\sin\theta^* = \frac{a_\triangle}{\sqrt{a_\triangle^2 + b_\triangle^2}}, \cos\theta^* = \frac{b_\triangle}{\sqrt{a_\triangle^2 + b_\triangle^2}} \tag{3-28}$$

程序 3-18 使用 MATLAB 中的符号运算函数创建了$\bar{J}$和其导数，飞行器追踪的最坏可能代价$\bar{J}$现在只是飞行器在 k=0 处的控制输入，即 $u_x(0)$ 和 $u_y(0)$。

在程序 3-18 的第 47 行，函数 eval() 计算了从程序 3-17 获得的代价函数的符号表达式。使用给定值代替符号使得 J_cost_uxuy0 变为关于 $u_x(0)$ 和 $u_y(0)$ 的函数。当调用 eval() 函数来计算一组固定的控制输入值时，程序会绘制一个代价函数轮廓图。这需要对符号表达式进行多次求值，因此比通常的数值求值要慢。为了加速符号求值，我们可以使用 matlabFunction() 函数将符号表达式转换为函数。一旦转换为函数，我们就可以使用向量或矩阵输入来求解函数。因此在第 51 行中，我们可以通过一行代码来计算所有控制输入组合的集合。

程序 3-18 （MATLAB）在控制输入空间评估代价函数 $\bar{J}$

```
1  %------------------------------------------------------------
2  % evaluate the cost function for test scenario values
3  %------------------------------------------------------------
4  
5  % initial target position
6  xt0 = (2*rand(1)-1)*200;  %[m]
7  yt0 = (2*rand(1)-1)*200;  %[m]
8  
9  % initial uav position
10 xa0 = (2*rand(1)-1)*100; %[m]
11 ya0 = (2*rand(1)-1)*100; %[m]
12 
13 % initial uav velocity
14 tha0 = rand(1)*2*pi; %[radian]
15 current_speed = 25; %[m/s]
16 vxa0 = current_speed*cos(tha0);
17 vya0 = current_speed*sin(tha0);
18 
19 % uav minimum & maximum speed
20 v_min = 20; v_max = 40;
21 
22 % time interval for the cost approximation
23 Dt = 2; % [seconds]
24 
25 % target maximum speed
26 w_max = 60*1e3/3600; %[m/s]
27 
28 % uav flying path curvature constraint
29 r_min = 400; %[m]
30 
31 % control acceleration input magnitude constraints
32 ux_max = 10; % [m/s^2]
33 ux_min = -1; % [m/s^2]
34 uy_max = 2;  % [m/s^2]
35 uy_min = -2; % [m/s^2]
36 
37 ux_max_org = ux_max;
38 ux_min_org = ux_min;
39 
40 % evaluate the cost function over the ux0-uy0 control input
41 num_idx = 20;
42 num_jdx = 19;
43 min_max_u_plot = 20;
44 ux_all = linspace(-min_max_u_plot,min_max_u_plot,num_idx);
45 uy_all = linspace(-min_max_u_plot,min_max_u_plot,num_jdx);
46 
```

```
47  J_cost_uxuy0 = eval(J_cost_worst);
48  J_cost_uxuy0_function = matlabFunction(J_cost_uxuy0);
49
50  [UX0,UY0]=meshgrid(ux_all,uy_all);
51  J_cost_worst_val=J_cost_uxuy0_function(UX0,UY0);
```

运行以下程序并比较执行时间，我们会发现使用 matlabFunction() 函数的部分比嵌套的 for 循环部分快大约 100 倍。

```
1   clear;
2
3   syms x1 x2 real;
4   f_x1x2 = x1 + x2^2;
5
6   row = 100; col = 99;
7
8   x1_list = linspace(-10,10,row);
9   x2_list = linspace(-10,10,col);
10
11  f_ij_1 = zeros(row,col);
12  tic
13  for idx=1:row
14      x1 = x1_list(idx);
15      for jdx=1:col
16          x2 = x2_list(jdx);
17          f_ij_1(idx,jdx) = eval(f_x1x2);
18      end
19  end
20  toc
21
22  tic
23  f_x1x2_fun = matlabFunction(f_x1x2);
24  [X1,X2]=meshgrid(x1_list,x2_list);
25  f_ij_2 = f_x1x2_fun(X1',X2');
26  toc
```

5. 优化 Python 程序

程序 3-19 计算了 $\bar{J}$ 和 $d\bar{J}/d\theta$。第 68 行中得到的导数可以通过以下三角函数项来获得：

```
1  In [19]: from sympy import collect
2
3  In [20]: print(collect(dJdth_worst,[sin(th),cos(th)]))
4  (2.0*Dt**3*ux0*w_max + 6.0*Dt**2*vxa0*w_max + 4.0*Dt*w_max*xa0 - 4*
       Dt*w_max*xt0)*sin(th) + (-2.0*Dt**3*uy0*w_max - 6.0*Dt**2*vya0*
       w_max - 4.0*Dt*w_max*ya0 + 4*Dt*w_max*yt0)*cos(th)
```

这证明了最坏情况运动下的 θ 会在式（3-27）中产生。程序 3-19 在第 12 行和第 13 行中声明了符号为实数类型。因为 Δt 和 w_{max} 总是正实数，实数和正数标志设置为 True。这样做可以简化平方变量的平方根，比如 $\sqrt{x^2}$ 变为 x，而不是 $|x|$。

将符号声明为实数，可以简化其余的符号运算。与将符号类型声明为复数相比，计算时间更短。与 MATLAB 不同，程序 3-19 最后的 $\partial J / \partial u_x(0)$ 和 $\partial J / \partial u_y(0)$ 并没有使用 Sympy 库的 simplify() 函数。MATLAB 的 simplify() 函数无法进一步简化导数结果，而在 Sympy 中的 simplify() 函数则需要更长的计算时间，且没有任何有意义的简化。

程序 3-19 （Python）目标以最坏情况运动下的代价函数 $\bar{J}$

```
import numpy as np
import matplotlib.pyplot as plt
from matplotlib import path

from sympy import symbols, simplify, expand
from sympy import cos, sin, sqrt, diff
from sympy.utilities.lambdify import lambdify

import time
from scipy.optimize import minimize, fsolve

ux0, uy0, ux1, uy1, wx0, wy0, wx1, wy1 = symbols('ux0 uy0 ux1 uy1
    wx0 wy0 wx1 wy1', real=True)
xa0, ya0, vxa0, vya0, xt0, yt0, th = symbols('xa0 ya0 vxa0 vya0 xt0
    yt0 th', real=True)

Dt, w_max = symbols('Dt w_max', real=True, positive=True)

#--------------------------------------------------------------
# Dynamics
#--------------------------------------------------------------
Fa = np.eye(4)+np.vstack((np.hstack((np.zeros((2,2)),Dt*np.eye(2)))
    ,np.zeros((2,4))))
Ga = np.vstack((np.zeros((2,2)),Dt*np.eye(2)))
Ca = np.eye(2,4)

Ft = np.eye(2)
Gt = Dt*np.eye(2)
Ct = np.eye(2)

# control inputs
u_vec_0 = np.array([[ux0], [uy0]])
w_vec_0 = np.array([[wx0], [wy0]])
u_vec_1 = np.array([[ux1], [uy1]])
w_vec_1 = np.array([[wx1], [wy1]])

# initial conditions
xa_vec_0 = np.array([[xa0], [ya0], [vxa0], [vya0]])
xt_vec_0 = np.array([[xt0], [yt0]])

# state propagation
xa_k_plus_1 = Fa@xa_vec_0     + Ga@u_vec_0
xa_k_plus_2 = Fa@xa_k_plus_1 + Ga@u_vec_1;
y_k_plus_1 = Ca@xa_k_plus_1;
y_k_plus_2 = Ca@xa_k_plus_2;

```

```
44  xt_k_plus_1 = Ft@xt_vec_0      + Gt@w_vec_0
45  xt_k_plus_2 = Ft@xt_k_plus_1 + Gt@w_vec_1
46  z_k_plus_1 = Ct@xt_k_plus_1
47  z_k_plus_2 = Ct@xt_k_plus_2
48
49  #----------------------------------------------------
50  # calculate the cost function with the worst target manoeuvre
51  #----------------------------------------------------
52  xa1 = y_k_plus_1[0][0]
53  ya1 = y_k_plus_1[1][0]
54  xa2 = y_k_plus_2[0][0]
55  ya2 = y_k_plus_2[1][0]
56
57  r_T0A1 = np.array([[xt0 - xa1], [yt0 - ya1]])
58  Delta_rt_0 = np.array([[Dt*w_max*cos(th)], [Dt*w_max*sin(th)]])
59  r_A2A1 = np.array([[xa2-xa1], [ya2-ya1]])
60
61  ell_1 = r_T0A1 + Delta_rt_0
62  ell_1_squared = (ell_1.T@ell_1)[0][0]
63
64  r_T1A2 = ell_1 - r_A2A1
65  ell_2_squared = (r_T1A2.T@r_T1A2)[0][0]
66
67  J_cost_worst = expand(ell_1_squared + ell_2_squared)
68  dJdth_worst = expand(simplify(diff(J_cost_worst,th)))
69  coeff_cos = dJdth_worst.coeff(cos(th))
70  coeff_sin = dJdth_worst.coeff(sin(th))
71
72  # calculate the worst coast function
73  a_triangle = -coeff_cos # do not forget the minus sign
74  b_triangle = coeff_sin
75  c_triangle = simplify(sqrt(a_triangle**2 + b_triangle**2))
76  check_a_b = float(expand(-a_triangle*cos(th)+b_triangle*sin(th)-
        dJdth_worst))
77  print(f'Check [-a*cos(th)+b*sin(th)]-dJdth_worst equal to zero? {
        check_a_b:4.2f}')
78
79  J_cost_worst = J_cost_worst.subs(sin(th),a_triangle/c_triangle)
80  J_cost_worst = J_cost_worst.subs(cos(th),b_triangle/c_triangle)
81
82  dJdux0 = diff(J_cost_worst,ux0)
83  dJduy0 = diff(J_cost_worst,uy0)
84
85  #----------------------------------------------------
86  # evaluate the cost function for test scenario values
87  #----------------------------------------------------
88
89  # initial target position
90  xt0_v = (2*np.random.rand(1)-1)*200*0+150   #[m]
91  yt0_v = (2*np.random.rand(1)-1)*200*0       #[m]
92
93  # initial uav position
94  xa0_v = (2*np.random.rand(1)-1)*100*0       #[m]
95  ya0_v = (2*np.random.rand(1)-1)*100*0       #[m]
```

```
# initial uav velocity
tha0 = np.random.rand(1)*2*np.pi*0 #[radian]
current_speed = 25 #[m/s]
vxa0_v = current_speed*np.cos(tha0)
vya0_v = current_speed*np.sin(tha0)

# uav minimum & maximum speed
v_min = 20  #[m/s]
v_max = 40  #[m/s]

# time interval for the cost approximation
Dt_v = 2 # [seconds]

# target maximum speed
w_max_v = 60*1e3/3600 #[m/s]

# uav flying path curvature constraint
r_min = 400 #[m]

# control acceleration input magnitude constraints
ux_max = 10 # [m/s^2]
ux_min = -1 # [m/s^2]
uy_max = 2  # [m/s^2]
uy_min = -2 # [m/s^2]

ux_max_org = ux_max
ux_min_org = ux_min
uy_max_org = uy_max
uy_min_org = uy_min

# evaluate the cost function over the ux0-uy0 control input
num_idx = 20
num_jdx = 19
min_max_u_plot = 20
ux_all = np.linspace(-min_max_u_plot,min_max_u_plot,num_idx)
uy_all = np.linspace(-min_max_u_plot,min_max_u_plot,num_jdx)

values = [(Dt,Dt_v), (xa0,xa0_v[0]), (ya0,ya0_v[0]), (vxa0,vxa0_v
    [0]), (vya0,vya0_v[0]),
          (xt0,xt0_v[0]), (yt0,yt0_v[0]), (w_max,w_max_v)]

J_cost_uxuy0 = J_cost_worst.subs(values)
J_cost_uxuy0_function = lambdify([ux0,uy0],J_cost_uxuy0)

UX0,UY0=np.meshgrid(ux_all,uy_all)
J_cost_worst_val=J_cost_uxuy0_function(UX0,UY0)

# replace symbols by values
Dt = Dt_v
xa0 = xa0_v[0]
ya0 = ya0_v[0]
vxa0 = vxa0_v[0]
vya0 = vya0_v[0]
xt0 = xt0_v[0]
yt0 = yt0_v[0]
w_max = w_max_v
```

程序 3-19 使用 subs() 函数将值替换为 sympy 中的符号。在替换后，结果仍然是符号，而不是 MATLAB 中的浮点值。考虑以下 Python 命令：

```
1  In [1]: from sympy import symbols
2  In [2]: x=symbols('x')
3  In [3]: f=(x+4)**2
```

在 $x=3.0$ 处求解 f 如下：

```
1   In [4]: z=f.subs([(x,3.0)])
2   In [5]: z2=49.0
3   In [6]: whos
4   Variable   Type       Data/Info
5   ------------------------------------
6   f          Pow        (x + 4)**2
7   symbols    function   <function symbols at 0x7f12f6c32160>
8   x          Symbol     x
9   z          Float      49.000000000000000
10  z2         float      49.0
```

结果 z 不是一个一般的浮点值，而是符号浮点类型，但 $z2$ 是浮点值。若要将符号值转换为浮点值，需要以如下方式使用 float()：

```
1  In [7]: z=float(z)
```

或者像下面这样使用 lambdify() 构造一个函数：

```
1   In [8]: from sympy.utilities.lambdify import lambdify
2   In [9]: g=lambdify([x],f)
3   In [10]: z=g(3.0)
4   In [11]: whos
5   Variable   Type       Data/Info
6   ------------------------------------
7   f          Pow        (x + 4)**2
8   g          function   <function _lambdifygenerated at 0
        x7f12daa26ee0>
9   lambdify   function   <function lambdify at 0x7f12f6dc1820>
10  symbols    function   <function symbols at 0x7f12f6c32160>
11  x          Symbol     x
12  z          float      49.0
13  z2         float      49.0
```

这就是程序 3-19 在第 138 行和 141 行中创建和调用函数的方式。

6. 最优控制输入

下一步就是计算控制输入来最小化最坏代价，这是一个极大极小最优化问题。假设 v_x 和 v_y 在 $k=0$ 处满足约束条件，如下计算 $k=1$ 时的速度。

$$\frac{v_x^2(1)+v_y^2(1)}{(\Delta t)^2} = \left[\frac{v_x(0)}{\Delta t}+u_x(0)\right]^2 + \left[\frac{v_y(0)}{\Delta t}+u_y(0)\right]^2 = r_v^2 \quad (3\text{-}29)$$

这是一个圆心位于 $(-v_x(0)/\Delta t, -v_y(0)/\Delta t)$，在平面 $u_x(0)-u_y(0)$ 内的圆的方

程，其半径 r_v 在 $v_{min}/\Delta t$ 和 $v_{max}/\Delta t$ 之间。

图 3-18 指出了代表圆形约束的两个圆，式（3-14）给出的控制输入幅度约束以虚线框表示，式（3-16）给出的曲率约束则为图中两条平行于 $u_x^B(0)$ 的线。

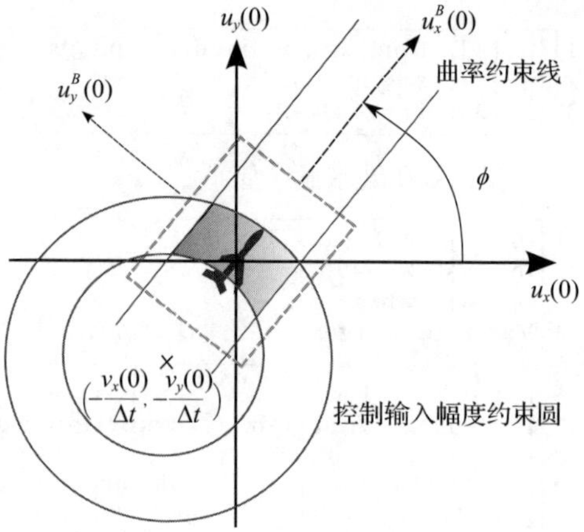

图 3-18　可行控制输入空间

因为 $v_x(0)$ 远大于零，可以得到线性方程如下：

$$u_y(0)=m_{\text{cvt}}u_x(0)\pm c_{\text{cvt}} \qquad (3\text{-}30)$$

其中

$$m_{\text{cvt}}=\tan\phi=\frac{v_y(0)}{v_x(0)},$$

$$c_{\text{cvt}}=\frac{1}{r_{\min}v_x(0)}[v_x(0)^2+v_y(0)^2]^{3/2}$$

$v_x(0)$ 接近零意味着 $v_y(0)$ 远离零，线性方程为

$$u_x(0)=n_{\text{cvt}}u_{\text{y}}(0)\mp d_{\text{cvt}}$$

其中

$$n_{\text{cvt}}=\tan\psi=\frac{v_x(0)}{v_y(0)}=\tan\left(\frac{\pi}{2}-\phi\right),\ d_{\text{cvt}}=\frac{1}{r_{\min}v_y(0)}[v_x(0)^2+v_y(0)^2]^{3/2}$$

考虑所有约束，可行的输入空间由图 3-18 中较暗（灰色）的区域表示。

示例如下，令 $v_{\min}$=20m/s，$v_{\max}$=40m/s，$u_{x_{\min}}=-1\text{m}/\text{s}^2$，$u_{x_{\max}}=10\text{m}/\text{s}^2$，$u_{y_{\min}}=-2\text{m}/\text{s}^2$，$u_{y_{\max}}=2\text{m}/\text{s}^2$，$r_{\min}$=400m，$w_{\max}$=60km/h，$\Delta t$=2s，$x_a(0)$=−84.86m，$y_a(0)$=66.72m，$v_x(0)$=19.12m/s，$v_y(0)$=−16.10m/s，$x_t(0)$=50.15m 和 $y_t(0)$=125.02m，代价函数的控制输入约束如图 3-19 所示。在此例中，控制输入幅度约束、曲率约束和最大速度约束都是起作用的，并且最小值出现在约束相交区域的边界处。

程序 3-17 求解了控制输入的代价函数的导数。此外，我们可以尝试通过如下 MATLAB 指令求解：

$$\frac{\mathrm{d}\bar{J}}{\mathrm{d}u_x(0)}=0,\frac{\mathrm{d}\bar{J}}{\mathrm{d}u_y(0)}=0$$

```
>> solve([dJdux0==0,dJduy0==0],[ux0 uy0])
```

这个方程较为复杂，并且只在少数情况下有解析解。在使用 eval() 函数将第一个导数中的所有变量设置为程序 3-18 中给出的值之后（如下所示）：

```
>> solve([eval(dJdux0)==0,eval(dJduy0)==0],[ux0 uy0])
```

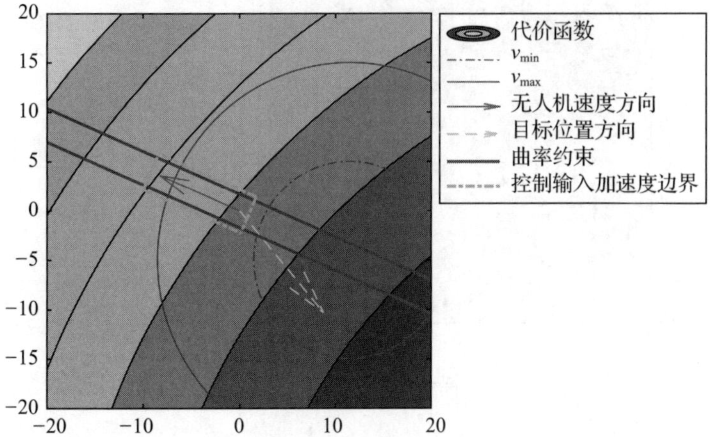

图 3-19 可行控制输入空间的计算示例（见彩插）

这个程序会返回数值解，然后我们需要检查解是否满足约束条件。对于给定的飞行器和目标设置，只有在极少数情况下的解满足约束。因为大多数结果都是不可行的，这样是很浪费计算资源的。

相反，假设解在约束边界之外。如果解超出了约束的范围，则最小值会出现在边界上。我们可以沿着约束边界进行采样，计算采样点的代价值，并从样本中选择与最小代价值相对应的控制输入。接下来，我们需要检查假设是否正确。在约束边界之内进行采样，计算这些采样点的代价值，并找到最小代价，然后检验其是否小于在边界上找到的最小代价。如果它小于边界上的值，则全局最小值出现在约束边界内，我们可以使用刚刚发现的最小值作为初始值来解决优化问题。如果边界内的最小值大于边界上的，则在边界上找到的最小值是最优的。例如在图 3-20 所示的场景中，最优输入出现在边界上。

对于求解边界内的优化问题，只要最小化算法收敛到边界内的最小值，我们就不需要考虑约束，而收敛性则基于代价函数的凸性来保证。构造如下的 Hessian 矩阵，可以通过计算特征值并检验最小特征值是否是正数，来对代价函数的凸性进行数值检验。

$$\boldsymbol{H}[u_x(0),u_y(0)]=\left.\begin{bmatrix}\dfrac{\partial^2\bar{J}}{\partial u_x^2} & \dfrac{\partial^2\bar{J}}{\partial u_x\partial u_y}\\ \dfrac{\partial^2\bar{J}}{\partial u_x\partial u_y} & \dfrac{\partial^2\bar{J}}{\partial u_y^2}\end{bmatrix}\right|_{\substack{u_x=u_x(0)\\u_y=u_y(0)}} \tag{3-31}$$

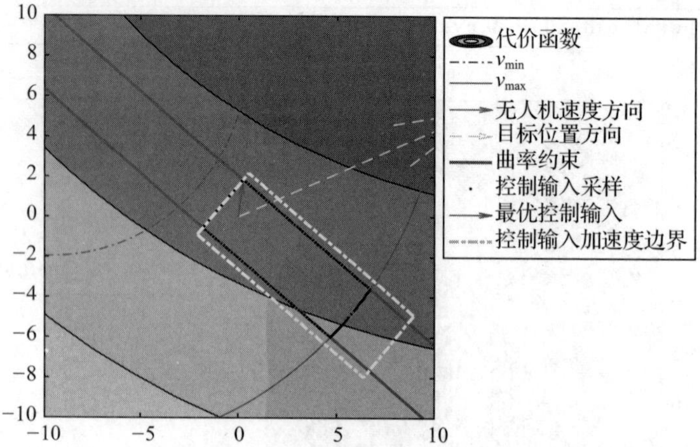

图 3-20　目标跟踪的最优控制输入（见彩插）

3.3　跟踪算法的实现

算法 3-1 总结了跟踪算法。算法 3-2 使用基于 Armijo 准则的梯度下降方法解决了解在边界内时的最小化问题。梯度向量 $\boldsymbol{g}_k$ 决定了梯度搜索方向，Armijo 准则通过调整 α_{amj} 决定了梯度沿搜索方向下降的速度。下面对 MATLAB 和 Python 中的目标跟踪算法进行逐步分析。

3.3.1　约束条件

1. 最小转弯半径约束

在机体坐标系中的曲率约束比全局坐标系在式（3-30）中给出的简单得多。如图 3-18 所示，无人机速度与机体 x 轴平行，$v_y^B(0)=0$。机体坐标系中的曲率线变为 $u_y^B=\pm c_{cvt}^B$，在机体坐标系中，倾斜角为零，其中

$$c_{\text{cvt}}^B=\frac{1}{r_{\min}v_x^B(0)}\{[v_x^B(0)]^2+0\}^{3/2}=\frac{[v_x^B(0)]^2}{r_{\min}}$$

如果 c_{cvt}^B 比 $u_{y_{\max}}$ 或 $u_{y_{\min}}$ 小，则对应的约束被 c_{cvt}^B 取代。在程序中我们假设飞行器关于机体 x 轴对称，因此 $u_{y_{\min}}=-u_{y_{\max}}$。

算法 3-1　最优目标跟踪控制输入

1: Initialize the prediction interval and the UAV/target constraints

$$\Delta t,\ v_{\max},\ v_{\min},\ u_{x_{\max}},\ u_{x_{\min}},\ u_{y_{\max}},\ u_{y_{\min}},\ r_{\min},\ w_{\max}$$

Set the initial position/velocity of UAV and the target position

$$x_a(0),\ y_a(0),\ v_x(0), v_y(0),\ x_t(0),\ y_t(0)$$

Calculate $v_s(0) = \sqrt{v_x(0)^2 + v_y(0)^2}$

Calculate $u_{\text{cvt}} = v_s(0)/r_{\min}$

if $u_{\text{cvt}} < u_{y_{\max}}$ or $u_{\text{cvt}} < |u_{y_{\min}}|$ **then** replace

$$u_{y_{\max}} = u_{\text{cvt}},\quad u_{y_{\min}} = -u_{\text{cvt}}$$

end if

if $v_s(0)/\Delta t + u_{x_{\max}} > v_{\max}/\Delta t$ **then** replace $u_{\max}$ bound by the arc given by the larger circle intersecting with the control constraint box in Figure 3.18.

end if

if $v_s(0)/\Delta t + u_{x_{\min}} < v_{\min}/\Delta t$ **then** replace $u_{\min}$ bound by the arc given by the smaller circle intersecting with the control constraint box in Figure 3.18.

end if

Sample points *along the boundary of the constraints*, and calculate the cost for the samples; Find the optimal control corresponding to the minimum cost, J^*_{bd}, among the samples

Sample points *inside the boundary of the constraints* and calculate the cost for the samples; Find the optimal control corresponding to the minimum cost, J^*_{in}, among the samples

if $J^*_{\text{bd}} \leq J^*_{\text{in}}$ **then**

  $u_x(0)$ and $u_y(0)$ corresponding to J^*_{bd} are optimal

else

  Let $u_x(0)$ and $u_y(0)$ corresponding to J^*_{in} be the initial guess of the minimization of (3.26), where the sine and the cosine functions are substituted by (3.28). The optimization can be solved using the gradient descent method with Armijo's rule (Armijo, 1966) summarized in Algorithm 3.2.

end if

程序 3-20 和程序 3-21 分别是该算法在 MATLAB 和 Python 中跟踪算法实现的一部分。考虑到机体坐标系中的输入约束简化了计算过程，当需要用全局坐标系表示时，可以转化为对应的输入约束。

算法 3-2　基于 Armijo 准则的梯度下降

Initialize $\mathbf{u}_k = [u_x(0), u_y(0)]^T$, $s_{\text{amj}} = 0.01$, $\beta_{\text{amj}} = 0.5$, $\sigma_{\text{amj}} = 10^{-5}$, $\Delta u = 10$ and $\epsilon = 10^{-6}$. Be careful as the solution may diverge if s_{amj} is set to a large value.

while $\Delta u > \epsilon$ **do**

  Calculate $\bar{J}(\mathbf{u}_k)$ given in (3.26)

  $\mathbf{g}_k \leftarrow \partial \bar{J}/\partial \mathbf{u}_k$

```
5:      α_amj ← s_amj
6:      u_{k+1} ← u_k + α_amj g_k
7:      while J̄(u_{k+1}) > J̄(u_k) + σ_amj α_amj (g_k^T g_k) do
8:          α_amj ← β_amj α_amj
9:          u_{k+1} ← u_k + α_amj g_k
10:     end while
11:     Δu ← ‖u_k − u_{k+1}‖
12:     u_k ← u_{k+1}
13:     α_amj ← s_amj
14: end while
```

2. 速度约束

图 3-21 中的两个圆代表了式（3-29）中最大和最小速度约束，在机体坐标系中的表达式为

$$\left[\frac{v_x^B(0)}{\Delta t}+u_x^B(0)\right]^2+[u_y^B(0)]^2=r_v^2$$

对于大圆，即最大速度约束为 $u_x^B(0)=u_{x_{\max}}$，$u_y^B(0)=0$ 有

$$\left[\frac{v_x^B(0)}{\Delta t}+u_{x_{\max}}\right]^2>\left(\frac{v_{\max}}{\Delta t}\right)^2 \Rightarrow \frac{\|v\|}{\Delta t}+u_{x_{\max}}>\frac{v_{\max}}{\Delta t}$$

式中，$\|v\|$ 是无人机当前的速度。如果不等式成立，则如图 3-21 所示，大圆代表了控制幅度约束。正方形点的 x_B 坐标小于星形点坐标，图中大圆的弧成为 x_B 方向的最大控制输入边界。

为了找到方形点 x_B 坐标，建立以下方程：

$$\left[\frac{\|v\|}{\Delta t}+u_{x_{\max}}\right]^2+u_{y_{\max}}^2=\left(\frac{v_{\max}}{\Delta t}\right)^2$$

如图 3-22 所示，$u_{x_{\max}}$ 不是 x_B 方向上的原始最大控制输入，而是相对 $u_{y_{\max}}$ 在 x_B 方向上的控制输入，寻找这个值是为了能够沿着弧采样。

将方程扩展如下：

$$u_{x_{\max}}^2+2\frac{\|v\|}{\Delta t}u_{x_{\max}}+\left[\left(\frac{\|v\|}{\Delta t}\right)^2+u_{y_{\max}}^2-\left(\frac{v_{\max}}{\Delta t}\right)^2\right]=0$$

并求解 $u_{x_{\max}}$ 为

$$u_{x_{\max}}=-\frac{\|v\|}{\Delta t}\pm\sqrt{\left(\frac{v_{\max}}{\Delta t}\right)^2-u_{y_{\max}}^2} \qquad (3-32)$$

这里我们使用较大的 $u_{x_{\max}}$。小圆（最小速度约束）的求取方式也是类似的。

程序 3-20 和程序 3-21 求解了这两个约束，全局坐标和机体坐标之间的方向余弦矩阵变换如下：

$$\begin{bmatrix} u_x(k) \\ u_y(k) \end{bmatrix} = \begin{bmatrix} \cos\phi & -\sin\phi \\ \sin\phi & \cos\phi \end{bmatrix} \begin{bmatrix} u_x^B(k) \\ u_y^B(k) \end{bmatrix}$$

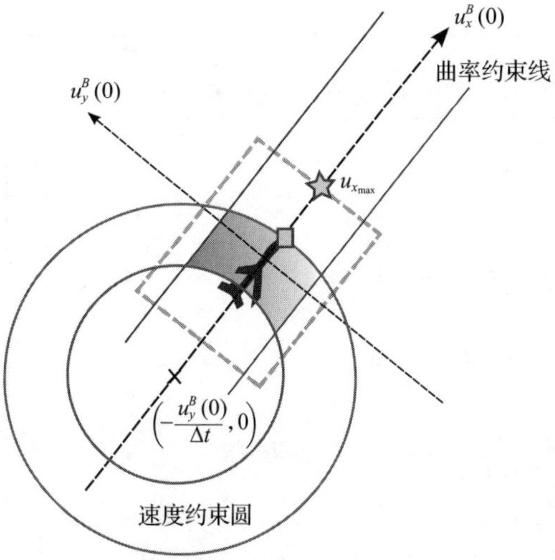

图 3-21　机体坐标系中的最大速度约束

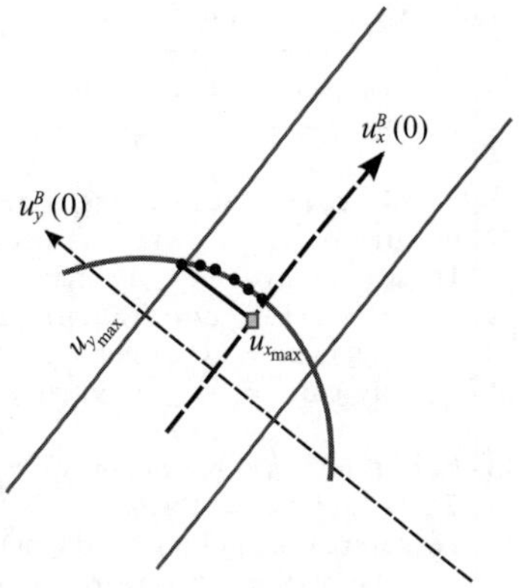

图 3-22　最大速度的弧采样

程序 3-20（MATLAB）机体坐标系中的转弯半径和速度约束

```
%% Optimal control input
%-------------------------------------------------------
% find optimal control
%-------------------------------------------------------

% check the curvature constraint in the body frame
u_curvature = current_speed^2/r_min;
if u_curvature < uy_max
    % active constraint & replace the uy bound
    uy_max = u_curvature;
    uy_min = -u_curvature;
end

% active the maximum velocity constraint
vmax_active = false;
if current_speed/Dt+ux_max > v_max/Dt
    ux_max = -current_speed/Dt+sqrt((v_max/Dt)^2-uy_max^2);
    vmax_active = true;
end

% active the minimum velocity constraint
vmin_active = false;
```

```
if current_speed/Dt+ux_min < v_min/Dt
    ux_min = -current_speed/Dt+sqrt((v_min/Dt)^2-uy_max^2);
    vmin_active = true;
end

th_flight = atan2(vya0,vxa0);
dcm_from_body_to_global = [cos(th_flight) -sin(th_flight); sin(
    th_flight) cos(th_flight)];
```

程序 3-21 （Python）机体坐标系中的转弯半径和速度约束

```
## Optimal control input
#----------------------------
# find optimal control
#----------------------------

# check the curvature constraint in the body frame
u_curvature = current_speed**2/r_min
if u_curvature < uy_max:
    # active constraint & replace the uy bound
    uy_max = u_curvature
    uy_min = -u_curvature

# active the maximum velocity constraint
vmax_active = False
if current_speed/Dt+ux_max > v_max/Dt:
    ux_max = -current_speed/Dt+np.sqrt((v_max/Dt)**2-uy_max**2)
    vmax_active = True

# active the minimum velocity constraint
vmin_active = False
if current_speed/Dt+ux_min < v_min/Dt:
    ux_min = -current_speed/Dt+np.sqrt((v_min/Dt)**2-uy_max**2)
    vmin_active = True

th_flight = np.arctan2(vya0,vxa0)
dcm_from_body_to_global = np.array([
  [np.cos(th_flight), -np.sin(th_flight)],
        [np.sin(th_flight), np.cos(th_flight)]])
```

3.3.2 最优解

1. 控制输入采样

根据约束条件，可行控制输入区域可能呈现出四种不同的形状，如图 3-23 所示。每种情况都有四条边，分别被称为上侧、下侧、左侧和右侧。沿直线采样是非常简单的，图 3-22 表示了沿弧的采样过程。在程序 3-22 和程序 3-23 中，当最大速度约束是约束条件之一时，$u_{x_{\max}}$ 设置为与图 3-22 中的 $u_{y_{\min}}$ 相对应的 u_x^B 坐标，弧上采样点的 u_x^B 坐标在 $u_{x_{\max}}$ 和弧与 u_x^B 轴相交的点之间，弧与 u_x^B 轴相交的点的 u_x^B 坐标可以由 $u_y^B=0$ 的圆的方程计算得出，即

$$u_x^B = \frac{v_{\max} - \|v\|}{\Delta t} \tag{3-33}$$

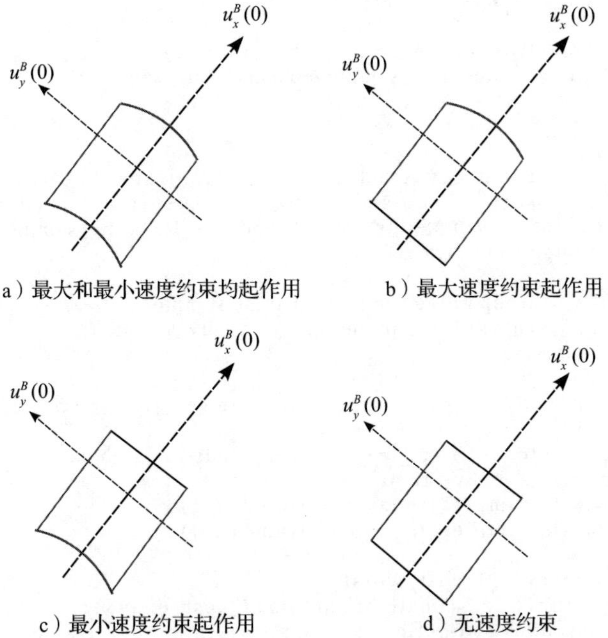

图 3-23 可行控制输入区域的四种不同形状

通过下面圆的方程可以求取采样点的 u_y^B 坐标：

$$u_{y_{\text{sample}}} = \pm\sqrt{\left(\frac{v_{\max}}{\Delta t}\right)^2 - \left[\frac{\|v\|}{\Delta t} + u_{x_{\text{sample}}}^B\right]^2}$$

式中，$u_{x_{\text{sample}}}^B$ 采样自区间 [式（3-32）中的 $u_{x_{\max}}$，式（3-33）中的 u_x^B]，最小速度弧上的采样也是类似的。

在程序 3-22 和程序 3-23 中，我们对边界上采样点对应的代价函数进行了计算，并找到了它的最小值，同时使用方向余弦矩阵把控制输入转化到全局坐标下。

程序 3-22 （MATLAB）沿着控制边界采样

```
% (continue)
% find the optimal solution along the boundary
n_sample = 50;
ux_sample = linspace(ux_min, ux_max, n_sample);
upper_line = [ux_sample; ones(1,n_sample)*uy_max];
lower_line = [ux_sample; ones(1,n_sample)*uy_min];

if vmax_active
```

```
    ux_sample = linspace(ux_max,(v_max-current_speed)/Dt,n_sample);
    uy_sample = sqrt((v_max/Dt)^2-(ux_sample+current_speed/Dt).^2);
    right_line = [ux_sample ux_sample(end-1:-1:1); uy_sample -
        uy_sample(end-1:-1:1)];
else
    uy_sample = linspace(uy_min,uy_max,n_sample);
    right_line = [ones(1,n_sample)*ux_max; uy_sample];
end

if vmin_active
    ux_sample = linspace(ux_min,(v_min-current_speed)/Dt,n_sample);
    uy_sample = sqrt((v_min/Dt)^2-(ux_sample+current_speed/Dt).^2);
    left_line = [ux_sample ux_sample(end-1:-1:1); uy_sample -
        uy_sample(end-1:-1:1)];
else
    uy_sample = linspace(uy_min,uy_max,n_sample);
    left_line = [ones(1,n_sample)*ux_min; uy_sample];
end

all_samples_in_body_frame = [upper_line lower_line right_line
    left_line];
all_samples_in_global_frame = dcm_from_body_to_global*
    all_samples_in_body_frame;
ux0_sample = all_samples_in_global_frame(1,:);
uy0_sample = all_samples_in_global_frame(2,:);

J_cost_uxuy0 = eval(J_cost_worst);
J_cost_uxuy0_function = matlabFunction(J_cost_uxuy0);
J_val = J_cost_uxuy0_function(all_samples_in_global_frame(1,:),
    all_samples_in_global_frame(2,:));

[J_val_opt,opt_idx]=min(J_val);
uxy_opt_body = all_samples_in_body_frame(:,opt_idx);
uxy_opt_global = all_samples_in_global_frame(:,opt_idx);
```

程序 3-23 （Python）沿着控制边界采样

```
# continue
# find the optimal solution along the boundary
n_sample = 50
ux_sample = np.linspace(ux_min, ux_max, n_sample)
upper_line = np.vstack((ux_sample,np.ones(n_sample)*uy_max))
lower_line = np.vstack((ux_sample,np.ones(n_sample)*uy_min))

if vmax_active:
    ux_sample = np.linspace(ux_max,(v_max-current_speed)/Dt,
        n_sample)
    uy_sample = np.sqrt((v_max/Dt)**2-(ux_sample+current_speed/Dt)
        **2)
    right_line = np.vstack((np.hstack((ux_sample,np.flip(ux_sample)
        )), np.hstack((uy_sample,-np.flip(uy_sample)))))
else:
    uy_sample = np.linspace(uy_min,uy_max,n_sample)
    right_line = np.vstack((np.ones(n_sample)*ux_max, uy_sample))

```

```
if vmin_active:
    ux_sample = np.linspace(ux_min,(v_min-current_speed)/Dt,
        n_sample)
    uy_sample = np.sqrt((v_min/Dt)**2-(ux_sample+current_speed/Dt)
        **2)
    left_line = np.vstack((np.hstack((ux_sample,np.flip(ux_sample))
        ), np.hstack((uy_sample,-1*np.flip(uy_sample)))))
else:
    uy_sample = np.linspace(uy_min,uy_max,n_sample)
    left_line = np.vstack((np.ones(n_sample)*ux_min, uy_sample))

all_samples_in_body_frame = np.hstack((upper_line,lower_line,
    right_line,left_line))
all_samples_in_global_frame =
    dcm_from_body_to_global@all_samples_in_body_frame
ux0_sample = all_samples_in_global_frame[0,:]
uy0_sample = all_samples_in_global_frame[1,:]
J_val = J_cost_uxuy0_function(ux0_sample,uy0_sample)

J_val_opt = J_val.min()
opt_idx = J_val.argmin()
uxy_opt_body = all_samples_in_body_frame[:,opt_idx]
uxy_opt_global = all_samples_in_global_frame[:,opt_idx]
```

2. 约束范围内

如果代价函数的最小值在约束范围内出现，则其值将小于边界上的最小值。为了检验最小值是否在边界内，我们会在约束范围内生成采样点，并计算这些点对应的代价函数值，然后将这些值与边界上的最小值进行比较。

为了完成上述任务，首先要定义一个描述可行控制输入集合的多边形。MATLAB 和 Python 都有对应函数来创建多边形，并检查点是否在多边形内部。下面的 MATLAB 命令依据任意生成的 10 个点创建了一个多边形：首先计算出这些点的中心，并构造从中心指向每个点的向量，计算向量与水平方向的夹角；然后根据角度的大小对这些点进行排序；最后在数组的末尾添加第一个点来定义多边形（保证闭合）。

```
% matlab
polygon_points = randn(2,10);
polygon_center = mean(polygon_points,2);
pc_vector = polygon_points-polygon_center ;
th_pc = atan2(pc_vector(2,:),pc_vector(1,:));
[~, idx_pc] = sort(th_pc);
polygon_points = polygon_points(:,idx_pc);
polygon_points = [polygon_points polygon_points(:,1)];
figure;
plot(polygon_points(1,:),polygon_points(2,:),'o')
hold on
plot(polygon_points(1,:),polygon_points(2,:),'r')
```

下面的 Python 代码使用了 matplotlib 库中的 path 模块来定义多边形，其中函数 contains_points() 用于检查一个点是否在多边形内。与 MATLAB 不同的是，Python 不必在数组的开始和结束处使用相同的点来闭合路径。

```
# python
from matplotlib import path
polygon_points = np.random.randn(2,10)
polygon_center = polygon_points.mean(axis=1)
pc_vector = polygon_points-polygon_center[:,np.newaxis]
th_pc = np.arctan2(pc_vector[1,:],pc_vector[0,:])
idx_pc = th_pc.argsort()
polygon_points = polygon_points[:,idx_pc]
polygon = path.Path(polygon_points.transpose())
plt.plot(polygon_points[0,:],polygon_points[1,:],'o')
plt.plot(polygon_points[0,:],polygon_points[1,:],'r-')
```

如程序 3-24 和程序 3-25 所示，在可行控制输入集合周围生成随机点后，可以使用 MATLAB 中的 inpolygon() 函数或 Python 中的 contains_points() 函数来判断随机点是否在多边形内部。

程序 3-24 （MATLAB）在控制边界内采样

```
% continue
% check the cost function inside the constraint
polygon_points = [ux0_sample(:)'; uy0_sample(:)'];
polygon_center = mean(polygon_points,2);
pc_vector = polygon_points-polygon_center ;
th_pc = atan2(pc_vector(2,:),pc_vector(1,:));
[~, idx_pc] = sort(th_pc);
polygon_points = polygon_points(:,idx_pc);
polygon_points = [polygon_points polygon_points(:,1)];

n_inside_sample = 1000;
x_sample = min(polygon_points(1,:)) + ...
    (max(polygon_points(1,:))-min(polygon_points(1,:)))*rand(1,
        n_inside_sample);
y_sample = min(polygon_points(2,:)) + ...
    (max(polygon_points(2,:))-min(polygon_points(2,:)))*rand(1,
        n_inside_sample);

[in,on] = inpolygon(x_sample,y_sample,polygon_points(1,:),
    polygon_points(2,:));
x_sample = x_sample(in);
y_sample = y_sample(in);
J_val_inside = J_cost_uxuy0_function(x_sample,y_sample);
J_val_inside = J_val_inside(J_val_inside<J_val_opt);
```

程序 3-25 （Python）在控制边界内采样

```
# continue
# check the cost function inside the constraint
```

```
polygon_points = np.vstack((ux0_sample,uy0_sample))
polygon_center = polygon_points.mean(axis=1)
pc_vector = polygon_points-polygon_center[:,np.newaxis]
th_pc = np.arctan2(pc_vector[1,:],pc_vector[0,:])
idx_pc = th_pc.argsort()
polygon_points = polygon_points[:,idx_pc]

from matplotlib import path
polygon = path.Path(polygon_points.transpose())

n_inside_sample = 1000;
x_sample = polygon_points[0,:].min() \
    + (polygon_points[0,:].max()-polygon_points[0,:].min())*np.
        random.rand(n_inside_sample)
y_sample = polygon_points[1,:].min() \
    + (polygon_points[1,:].max()-polygon_points[1,:].min())*np.
        random.rand(n_inside_sample)
xy_sample=np.vstack((x_sample,y_sample)).transpose()

in_out = polygon.contains_points(xy_sample)
x_sample = x_sample[in_out]
y_sample = y_sample[in_out]
J_val_inside = J_cost_uxuy0_function(x_sample,y_sample)
J_val_inside = J_val_inside[J_val_inside<J_val_opt]
```

3. 最优控制输入

当最小值出现在边界以内时，有三种不同的方法来求解优化问题以获得最优控制输入。具体如下：

- 使用 MATLAB 中的 fminunc 函数或 Python 中的 minimize() 函数最小化式（3-26）中的代价函数$\bar{J}$，这两个函数可以求解无约束的最小化问题。
- 使用 MATLAB 或 Python 中的 fsolve() 函数求解第一个最优条件，即$\partial\bar{J}/\partial u_x(0)=0$和$\partial\bar{J}/\partial u_y(0)=0$，这两个函数可以寻找代数方程的一组根。
- 使用算法 3-2 中给出的 Armijo 准则，最小化代价函数$\bar{J}$。

考虑到算法最终会部署在自动驾驶汽车的车载计算机中，而在车载计算机中应用最小化函数和寻根函数的可能性较小，所以这里只测试第三种方法。

程序 3-26 （MATLAB）最优跟踪指令的解

```
% continue
if ~isempty(J_val_inside)
    [J_val_opt,min_idx] = min(J_val_inside);

    tic
    J_cost_minimize=@(x)J_cost_uxuy0_function(x(1),x(2));
    uxy_opt_global_1 = fminunc(J_cost_minimize,[ux0_sample(min_idx)
        uy0_sample(min_idx)]);
    toc

```

```
    tic
    dJdux0_fun=matlabFunction(eval(dJdux0));
    dJduy0_fun=matlabFunction(eval(dJduy0));
    dJduxy=@(x)[dJdux0_fun(x(1),x(2)); dJduy0_fun(x(1),x(2))];
    uxy_opt_global_2 = fsolve(dJduxy,[ux0_sample(min_idx)
        uy0_sample(min_idx)]);
    toc

    tic
    s_amj = 0.5;
    alpha_amj = s_amj; beta_amj = 0.5; sigma_amj = 1e-5;
    u_xy_current = [ux0_sample(min_idx) uy0_sample(min_idx)];
    J_current = J_cost_minimize(u_xy_current);
    dJdu = dJduxy(u_xy_current);
    while true
        u_xy_update = u_xy_current - alpha_amj*dJdu(:)';
        J_update = J_cost_minimize(u_xy_update);
        if J_update < (J_current + sigma_amj*alpha_amj*sum(dJdu.^2)
            )
            if norm(u_xy_current-u_xy_update)<1e-6
                break
            end
            alpha_amj = s_amj;
            J_current = J_cost_minimize(u_xy_update);
            dJdu = dJduxy(u_xy_update);
            u_xy_current = u_xy_update;
        else
            alpha_amj = beta_amj*alpha_amj;
        end

    end
    toc

    uxy_opt_global = u_xy_current(:);
    uxy_opt_body = dcm_from_body_to_global'*uxy_opt_global;

    [   uxy_opt_global_1(:)';
        uxy_opt_global_2(:)';
        uxy_opt_global(:)']

end
```

程序 3-27 （Python）最优跟踪指令的解

```
# continue
if J_val_inside.shape[0]!=0:
    J_val_opt = J_val_inside.min()
    min_idx = J_val_inside.argmin()

    t0 = time.time()
    J_cost_minimize=lambda x: J_cost_uxuy0_function(x[0],x[1])
    sol_opt=minimize(J_cost_minimize,[ux0_sample[min_idx],
        uy0_sample[min_idx]],method='BFGS')
    uxy_opt_global_1 = sol_opt.x
```

```
    tf = time.time() - t0
    print(f'minimization: {tf:10.8f} [s]\n')

    t0 = time.time()
    dJdux0_fun = lambdify([ux0,uy0],dJdux0.subs(values))
    dJduy0_fun = lambdify([ux0,uy0],dJduy0.subs(values))
    dJduxy=lambda x: np.array([dJdux0_fun(x[0],x[1]), dJduy0_fun(x[0],x[1])])
    uxy_opt_global_2 = fsolve(dJduxy,[ux0_sample[min_idx], uy0_sample[min_idx]])
    tf = time.time() - t0
    print(f'fsolve: {tf:10.8f} [s]\n')

    t0 = time.time()
    s_amj = 0.01
    alpha_amj = s_amj; beta_amj = 0.5; sigma_amj = 1e-5
    u_xy_current = np.array([ux0_sample[min_idx], uy0_sample[min_idx]])
    J_current = J_cost_minimize(u_xy_current)
    dJdu = dJduxy(u_xy_current)
    while True:
        u_xy_update = u_xy_current - alpha_amj*dJdu
        J_update = J_cost_minimize(u_xy_update)
        if J_update < (J_current + sigma_amj*alpha_amj*np.sum(dJdu**2)):
            if np.linalg.norm(u_xy_current-u_xy_update)<1e-6:
                break
            alpha_amj = s_amj
            J_current = J_cost_minimize(u_xy_update)
            dJdu = dJduxy(u_xy_update)
            u_xy_current = u_xy_update
        else:
            alpha_amj = beta_amj*alpha_amj

    tf = time.time() - t0
    print(f'Gradient Descent with Armijo\'s Rule: {tf:10.8f} [s]\n')

    uxy_opt_global = u_xy_current
    uxy_opt_body = dcm_from_body_to_global.T@uxy_opt_global

    print(uxy_opt_global_1)
    print(uxy_opt_global_2)
    print(uxy_opt_global)
```

3.3.3 仿真验证

算法开发的下一步是测试算法以验证设计是否正确。验证方式分为不同级别，包括飞行测试、硬件模拟、计算机模拟等（Zhu et al.，2017；Chavese et al.，2018）。在控制算法的验证中，对不能完全满足算法开发的所有假设情况进行算法测试是非常重要的。例如，让目标跟踪算法在目标位置不准确的情况下运行，或者算法中最大目标加速度的假设高于或低于真实加速度边界。

如下是一种初步验证，与算法假设唯一的不同是目标移动的方式。目标的速度方向是随机的而不是最坏情况下的，随机移动方向设置如下：

$$\dot{x}_t = w_{\max} \cos\theta_t \tag{3-34}$$

$$\dot{y}_t = w_{\max} \sin\theta_t \tag{3-35}$$

式中，θ_t 采样自 0 到 2π 之间的均匀分布，每间隔一个 Δt，速度都会更新一次。

在计算机模拟中，我们可以获知完整的真实状态。由于算法假设目标以最坏情况运动，我们关注对于不同的目标运动策略，算法的性能会如何变化。与目标实际移动相对应的最优控制被称为“实际最优控制”。我们使用以下两项准则，比较实际最优控制和基于最坏情况假设的算法的控制输入。

$$\cos\theta^* = \frac{\boldsymbol{u}\cdot\boldsymbol{u}^*}{\|\boldsymbol{u}\|\|\boldsymbol{u}^*\|}$$

$$\Delta u^* = \frac{\|\boldsymbol{u}\|}{\|\boldsymbol{u}^*\|}$$

式中，$\boldsymbol{u}=[u_x(0),u_y(0)]^{\mathrm{T}}$ 由最优跟踪算法生成，$\boldsymbol{u}^*=[u_x^*(0),u_y^*(0)]^{\mathrm{T}}$ 由基于实际目标动作的实际最优控制生成。$\cos\theta^*$ 和 Δu^* 的值越接近 1，算法的输出就越接近最优。图 3-24 展示了三个 20 分钟区间内的无人机和目标的轨迹。相对于真实值（实际目标），控制输入在方向和幅值方面保持接近实际最优控制的时间超过总时间的 60%。

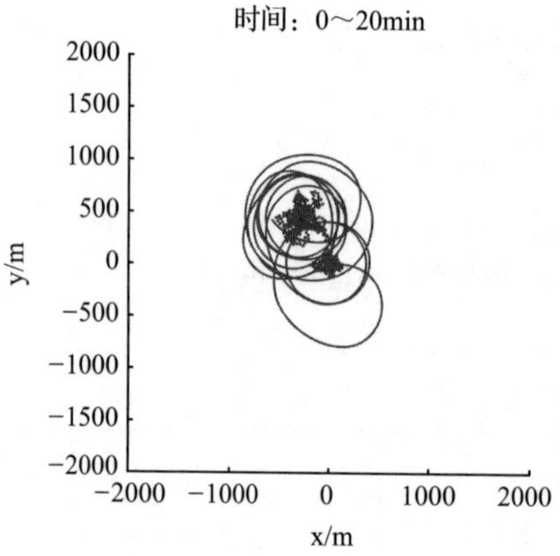

a）0～20min内无人机飞行轨迹和目标轨迹

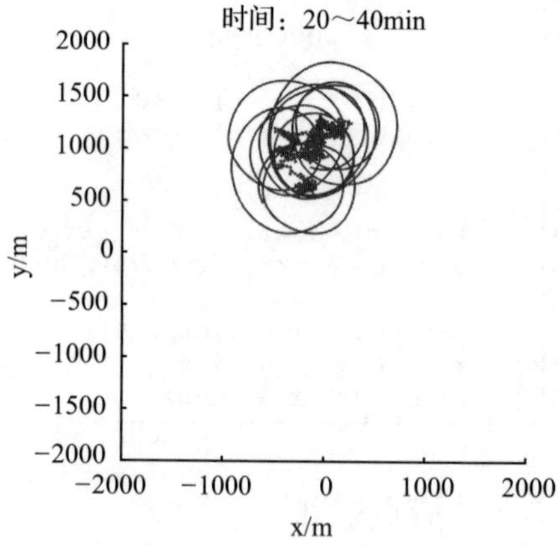

b）20～40min内无人机飞行轨迹和目标轨迹

图 3-24

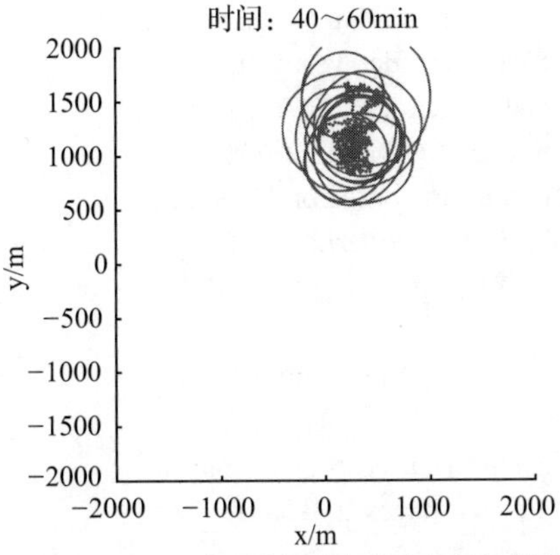

c）40～60min内无人机飞行轨迹和目标轨迹

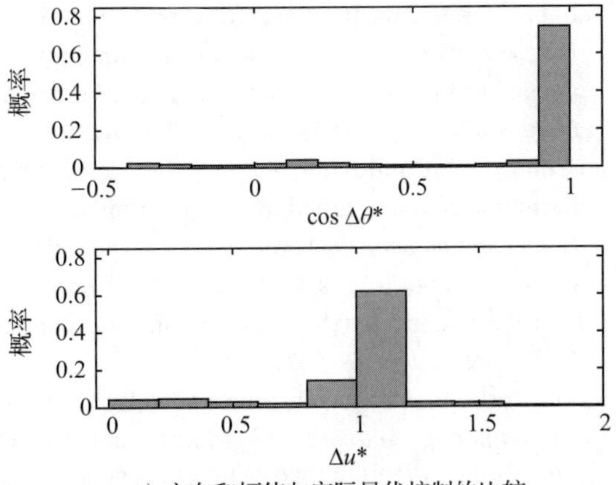

d）方向和幅值与实际最优控制的比较

图 3-24（续）

习题

习题 3.1 通过势函数式（3-2）推导出 **y** 轴正方向上的引力和斥力。

习题 3.2 （MATLAB）使用非零元素的行号和列号在程序 3-3 中构造稀疏矩阵。

习题 3.3 （MATLAB）重新编写程序 3-10，使用 Delaunay 函数构造图来获得最短路径。

习题 3.4 （Python）重新编写程序 3-12，使用 Voronoi 函数构造图来获得最短路径。

习题 3.5 （MATLAB/Python）文中用 Voronoi 或 Delaunay 函数构建的图来获得最短路径，请实现一种重新采样方法来改进最短路径，并绘制图 3-12 所示的图形。

习题 3.6 从式（3-14）中推导出式（3-15）。

习题 3.7 （MATLAB/Python）使用符号运算获得式（3-27），讨论 $a_\triangle$ 和 $b_\triangle$ 在什么情况下同时为 0，以及如何避免这种情况发生。

习题 3.8 （MATLAB/Python）使用以下值：v_{min}=20m/s，v_{max}=40m/s，$u_{x_{\min}}=-1\text{m}/\text{s}^2$，$u_{x_{\max}}=10\text{m}/\text{s}^2$，$u_{y_{\min}}=-2\text{m}/\text{s}^2$，$u_{y_{\max}}=2\text{m}/\text{s}^2$，$r_{min}$=400m，$w_{max}$=60km/h，$\Delta t$=2s，$x_a(0)$=−74.60m，$y_a(0)$=82.68m，$v_x(0)$=−16.84m/s，$v_y(0)$=−18.48m/s，$x_t(0)$=125.89m，和 $y_t(0)$=162.32m，绘制图 3-19。

习题 3.9 （MATLAB/Python）使用式（3-31），验证习题 3.8 中的值所确定的代价函数的凸性。

习题 3.10 （MATLAB/Python）让目标按式（3-34）随机移动，测试最优追踪算法，并且绘制类似图 3-24 的图。

参考文献

Larry Armijo. Minimization of functions having Lipschitz continuous first partial derivatives. *Pacific Journal of Mathematics*, 16(1):1–3, 1966. https://doi.org/pjm/1102995080.

Lennon Chaves, Iury V. Bessa, Hussama Ismail, Adriano Bruno dos Santos Frutuoso, Lucas Cordeiro, and Eddie Batista de Lima Filho. DSVerifier-aided verification applied to attitude control software in unmanned aerial vehicles. *IEEE Transactions on Reliability*, 67(4):1420–1441, 2018. https://doi.org/10.1109/TR.2018.2873260.

H. Chou, P. Kuo, and J. Liu. Numerical streamline path planning based on log-space harmonic potential function: a simulation study. In *2017 IEEE International Conference on Real-time Computing and Robotics (RCAR)*, pages 535–542, 2017. https://doi.org/10.1109/RCAR.2017.8311918.

Edsger W. Dijkstra. A note on two problems in connexion with graphs. *Numerische Mathematik*, 1(1):269–271, 1959.

Steven Fortune. Voronoi diagrams and delaunay triangulations. *Lecture Notes Series on Computing: Volume 1 Computing in Euclidean Geometry*, pages 193–233, 1992. https://doi.org/10.1142/9789814355858 0006.

S. J. Julier and J. K. Uhlmann. Unscented filtering and nonlinear estimation. *Proceedings of the IEEE*, 92(3):401–422, 2004. https://doi.org/10.1109/JPROC.2003.823141.

Rolf Klein. *Voronoi Diagrams and Delaunay Triangulations*, pages 2340–2344. Springer, New York, NY, 2016. ISBN 978-1-4939-2864-4. https://doi.org/10.1007/978-1-4939-2864-4_507.

W. H. Press, S. A. Teukolsky, W. T. Vetterling, and B. P. Flannery. *Numerical Recipes 3rd Edition: The Art of Scientific Computing*. Cambridge University Press, 2007. ISBN 9780521880688.

Pauli Virtanen, Ralf Gommers, Travis E. Oliphant, Matt Haberland, Tyler Reddy, David Cournapeau, Evgeni Burovski, Pearu Peterson, Warren Weckesser, Jonathan Bright, Stéfan J. van der Walt, Matthew Brett, Joshua Wilson, K. Jarrod Millman, Nikolay Mayorov, Andrew R. J. Nelson, Eric Jones, Robert Kern, Eric Larson, C. J. Carey, İlhan Polat, Yu Feng, Eric W. Moore, Jake VanderPlas, Denis Laxalde, Josef Perktold, Robert Cimrman, Ian Henriksen, E. A. Quintero, Charles R. Harris, Anne M. Archibald, Antônio H. Ribeiro, Fabian Pedregosa, Paul van Mulbregt, and SciPy 1.0 Contributors. SciPy 1.0: Fundamental algorithms for scientific computing in python. *Nature Methods*, 17:261–272, 2020. https://doi.org/10.1038/s41592-019-0686-2.

S. Waydo and R. M. Murray. Vehicle motion planning using stream functions. In *2003 IEEE International Conference on Robotics and Automation (Cat. No.03CH37422)*, volume 2, pages 2484–2491, 2003. https://doi.org/10.1109/ROBOT.2003.1241966.

Ronghui Zhan and Jianwei Wan. Iterated unscented Kalman filter for passive target tracking. *IEEE Transactions on Aerospace and Electronic Systems*, 43(3):1155–1163, 2007. https://doi.org/10.1109/TAES.2007.4383605.

Chuangchuang Zhu, Xiaolong Liang, Lvlong He, and Liu Liu. Demonstration and verification system for UAV formation control. In *2017 3rd IEEE International Conference on Control Science and Systems Engineering (ICCSSE)*, pages 56–60, 2017. https://doi.org/10.1109/CCSSE.2017.8087894.

Chapter4 第 4 章

生物系统的建模

4.1 生物分子间的相互作用

脱氧核糖核酸（DNA）存储着生物体的遗传信息。DNA 是一种双链分子，它由一系列核苷酸基组成，其中核苷酸基是一种含氮基的糖 – 磷酸分子。DNA 中的一部分片段包含基因信息，并且这部分包含基因信息的片段在被内部和 / 或外部刺激激活时，会被转录成核糖核酸（RNA）。而 RNA 会被翻译成一种蛋白质，这种蛋白质会与其他蛋白质相互作用或者会引起其他蛋白质之间进一步的相互作用。图 4-1 所示的过程在所有生物体中都是普遍存在的，这个过程被称为分子生物学的中心法则。其中的相互作用在时间和空间上是随机的，并且包含复杂的非线性反馈回路。在处理数百或数千个不同分子物种之间的相互作用时，建模生物分子网络就会变得异常困难。针对生物分子网络相互作用的特定部分，在建模和分析时需要根据具体研究目的，进行一定程度的近似和简化。当然，每种建模方法都有其优点和局限性。

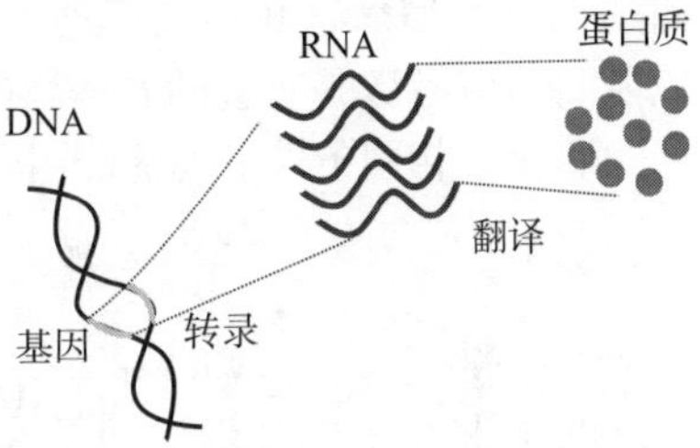

图 4-1　从 DNA 到 RNA 的转录和从 RNA 到蛋白质的翻译

4.2 确定性建模

如前面配体 – 受体的例子所示，生物分子间的相互作用可以建模为一组常微分方程，这些相互作用来自化学理论或实验。为了使模型拟合实验数据，可以通过直接测量或者数值优化的方法得到相互作用中的某些反应速率。通常这些实验是在培养基细胞中进行的，也就是在同源细胞群中进行的。

4.2.1 细胞群和多重实验

在细胞的培养测量过程中，细胞个体间的差异被大大减少，但细胞反应也依赖于环境条件。Morohashi 等在 2002 年发表的论文中提出了细胞反应的两类参数：对频繁变化具有鲁棒性的参数和对不常见的扰动高度敏感的参数（Carlson and Doyle，2000）。

考虑如下常微分方程：

$$\frac{\mathrm{d}\boldsymbol{x}(t)}{\mathrm{d}t}=f[\boldsymbol{x}(t),p_N+v_N,p_E+c_E+v_E]+w(t)$$

式中，$\boldsymbol{x}(t)$ 是一个 n 维非负实向量，$\boldsymbol{x}(t)$ 中的元素表示不同种分子的浓度；t 表示时间；p_N 是模型中动力学参数的标称值，受 v_N 影响；v_N 是由分布未知的零均值随机常数给定的随机波动，因细胞而异；p_E 是模型中自适应动力学参数的标称值，受 c_E 影响；c_E 随环境（如不同的营养浓度和温度）的变化而变化；v_E 表示自适应参数的波动，是分布未知的零均值随机常数。

v_N 和 v_E 彼此独立且始终存在。$w(t)$ 是过程噪声，即未建模的动力学部分，其为零均值高斯白噪声。此外，$f(\cdot,\cdot,\cdot)$ 通常是一个非线性函数。在将参数分为前述两种类型后，我们测试动力学模型是否会对一定范围内的扰动具有鲁棒性，以及自适应参数是否会随着环境的变化而适当改变（Morohashi et al.，2002）。

考虑在相同条件下观察 k 个同源细胞，并且每个细胞的动力学由以下方程给出：

$$\frac{\mathrm{d}x_1(t)}{\mathrm{d}t}=f[x_1(t),p_N+v_{N_1},p_E+c_E+v_{E_1}]+w_1(t) \tag{4-1a}$$

$$\frac{\mathrm{d}x_2(t)}{\mathrm{d}t}=f[x_2(t),p_N+v_{N_2},p_E+c_E+v_{E_2}]+w_2(t) \tag{4-1b}$$

$$\vdots$$

$$\frac{\mathrm{d}x_k(t)}{\mathrm{d}t}=f[x_k(t),p_N+v_{N_k},p_E+c_E+v_{E_k}]+w_k(t) \tag{4-1c}$$

由于所有动力学描述的是相同环境下相同类型的细胞，因此产生的时间序列 $x_1(t)$、$x_2(t)$、…、$x_k(t)$ 之间不会有很大差异。因此，对于 $i=1,2,\cdots,k$，$x_i(t)$ 的时间序列可以写为：

$$x_i(t)=\overline{x}(t)+\delta x_i(t) \tag{4-2}$$

式中，$\overline{x}(t)$ 是平均值，等于 $\left[\sum_{i=1}^{k}x(t)\right]\Big/k$ 上，并且 $\delta x(t)$ 相对于 $\overline{x}(t)$ 很小。取式（4-1）的一阶泰勒展开为：

$$\frac{\mathrm{d}x_i(t)}{\mathrm{d}t} \approx f[\overline{x}(t), p_N, p_E + c_E] + \left.\frac{\partial f[\boldsymbol{x}(t), p_N, p_E + c_E]}{\partial x}\right|_{x=\overline{x}(t)} \delta \boldsymbol{x}_i(t)$$
$$+ \left.\frac{\partial f[\overline{x}(t), p, p_E + c_E]}{\partial p}\right|_{p=p_N} v_{N_i} + \left.\frac{\partial f[\overline{x}(t), p_N, p]}{\partial p}\right|_{p=p_E+c_E} v_{E_i} + w_i(t)$$

式中，$i = 1, 2, \cdots, k$ 。平均值对时间求导为：

$$\frac{\mathrm{d}\left[\sum_{i=1}^{k} x_i(t)\right] \bigg/ k}{\mathrm{d}t} = \frac{\mathrm{d}\overline{x}(t)}{\mathrm{d}t} \approx f[\overline{x}(t), p_N, p_E + c_E] \tag{4-3}$$

其中，当k增加时有：

$$\frac{1}{k}\sum_{i=1}^{k} \delta x_i(t) \to 0,\ \frac{1}{k}\sum_{i=1}^{k} v_{N_i} \to 0,\ \frac{1}{k}\sum_{i=1}^{k} v_{E_i} \to 0,\ \frac{1}{k}\sum_{i=1}^{k} w_i(t) \to 0$$

而一个细胞培养基中的细胞数量k通常在几百万（Papadimitriou and Lelkes，1993）。

使得式（4-3）成立的主要假设如下：

- 一个培养基中的细胞类型都是相同的，即同一培养基中所有细胞的$f(\cdot,\cdot,\cdot)$和p_N都是相同的。
- 细胞处于相同环境中，即对于培养基中的所有细胞，p_E和c_E是相同的。
- 未建模的动力学部分$w_i(t)(i=1, 2, \cdots, k)$对于培养基中的所有细胞都是相同的零均值高斯过程。

只要$\|\delta x_i(t)\|$保持较小，平均模型的误差就会收敛到零，即平均模型能够很好地表示每个单独细胞的行为。然而，如果噪声的影响很大，使得微分方程的轨迹彼此不同，那么从培养基测量中估计的动力学参数可能与每个细胞的实际值有很大差异。在这种情况下，无法利用从群体或者培养基测量中识别的参数推断出细胞的正确状态。为了得到正确状态，必须对每个细胞进行单独测量（Elowitz et al.，2002；Colman-Lerner et al.，2005），本章后续会讨论单细胞建模。

假设同源细胞群中大多数细胞的状态彼此接近，可以通过将相同培养基暴露在不同的环境条件下来识别环境效应（c_E）。当将L个不同的环境条件应用于同一培养基的不同子组时，子组的动力学特性由以下方程描述：

$$\frac{\mathrm{d}\overline{x}_1(t)}{\mathrm{d}t} = f[\overline{x}_1(t), p_N + p_E + c_{E_1}] \tag{4-4a}$$

$$\frac{\mathrm{d}\overline{x}_2(t)}{\mathrm{d}t} = f[\overline{x}_2(t), p_N, p_E + c_{E_2}] \tag{4-4b}$$

$$\vdots$$

$$\frac{\mathrm{d}\overline{x}_L(t)}{\mathrm{d}t} = f[\overline{x}_L(t), p_N, p_E + c_{E_L}] \tag{4-4c}$$

其中每个子组的初始条件$(\overline{x}_1(t_0),\ \overline{x}_2(t_0),\ \cdots,\ \overline{x}_L(t_0))$通常是不同的。

1. 模型拟合与测量

对于每一个实验（$i=1, 2, \cdots, L$），寻找模型的未知参数是通过求解以下优化问题实现的：

$$\underset{p_N, p_E+c_{E_i}}{\text{Minimize}} J=\sum_{j=1}^{r}\left\|\overline{y}_i(t_j)-\tilde{y}_i(t_j)\right\|^2 \tag{4-5}$$

该优化问题的约束条件为式（4-4），其中 $\overline{y}_i(t_j)$ 和 $\tilde{y}_i(t_j)$ 分别是在时刻 t_j 模型的值和后期处理的测量值，r 是每次实验的测量次数。后期处理前的测量值 $\tilde{y}_i^*(t_j)$ 通过下式给出：

$$\tilde{y}_i^*(t_j)=h[\overline{x}_i(t_j),t_j]\approx\alpha\overline{x}_i(t_j)$$

式中，$h(\cdot,\cdot)$ 是一个未知的非线性函数，α 通常是未知的常数。为了从非线性函数中得到线性近似，需要花费大量的时间和精力。通过实验准备步骤、细胞采样方法、后期数据处理，可以认为测量值 $\tilde{y}_i^*(t_j)$ 与实际测量的量 $\overline{x}_i(t_j)$ 呈线性比例关系。为了使测量值 $\tilde{y}_i^*(t_j)$ 与分子浓度 $\overline{x}_i(t_j)$ 具有线性关系，需要精心的实验设计、准备和完成工作。

我们很少通过计算分子的数量来直接得到分子浓度。在蛋白质印记法中，尺寸和颜色强度表示分子浓度（Pediredla and Seelamantula，2011）。在荧光共振能量转移（Fluorescence Resonance Energy Transfer，FRET）中，颜色代表蛋白质之间的相互作用（Sekar and Periasamy，2003），通常利用最大尺寸或最大强度对尺寸和颜色强度进行归一化。在这种情况下，测量值的后期处理通过下式给出：

$$\overline{y}_i(t_j)=\frac{\overline{y}_i^*(t_j)}{\max_{s=1}^{r}\overline{y}_i^*(t_s)}$$

该式使用最大测量值进行归一化。假设测量值最后会达到稳态，也可以通过最后一次的测量值进行归一化，公式如下：

$$\overline{y}_i(t_j)=\frac{\overline{y}_i^*(t_j)}{\overline{y}_i^*(t_r)}$$

表 4-1 展示了从 Yanofsky 和 Horn 在 1994 年发表论文的实验中提取的数据，这些实验展示了大肠杆菌（Escherichia coli，E.coli）在三种不同环境条件下的自适应反应。大肠杆菌是分子生物学中广泛使用的典型生物之一，用于研究生物分子间的相互作用。它是一种存在于人类肠道等多种环境中的细菌，其圆柱形的细胞长 1 ～ 7um 不等，倍增时间约为 20min（Osella et al.，2014）。

表 4-1　大肠杆菌在三种不同环境条件下的酶反应

实验 A		实验 B		实验 C	
时间 /min	活性酶 /（a.u.）	时间 /min	活性酶 /（a.u.）	时间 /min	活性酶 /（a.u.）
0	25	0	0	0	0

（续）

实验 A		实验 B		实验 C	
时间 /min	活性酶 / (a.u.)	时间 /min	活性酶 / (a.u.)	时间 /min	活性酶 / (a.u.)
20	657	29	1370	29	754
38	617	60	1362	58	888
59	618	89	1291	88	763
89	577	179	913	118	704
119	577			178	683
149	567				

注：1. a.u. 表示任意单位。

2. 来源：数据摘自 Yanofsky 和 Horn 在 1994 年发表的论文。

生物学测量的过程和性质通常与工程系统中的测量非常不同。例如，表 4-1 中每个实验酶的测量值来自不同细胞，每隔 30min 左右从同一培养基中取一个样品并冷冻保存。在用荧光法测量酶活性之前，每个冷冻的样品都要先解冻和悬浮。在这个过程中，细胞会生长和分裂。为了归一化对浓度测量的影响，还考虑了一些适当的因素，参见 Yanofsky 和 Horn 在 1994 年发表的论文中关于先验数据处理的详细描述。

活性酶的单位是任意的，这意味着 α 是未知的，所以表 4-1 中的数值没有直接物理意义，我们不能直接进行比较。例如，我们不能通过比较表格中的值就得出实验 B 的酶活性高于实验 A 的结论。假设这三个实验最后都达到稳态，则可以通过最后一次的测量值将所有值都进行归一化。图 4-2 展示了归一化的时间序列。从图中可以看出，它们的动态响应在上升时间、超调和收敛时间上均有差异。

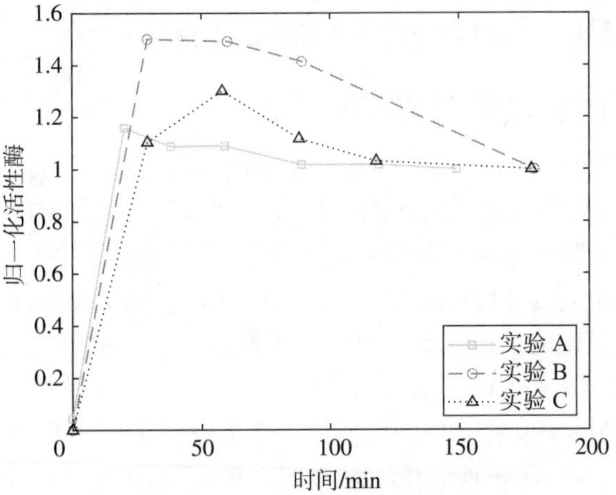

图 4-2 大肠杆菌色氨酸测量值（通过稳态值进行归一化）

在模型拟合过程中，求解优化问题以获得模型的参数。然而，在相同环境下的单个实验或多个实验中，描述动力学相互作用的参数 p_N 和 $p_E+c_{E_j}$ 无法区分，我们无法得知哪些参数是用来适应环境变化的。此外，相同环境下的单个实验或多个实验不能将 p_E 和 c_{E_j} 进行分离。如表 4-1 中的数据所示，这三种参数类型可以通过不同环境下的多次实验分别识别。

2. 寻找自适应参数

通过求解各实验集的优化问题，可以得到拟合各实验数据的最优参数组合。将优化参数集记为 $\mathcal{P}_i=\{p_1, p_2, \ldots, p_k\}$（$i=1, 2, \cdots, L$），其中 p_j（$j=1, 2, \cdots, k$）包含向量参数 p_N 和 $p_E+c_{E_j}$ 中的所有元素。但是，我们不知道 p_j 属于 p_N 还是 $p_E+c_{E_j}$。通过从 L 个不同环境条件下得到的 L 组测量值，可以计算出每个参数 p_j（$j=1, 2, \cdots, k$）的均值 m_j 和方差 σ_j^2。Kaern 等在 2005 年发表的论文中定义每个参数的噪声 η_j 和噪声强度 φ_j 如下

$$\eta_j=\frac{\sigma_j}{|m_j|} \tag{4-6a}$$

$$\varphi_j=\frac{\sigma_j^2}{|m_j|} \tag{4-6b}$$

式中，$j=1, 2, \cdots, k$。由于 p_N 中的 p_j 仅随细胞间的随机差异而波动，所以其噪声并不会强于用来调整响应以适应环境变化的 $p_E+c_{E_j}$ 中的 p_j。也即 $p_E+c_{E_j}$ 中的参数变化较大，方差较大。通过检查噪声的大小和 / 或噪声强度，我们能够区分 p_j 属于非自适应参数 p_N 还是自适应参数 $p_E+c_{E_j}$。

接下来，我们将上述过程应用于细菌中的生物分子网络。

4.2.2 大肠杆菌色氨酸调节模型

色氨酸是大肠杆菌的一种必需氨基酸。色氨酸操纵子是 DNA 分子中的一簇基因，由信使 RNA 聚合酶（mRNAP）转录以产生色氨酸（Alberts et al.，2015）。色氨酸操纵子对大肠杆菌的调控机制已得到了深入研究，并据此揭示了几种重要的反馈机制。Yanofsky 和 Horn 在 1994 年发表的论文中展示了大肠杆菌色氨酸调节机制对外部变化的实验结果。如表 4-1 所示，色氨酸反应是通过与色氨酸变化相关的活性酶的浓度变化来间接测量的。

Santillán 和 Mackey 在 2001 年发表的论文中提出了色氨酸调控机制的数学模型，包括抑制、反馈酶抑制和转录衰减。该模型由四个非线性常微分方程给出，第一个方程是下述自由操纵子 $O_F(t)$ 的动力学方程：

$$\frac{\mathrm{d}O_F(t)}{\mathrm{d}t}=\frac{K_r}{K_r+R_A[T(t)]}h(O,O_F,P)-\mu O_F(t) \tag{4-7}$$

式中，

$$h(O,O_F,P)=\mu O-k_P PO_F(t)+k_p PO_F(t-\tau_p)\mathrm{e}^{-\mu\tau_p}$$

$$R_A[T(t)]=\frac{RT(t)}{K_t+T(t)}$$

式中，O是总操纵子的浓度，$O_F(t)$是自由操纵子的浓度，P是用于结合和转录自由操纵子的mRNAP浓度，$T(t)$是色氨酸浓度，K_r是抑制平衡常数，μ是细胞的生长速率，k_p是DNA-mRNAP异构化速率，τ_p是结合DNA的mRNAP移开并释放操纵子的时间，$R_A[T(t)]$是活性抑制物，R是总抑制物浓度，K_t是总抑制物和活性抑制物之间的速率平衡常数。

$R_A[T(t)]$在许多生物分子模型中具有同样的结构，考虑Alberts等在2015年发表的论文中给出的酶（E）、底物（S）、酶–底物（ES）复合物和蛋白质（P）相互作用如下：

$$\mathrm{E}+\mathrm{S}\underset{k_{\mathrm{off}}}{\overset{k_{\mathrm{on}}}{\rightleftharpoons}}\mathrm{ES}\xrightarrow{\mathrm{k_{cat}}}\mathrm{E}+\mathrm{P} \tag{4-8}$$

蛋白质的生成速率v为：

$$v=\frac{\mathrm{d}[P]}{\mathrm{d}t}=k_{\mathrm{cat}}[\mathrm{ES}]$$

酶–底物复合物的生成速率为：

$$\frac{\mathrm{d}[\mathrm{ES}]}{\mathrm{d}t}=k_{\mathrm{on}}[\mathrm{E}][\mathrm{S}]-k_{\mathrm{off}}[\mathrm{ES}]-k_{\mathrm{cat}}[\mathrm{ES}]$$

式中，$\mathrm{E}=\mathrm{E}_0-\mathrm{ES}$，$\mathrm{E}_0$为酶的总量。假设$[\mathrm{ES}]$比其他反应更快达到稳态，并且

$$\frac{\mathrm{d}[\mathrm{ES}]}{\mathrm{d}t}\approx 0\Rightarrow[\mathrm{ES}]_{\mathrm{SS}}=\frac{k_{\mathrm{on}}}{k_{\mathrm{off}}+k_{\mathrm{cat}}}[\mathrm{E}][\mathrm{S}]=\frac{1}{K_m}([\mathrm{E}_0]-(\mathrm{ES})_{\mathrm{SS}})[\mathrm{S}]$$

则由此解出酶–底物复合物浓度的稳态$[\mathrm{ES}]_{\mathrm{SS}}$为：

$$[\mathrm{ES}]_{\mathrm{SS}}=\frac{[\mathrm{E}_0][\mathrm{S}]}{K_m+[\mathrm{S}]}$$

因此，给出蛋白质生成速率如下：

$$v=\frac{k_{\mathrm{cat}}[\mathrm{E}_0][\mathrm{S}]}{K_m+[\mathrm{S}]}=\frac{v_{\max}[\mathrm{S}]}{K_m+[\mathrm{S}]}$$

式中，$v_{\max}=k_{\mathrm{cat}}[\mathrm{E}_0]$，该式被称作米氏方程（Michaelis-Menten equation）。观察这个方程，我们可以得到如下结果：

- 当$[\mathrm{S}]=0$时，$v=0$。
- 当$[\mathrm{S}]<<K_m$时，v与[S]成线性比例，即$v\approx v_{\max}[\mathrm{S}]/K_m$。

- 当 $[\mathrm{S}]=K_m$ 时，v 是 $v_{\max}$ 的一半。
- 当 $[\mathrm{S}]>>K_m$ 时，v 与 $v_{\max}$ 相等。

对 $R_A[T(t)]$ 可以做出类似的解释。

模型的第二个动力学方程表示游离 mRNAP 的浓度，mRNAP（P）通过结合基因并转录游离的色氨酸操纵子 $O_F(t)$ 生成游离 mRNA（$M_F(t)$）。

$$\begin{aligned}\frac{\mathrm{d}M_F(t)}{\mathrm{d}t}&=k_p PO_F(t-\tau_m)\mathrm{e}^{-\mu\tau_m}[1-b(1-\mathrm{e}^{-T(t)/c})]\\&-k_\rho\rho[M_F(t)-M_F(t-\tau_\rho)\mathrm{e}^{-\mu\tau_\rho}]-(k_d D+\mu)M_F(t)\end{aligned} \tag{4-9}$$

式中，$M_F(t)$ 是游离 mRNA 的浓度，τ_m 是 mRNAP 与 DNA 结合后生成 mRNA 所需的时间，b 和 c 是转录衰减的常数，k_ρ 是 mRNA- 核糖体异构率，ρ 是核糖体的浓度，τ_ρ 是核糖体与 mRNA 结合并启动翻译所需的时间，k_d 是 mRNA 破坏率，D 是 mRNA 破坏酶的浓度。

第三个方程是 mRNA $[M_F(t)]$ 生成酶的动力学模型，如下式所示：

$$\frac{\mathrm{d}E(t)}{\mathrm{d}t}=\frac{1}{2}k_\rho\rho M_F(t-\tau_e)\mathrm{e}^{-\mu\tau_e}-(\gamma+\mu)E(t) \tag{4-10}$$

式中，$E(t)$ 是所有酶的浓度，τ_e 是酶的核糖体结合速率延迟，γ 是酶降解速率常数。

最后一个方程是色氨酸生成 $[T(t)]$ 的动力学模型，如下式所示：

$$\frac{\mathrm{d}T(t)}{\mathrm{d}t}=KE_A(E,T)-\frac{gT(t)}{K_g+T(t)}+\mathrm{d}\frac{T_{\mathrm{ext}}}{\mathrm{e}+T_{\mathrm{ext}}[1+T(t)/f]}-\mu T(t) \tag{4-11}$$

式中，K 是色氨酸生成速率，与活性酶浓度 $[E_A(E,T)]$ 成比例；g 是色氨酸最大消耗速率；d、E 和 f 是用于建模外部色氨酸摄取速率的参数；T_{ext} 是外部色氨酸摄取量；内部色氨酸消耗通过米氏方程以常数 K_g 建模。

活性酶浓度 $[E_A(E,T)]$ 通过下式给出：

$$E_A(E,T)=\frac{K_i^{n_H}}{K_i^{n_H}+T^{n_H}(t)}E(t) \tag{4-12}$$

式中，K_i 是邻氨基苯甲酸酯合成酶反应的色氨酸反馈抑制的平衡常数，它通过带有系数 n_H 的 Hill 方程进行建模，Hill 方程是生物分子系统建模中另一种常见的模型结构。两个色氨酸附着在酶上会使酶失活，从而色氨酸降低了活性酶的生成速率。n_H 被称为 Hill 系数，用于表示协同结合，如当两个分子同时结合到另一个分子时，n_H 等于 2。随着协同程度的增加，速率会比非协同情况（即 n_H =1 或较低的协同情况）更快地减少或增加（取决于 Hill 方程前面的符号）。对于具有两个色氨酸的酶抑制过程，当 n_H 介于 1 和 2 之间时，结合不会同时发生。Santillán 和 Mackey 在 2001 年发表的论文中对该模型进行了详细解释。

1. 稳态和相关参数

达到稳态浓度时，其各阶导数均为0。然而，当 $T(t)$ 达到稳态时，式（4-11）描述的代数方程如下所示：

$$0 = KE_A(\bar{E},\bar{T}) - \frac{g\bar{T}}{K_g + \bar{T}} - \mu\bar{T} \qquad (4\text{-}13)$$

式中，$\bar{E}_A = E_A(\bar{E},\bar{T})$（带有 T^{n_H} 项），外部色氨酸浓度为零；$\bar{E}$ 代表 $E(t)$ 的稳态（即酶的稳态浓度）；$\bar{T}$ 则是 $T(t)$ 的稳态（即色氨酸的稳态浓度）。这种情况下一般没有解析解，Santillán 和 Mackey 在 2001 年发表论文的补充材料中认为，活性酶浓度（E_A）在稳态（$\bar{E}_A$）时，等于稳态酶浓度（$\bar{E}$）的一半。由式（4-12）所示的 Hill 方程可知，T 的稳态 $\bar{T}$ 一定满足 $\bar{T} = K_i$。因此，$\bar{E}_A$ 等于 $\bar{E}/2$。将 $\bar{T} = K_i$ 代入式（4-13），解得 $K = \frac{2(\bar{G} + \mu K_i)}{\bar{E}}$，其中 $\bar{G} = \frac{gK_i}{K_g + K_i}$。内部色氨酸最大消耗速率 g 满足 $g = \frac{T_{cr}(K_i + K_g)}{K_i}$，其中 T_{cr} 是要估计的稳态时的色氨酸内部消耗速率。

当 $E(t)$ 达到稳态时，式 (4-10) 描述的代数方程为 $0 = \frac{1}{2}k_\rho \rho \bar{M}_F \mathrm{e}^{-\mu\tau_e} - (\gamma + \mu)\bar{E}$，并且稳态 $\bar{E}$ 满足 $\bar{E} = \frac{k_\rho \rho \bar{M}_F \mathrm{e}^{-\mu\tau_e}}{2(\gamma + \mu)}$。在达到稳态后，不会再受到时延的影响，即 $\bar{M}(t)_F$ 满足 $\bar{M}_F(t - \tau_e)$。$M_f(t)$ 的稳态条件为：$0 = k_p P\bar{O}_F \mathrm{e}^{-\mu\tau_m}[1 - b(1 - \mathrm{e}^{-K_i/c})] - k_\rho \rho (1 - \mathrm{e}^{-\mu\tau_\rho})\bar{M}_F - (k_d D + \mu)\bar{M}_F$，从而 $\bar{M}_F = \frac{k_p P\bar{O}_F \mathrm{e}^{-\mu\tau_m}[1 - b(1 - \mathrm{e}^{-K_i/c})]}{k_\rho \rho (1 - \mathrm{e}^{-\mu\tau_\rho}) + k_d D + \mu}$。$O_F$ 的稳态条件则须满足：$0 = \frac{K_r}{K_r + RK_i/(K_t + K_i)}(\mu O - k_p P\bar{O}_F + k_p P\bar{O}_F \mathrm{e}^{-\mu\tau_p}) - \mu\bar{O}_F$，从而 $\bar{O}_F = \frac{K_r \mu O}{K_r k_p P(1 - \mathrm{e}^{-\mu\tau_p}) + \mu[K_r + RK_i/(K_t + K_i)]}$。模型中的其他相关参数为：$k_\rho = \frac{1}{\rho\tau_\rho}$、$k_p = \frac{1}{\tau_p P}$、$k_d D = \frac{\rho k_\rho}{30}$、$K_g = \frac{\bar{T}}{20}$，以及$K_r = \frac{k_{-r}}{k_{+r}}$、$K_i = \frac{k_{-i}}{k_{+i}}$、$K_t = \frac{k_{-t}}{k_{+t}}$。

2. 时间延迟的 Padé 近似

微分方程中含有四个时延项，与没有时延的方程相比，求解带有时延的微分方程的代价是较高的。由于延迟状态会影响状态的导数，求解器必须处理导数中可能存在的不连续性，并需要通过内存访问过去的状态。

我们将通过下文所述的优化过程多次求解微分方程，来搜索时延微分方程和相应实验数据的最佳参数集。只要解的精度在可接受的范围内，短的计算时间比解的准确性更为重要。

考虑时延方程：$y(t)=x(t-\tau)$，$t\in[0,\infty)$，其中 $y(t)$ 是 $x(t)$ 延迟 τ 后的值，是严格正值，并且对于 $t<\tau$ 有 $x(t-\tau)=0$。对其进行拉普拉斯变换，得到

$$Y(s)=\mathrm{e}^{-\tau s}X(s) \tag{4-14}$$

式中，$X(s)$ 和 $Y(s)$ 分别是 $x(t)$ 和 $y(t)$ 的拉普拉斯变换。在拉普拉斯变换域 s 中，时延变为指数函数。将 $s=\mathrm{j}\omega(\mathrm{j}=\sqrt{-1},\omega\in[0,\infty))$ 代入指数函数并应用欧拉公式 $\mathrm{e}^{-\mathrm{j}\tau\omega}=\cos(\tau\omega)-\mathrm{j}\sin(\tau\omega)$。

因为时延的幅度衰减系数对于所有频率（$\omega\in[0,\infty)$）都为 1，所以时延不会影响信号的幅度，但是会影响信号的相位。

当 τ 相对较小并且 $X(s)$ 在低频范围内时，可用以下 Padé 近似取代指数函数（Franklin et al.，2015）：

$$\mathrm{e}^{-\tau s}\approx\frac{1-(\tau s)/2+(\tau s)^2/12}{1+(\tau s)/2+(\tau s)^2/12} \tag{4-15}$$

这是一个 $(p,q)=(2,2)$ 的 Padé 近似，其中 p 是分子多项式的阶数，q 是分母多项式的阶数。$\tau=1.32$ min 是表 4-2 中最长延迟时间的两倍，图 4-3 显示了 (2, 2) 的 Padé 近似和指数函数之间的相位角比较。对于 $\tau=1.32$ min，它们的相位角在 ω 小于 2 rad / min 时匹配得较好。

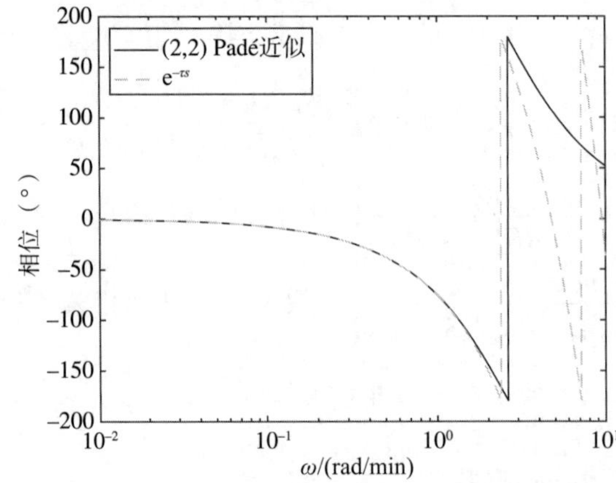

图 4-3　$(p,q)=(2,2)$ 的 Padé 近似和指数函数 $\mathrm{e}^{-\tau s}$ 之间的相位角比较（见彩插）

3. 状态空间实现

仅使用加法和乘法等基本运算，无法在计算机上直接实现函数传递。而状态空间形式是可以通过基本运算求解的一阶微分方程，可用于传递函数在计算机上实现。

为了对其进行实现，我们使用了拉普拉斯变换的一个性质如下，函数的时域

微分和相应的拉普拉斯变换满足方程：

$$sY(s)-y(0)=\int_{t=0}^{t=\infty}\mathrm{e}^{-st}\dot{y}(t)\mathrm{d}t$$

我们可以递归地使用该方程，从而得到：

$$s^nY(s)-s^{n-1}y(0)-\cdots-s\frac{\mathrm{d}^{n-2}y(0)}{\mathrm{d}t^{n-2}}-\frac{\mathrm{d}^{n-1}y(0)}{\mathrm{d}t^{n-1}}=\int_{t=0}^{t=\infty}\mathrm{e}^{-st}\frac{\mathrm{d}^n y(t)}{\mathrm{d}t^n}\mathrm{d}t$$

将所有初始条件设为 0，则有：

$$s^nY(s)=\int_{t=0}^{t=\infty}\mathrm{e}^{-st}\frac{\mathrm{d}^n y(t)}{\mathrm{d}t^n}\mathrm{d}t$$

将式（4-15）所示 Padé 近似代入式（4-14）中，有：

$$Y(s)=\frac{1-(\tau s)/2+(\tau s)^2/12}{1+(\tau s)/2+(\tau s)^2/12}X(s)$$

整理得到：

$$Y(s)=[1-(\tau s)/2+(\tau s)^2/12]\,Z(s)$$

式中，$Z(s)=\dfrac{1}{1+(\tau s)/2+(\tau s)^2/12}X(s)$。将右边分式的分母乘到左边，得到：

$$[1+(\tau s)/2+(\tau s)^2/12]Z(s)=X(s)$$

假设所有初始条件都为零，则相应的微分方程由下式给出：

$$z+\frac{\tau}{2}\dot{z}+\frac{\tau^2}{12}\ddot{z}=x$$

定义状态向量 $\boldsymbol{z}$ 为：

$$\boldsymbol{z}=\begin{bmatrix} z \\ \dot{z} \end{bmatrix}$$

求其对时间的导数，则有：

$$\dot{\boldsymbol{z}}=\begin{bmatrix} 0 & 1 \\ -\dfrac{12}{\tau^2} & -\dfrac{6}{\tau} \end{bmatrix}\boldsymbol{z}+\begin{bmatrix} 0 \\ \dfrac{12}{\tau^2} \end{bmatrix}x=\boldsymbol{A}\boldsymbol{z}+\boldsymbol{B}x$$

$y(t)$ 和 $z(t)$ 微分方程的输出方程为：

$$\begin{aligned} y&=z-\frac{\tau}{2}\dot{z}+\frac{\tau^2}{12}\ddot{z}=z-\frac{\tau}{2}\dot{z}+\left(x-z-\frac{\tau}{2}\dot{z}\right)=-\tau\dot{z}+x \\ &=[0 \quad -\tau]\boldsymbol{z}+x=\boldsymbol{C}\boldsymbol{z}+Dx \end{aligned}$$

在 MATLAB 和 Python 的 Scipy 库中，tf2ss() 函数返回给定传递函数的状态空间形式。可以在 MATLAB 中运行以下程序：

```
>> tau = 1.32;
>> num = [tau^2/12 -tau/2 1];
>> den = [tau^2/12 tau/2 1];
>> [A,B,C,D] = tf2ss(num,den)
```

或者在 Python 中运行以下程序：

```
In [1]: from scipy.signal import tf2ss
In [2]: tau=1.32
In [3]: num=[tau**2/12, -tau/2, 1]
In [4]: den=[tau**2/12, tau/2,1]
In [5]: A,B,C,D=tf2ss(num,den)
```

得到返回结果如下：

$$\boldsymbol{A}=\begin{bmatrix}-4.54 & -6.89\\ 1 & 0\end{bmatrix},\ \boldsymbol{B}=\begin{bmatrix}1\\0\end{bmatrix},\boldsymbol{C}=\begin{bmatrix}-9.09 & 0\end{bmatrix},D=1$$

结果与预期不同，我们推导出的状态空间形式如下：

$$\boldsymbol{A}=\begin{bmatrix}0 & 1\\ -6.89 & -4.54\end{bmatrix},\boldsymbol{B}=\begin{bmatrix}0\\6.89\end{bmatrix},\boldsymbol{C}=\begin{bmatrix}0 & -1.32\end{bmatrix},D=1$$

状态空间形式如下给出：

$$\dot{\boldsymbol{z}}=\boldsymbol{A}\boldsymbol{z}+\boldsymbol{B}x$$
$$y=\boldsymbol{C}\boldsymbol{z}+Dx$$

采用拉普拉斯变换找到输入 x 和输出 y 之间的关系，我们得到如下传递函数：

$$sZ(s)=AZ(s)+BX(s)\Rightarrow Z=(s\boldsymbol{I}-\boldsymbol{A})^{-1}\boldsymbol{B}X(s)$$
$$\Rightarrow Y(s)=[\boldsymbol{C}(s\boldsymbol{I}-\boldsymbol{A})^{-1}\boldsymbol{B}+D]X(s)$$

其中 $\boldsymbol{z}(0)=\boldsymbol{0}$。传递函数 $\boldsymbol{C}(s\boldsymbol{I}-\boldsymbol{A})^{-1}+D$ 对于上述两组 $(\boldsymbol{A},\boldsymbol{B},\boldsymbol{C},\boldsymbol{D})$ 是相同的，这意味着对于给定的传递函数不存在唯一的状态空间实现。对任意线性变换 $\boldsymbol{q}=\boldsymbol{T}\boldsymbol{z}$（$\boldsymbol{T}$ 是一个非奇异矩阵，即 $\boldsymbol{T}^{-1}$ 存在），则有下述状态空间形式：

$$\dot{\boldsymbol{q}}=\boldsymbol{T}\dot{\boldsymbol{z}}=\boldsymbol{T}\boldsymbol{A}\boldsymbol{z}+\boldsymbol{T}\boldsymbol{B}\boldsymbol{x}=\boldsymbol{T}\boldsymbol{A}(\boldsymbol{T}^{-1}\boldsymbol{T}\boldsymbol{z})+\boldsymbol{T}\boldsymbol{B}\boldsymbol{x}$$
$$=(\boldsymbol{T}\boldsymbol{A}\boldsymbol{T}^{-1})\boldsymbol{q}+(\boldsymbol{T}\boldsymbol{B})\boldsymbol{x}=\tilde{\boldsymbol{A}}\boldsymbol{q}+\tilde{\boldsymbol{B}}\boldsymbol{x}$$
$$y=\boldsymbol{C}(\boldsymbol{T}^{-1}\boldsymbol{T}\boldsymbol{z})+Dx=(\boldsymbol{C}\boldsymbol{T}^{-1})\boldsymbol{q}+Dx=\tilde{\boldsymbol{C}}\boldsymbol{q}+Dx$$

并且 $\tilde{\boldsymbol{C}}(s\boldsymbol{I}-\tilde{\boldsymbol{A}})^{-1}\tilde{\boldsymbol{B}}+D$ 提供了相同的转移函数。

对于下式给出的转移函数：

$$Y(s)=\frac{b_0s^n+b_1s^{n-1}+\cdots+b_{n-1}s+b_n}{s^n+a_1s^{n-1}+\cdots+a_{n-1}s+a_n}X(s)$$

可控制的规范形式如下 (The MathWorks，2021)：

$$\boldsymbol{A}=\begin{bmatrix}0 & 1 & 0 & \cdots & 0\\ 0 & 0 & 1 & \cdots & 0\\ \vdots & \vdots & \vdots & & \vdots\\ -a_n & -a_{n-1} & \cdots & \cdots & -a_1\end{bmatrix},\boldsymbol{B}=\begin{bmatrix}0\\0\\ \vdots\\0\\1\end{bmatrix},$$

$$\boldsymbol{C}=\begin{bmatrix}b_n-a_nb_0 & b_{n-1}-a_{n-1}b_0 & \cdots & b_2-a_2b_0 & b_1-a_1b_0\end{bmatrix},D=b_0$$

将（2，2）的 Padé 近似的分子和分母同时除以 $\tau^2/12$，得到

$$Y(s)=\frac{s^2-(6/\tau)s+(12/\tau^2)}{s^2+(6/\tau)s+(12/\tau^2)}X(s)$$

则（2，2）的 Padé 近似可控规范形式为：

$$\boldsymbol{A}=\begin{bmatrix}0 & 1\\ -12/\tau^2 & -6/\tau\end{bmatrix},\boldsymbol{B}=\begin{bmatrix}0\\ 1\end{bmatrix},\boldsymbol{C}=[0 \quad -12/\tau],D=1$$

利用这种状态空间实现，实现了 O_F 和 M_F 的时延。比如通过求解下述一阶微分方程，就能得到 $O_F(t-\tau_p)$：

$$\dot{\boldsymbol{z}}_p=\begin{bmatrix}0 & 1\\ -12/\tau_p^2 & -6/\tau_p\end{bmatrix}\boldsymbol{z}_p+\begin{bmatrix}0\\ 1\end{bmatrix}O_F(t)=\boldsymbol{A}(\tau_p)\boldsymbol{z}_p+\boldsymbol{B}_pO_F(t)$$

$$O_F(t-\tau_p)=[0 \quad -12/\tau_p]\boldsymbol{z}_p+O_F(t)=\boldsymbol{C}(\tau_p)\boldsymbol{z}_p+D_PO_F(t)$$

式中，$\boldsymbol{z}_p(0)=\boldsymbol{0}$。同样，可以利用这种方式实现 $O_F(t-\tau_m)$、$M_F(t-\tau_\rho)$ 和 $M_F(t-\tau_e)$。

定义控制微分方程的状态向量为：

$$\boldsymbol{x}=[O_F(t) \quad M_F(t) \quad E(t) \quad T(t) \quad \boldsymbol{z}_p^{\mathrm{T}} \quad \boldsymbol{z}_m^{\mathrm{T}} \quad \boldsymbol{z}_\rho^{\mathrm{T}} \quad \boldsymbol{z}_e^{\mathrm{T}}]^{\mathrm{T}}$$

程序 4-1 和程序 4-2 分别在 MATLAB 和 Python 中实现了 O_F、M_F、$E(t)$ 和 $T(t)$ 的四个原始非线性微分方程，以及附加的四个延迟状态的八个线性微分方程。

程序 4-1 的第 5 行和程序 4-2 的第 7 行将负状态值重置为零，这是因为数值积分器并不关心所得解中是否包含负值或正值。而生物网络中的所有量，比如分子浓度等，都是正值，重置是防止出现负分子浓度的两种保护措施之一。另一种保护措施在程序结束位置，分别从程序 4-1 的第 112 行和程序 4-2 的第 121 行开始，如果当前浓度为负，则将 O_F、M_F、$E(t)$ 和 $T(t)$ 的导数重置为零，以防止浓度进一步下降。

该函数总共接收 23 个模型参数，K_i、K_t、K_r、k_ρ、k_P 和 k_dD 这六个相关参数，需要通过所接收的参数进行计算。由于 $T(t)$ 的稳态等于 K_i，因此需要计算 K。对于 $\bar{T}=K_i$，为了计算 K，需要先得到 $\bar{G}$ 和 $\bar{E}$。此外，为了计算 $\bar{E}$，需要先得到 $\bar{M}_F$ 和 $\bar{O}_F$。函数最终返回 $\mathrm{d}\boldsymbol{x}/\mathrm{d}t$ 为一个 12×1 的列向量。

程序 4-1 （MATLAB）描述大肠杆菌色氨酸操纵子调节的 Santillán 模型（具有时延的 Padé 近似）

```
1 %% Santillan 's model delayed differential equation
2 function dxdt = Santillan_E_coli_Tryptophan(time, state_all ,
      parameters , T_ext)
3
4     state_org = state_all;
5     state_all(state_all<0) = 0.0;
6
```

```
%-----------------------------------------------------------
% Uncertain parameters
%-----------------------------------------------------------
tau_p              = parameters(1);
tau_m              = parameters(2);
tau_rho            = parameters(3);
tau_e              = parameters(4);
R                  = parameters(5);
n_H                = parameters(6);
b                  = parameters(7);
e                  = parameters(8);
f                  = parameters(9);
O                  = parameters(10);
k_mr               = parameters(11);
k_pr               = parameters(12);
k_mi               = parameters(13);
k_pi               = parameters(14);
k_mt               = parameters(15);
k_pt               = parameters(16);
c                  = parameters(17);
d                  = parameters(18);
gama               = parameters(19);
T_consume_rate     = parameters(20);
P                  = parameters(21);
rho                = parameters(22);
mu                 = parameters(23);

%-------------------------------------------
% Dependent variables
%-------------------------------------------
K_i          = k_mi/k_pi;
K_t          = k_mt/k_pt;
K_r          = k_mr/k_pr;

k_rho        = 1/(tau_rho*rho);
k_p          = 1/(tau_p*P);
kdD          = rho*k_rho/30;

%-------------------------------------------
% Steady-state
%-------------------------------------------
T_SS = K_i;
K_g  = T_SS/20;
g_SS = T_consume_rate*(K_i + K_g)/K_i;
G_SS = g_SS*K_i/(K_i+K_g);

R_A_SS =  T_SS/(T_SS+K_t)*R;
O_F_SS = (K_r*mu*O)/(K_r*k_p*(1-exp(-mu*tau_p))+mu*(K_r+R_A_SS)
    );
M_F_SS = k_p*P*O_F_SS*exp(-mu*tau_m)*(1-b*(1-exp(-K_i/c))) ...
         /(k_rho*rho*(1-exp(-mu*tau_rho))+kdD+mu);
E_SS = (k_rho*rho*M_F_SS*exp(-mu*tau_e))/(2*(gama+mu));

K = 2*(G_SS + mu*K_i)/E_SS;

```

```
% state
O_F = state_all(1);
M_F = state_all(2);
E   = state_all(3);
T   = state_all(4);

% delayed state
state_tau_p     = state_all(5:6);
state_tau_m     = state_all(7:8);
state_tau_rho   = state_all(9:10);
state_tau_e     = state_all(11:12);

A_tau_p     = [0 1; -12/tau_p^2     -6/tau_p];
A_tau_m     = [0 1; -12/tau_m^2     -6/tau_m];
A_tau_rho   = [0 1; -12/tau_rho^2   -6/tau_rho];
A_tau_e     = [0 1; -12/tau_e^2     -6/tau_e];
B_tau       = [0; 1];
C_tau_p     = [0 -12/tau_p];
C_tau_m     = [0 -12/tau_m];
C_tau_rho   = [0 -12/tau_rho];
C_tau_e     = [0 -12/tau_e];
D_tau       = 1;

% dxdt = Ax + Bu
dO_F_tau_p     = A_tau_p*state_tau_p(:)       + B_tau*O_F;
dO_F_tau_m     = A_tau_m*state_tau_m(:)       + B_tau*O_F;
dM_F_tau_rho   = A_tau_rho*state_tau_rho(:)   + B_tau*M_F;
dM_F_tau_e     = A_tau_e*state_tau_e(:)       + B_tau*M_F;

% y = Cx + Du
O_F_tau_p   = C_tau_p*state_tau_p(:)       + D_tau*O_F;
O_F_tau_m   = C_tau_m*state_tau_m(:)       + D_tau*O_F;
M_F_tau_rho = C_tau_rho*state_tau_rho(:)   + D_tau*M_F;
M_F_tau_e   = C_tau_e*state_tau_e(:)       + D_tau*M_F;

d_delay_dt = [dO_F_tau_p(:); dO_F_tau_m(:); dM_F_tau_rho(:);
    dM_F_tau_e(:)];

% auxilary variables
A_T = b*(1-exp(-T/c));
E_A = K_i^n_H/(K_i^n_H + T^n_H)*E;
R_A = T/(T+K_t)*R;
G   = g_SS*T/(T+K_g);
F   = d*T_ext/(e + T_ext*(1+T/f));

% kinetics
dOF_dt = K_r/(K_r + R_A)*(mu*O - k_p*P*(O_F - O_F_tau_p*exp(-mu
    *tau_p))) - mu*O_F;
dMF_dt = k_p*P*O_F_tau_m*exp(-mu*tau_m)*(1-A_T) ...
    - k_rho*rho*(M_F - M_F_tau_rho*exp(-mu*tau_rho)) - (kdD +
        mu)*M_F;
dE_dt = 0.5*k_rho*rho*M_F_tau_e*exp(-mu*tau_e) - (gama + mu)*E;
dT_dt = K*E_A - G + F - mu*T;

if state_org(1) < 0 && dOF_dt < 0
```

```
            dOF_dt = 0;
        end
        if state_org(2) < 0 && dMF_dt < 0
            dMF_dt = 0;
        end
        if state_org(3) < 0 && dE_dt < 0
            dE_dt = 0;
        end
        if state_org(4) < 0 && dT_dt < 0
            dT_dt = 0;
        end

        dOF_MF_E_T_dt = [dOF_dt dMF_dt dE_dt dT_dt]';

        % return all state
        dxdt = [dOF_MF_E_T_dt; d_delay_dt];

end
```

程序 4-2 （Python）描述大肠杆菌色氨酸操纵子调节的 Santillán 模型（具有时延的 Padé 近似）

```
import numpy as np

# Santillan's model delayed differential equation
def Santillan_E_coli_Tryptophan(time, state_all, parameters, T_ext)
    :

    state_org = state_all
    state_all[state_all<0] = 0.0

    #------------------------------------------------
    # Uncertain parameters
    #------------------------------------------------
    tau_p           = parameters[0]
    tau_m           = parameters[1]
    tau_rho         = parameters[2]
    tau_e           = parameters[3]
    R               = parameters[4]
    n_H             = parameters[5]
    b               = parameters[6]
    e               = parameters[7]
    f               = parameters[8]
    O               = parameters[9]
    k_mr            = parameters[10]
    k_pr            = parameters[11]
    k_mi            = parameters[12]
    k_pi            = parameters[13]
    k_mt            = parameters[14]
    k_pt            = parameters[15]
    c               = parameters[16]
    d               = parameters[17]
    gama            = parameters[18]
    T_consume_rate  = parameters[19]
```

```
    P                  = parameters[20]
    rho                = parameters[21]
    mu                 = parameters[22]

    #————————————————————————————————————
    # Dependent variables
    #————————————————————————————————————
    K_i           = k_mi/k_pi
    K_t           = k_mt/k_pt
    K_r           = k_mr/k_pr

    k_rho         = 1/(tau_rho*rho)
    k_p           = 1/(tau_p*P)
    kdD           = rho*k_rho/30

    #————————————————————————————————————
    # Steady-state
    #————————————————————————————————————
    T_SS = K_i
    K_g  = T_SS/20
    g_SS = T_consume_rate*(K_i + K_g)/K_i
    G_SS = g_SS*K_i/(K_i+K_g)

    R_A_SS =  T_SS/(T_SS+K_t)*R
    O_F_SS = (K_r*mu*O)/(K_r*k_p*(1-np.exp(-mu*tau_p))+mu*(K_r+
        R_A_SS))
    M_F_SS = k_p*P*O_F_SS*np.exp(-mu*tau_m)*(1-b*(1-np.exp(-K_i/c))
        ) \
        /(k_rho*rho*(1-np.exp(-mu*tau_rho))+kdD+mu)
    E_SS = (k_rho*rho*M_F_SS*np.exp(-mu*tau_e))/(2*(gama+mu))

    K = 2*(G_SS + mu*K_i)/E_SS

    # state
    O_F = state_all[0]
    M_F = state_all[1]
    E   = state_all[2]
    T   = state_all[3]

    # delayed state
    state_tau_p      = state_all[4:6];    state_tau_p.resize((2,1))
    state_tau_m      = state_all[6:8];    state_tau_m.resize((2,1))
    state_tau_rho    = state_all[8:10];   state_tau_rho.resize((2,1))
    state_tau_e      = state_all[10::];   state_tau_e.resize((2,1))

    A_tau_p       = np.array([[0,1], [-12/tau_p**2,      -6/tau_p]])
    A_tau_m       = np.array([[0,1], [-12/tau_m**2,      -6/tau_m]])
    A_tau_rho     = np.array([[0,1], [-12/tau_rho**2,    -6/tau_rho]])
    A_tau_e       = np.array([[0,1], [-12/tau_e**2,      -6/tau_e]])
    B_tau         = np.array([[0], [1]])
    C_tau_p       = np.array([[0, -12/tau_p]])
    C_tau_m       = np.array([[0, -12/tau_m]])
    C_tau_rho     = np.array([[0, -12/tau_rho]])
    C_tau_e       = np.array([[0, -12/tau_e]])
    D_tau         = np.array([[1]])
```

```python

    # dxdt = Ax + Bu
    dO_F_tau_p  = A_tau_p@state_tau_p + B_tau@np.array([[O_F]])
    dO_F_tau_m  = A_tau_m@state_tau_m + B_tau@np.array([[O_F]])
    dM_F_tau_rho= A_tau_rho@state_tau_rho + B_tau@np.array([[M_F]])
    dM_F_tau_e  = A_tau_e@state_tau_e + B_tau@np.array([[M_F]])

    # y = Cx + Du
    O_F_tau_p   = C_tau_p@state_tau_p     + D_tau@np.array([[O_F]])
    O_F_tau_m   = C_tau_m@state_tau_m     + D_tau@np.array([[O_F]])
    M_F_tau_rho = C_tau_rho@state_tau_rho+ D_tau@np.array([[M_F]])
    M_F_tau_e   = C_tau_e@state_tau_e     + D_tau@np.array([[M_F]])

    # make 1x1 array to scalar
    O_F_tau_p=O_F_tau_p[0][0]
    O_F_tau_m=O_F_tau_m[0][0]
    M_F_tau_rho=M_F_tau_rho[0][0]
    M_F_tau_e=M_F_tau_e[0][0]

    d_delay_dt = np.vstack((dO_F_tau_p,dO_F_tau_m,dM_F_tau_rho,dM_F_tau_e))
    d_delay_dt = d_delay_dt.squeeze()

    # auxilary variables
    A_T = b*(1-np.exp(-T/c))
    E_A = K_i**n_H/(K_i**n_H + T**n_H)*E
    R_A = T/(T+K_t)*R
    G   = g_SS*T/(T+K_g)
    F   = d*T_ext/(e + T_ext*(1+T/f))

    # kinetics
    dOF_dt = K_r/(K_r + R_A)*(mu*O - k_p*P*(O_F - O_F_tau_p*np.exp(-mu*tau_p))) - mu*O_F
    dMF_dt = k_p*P*O_F_tau_m*np.exp(-mu*tau_m)*(1-A_T) \
        - k_rho*rho*(M_F - M_F_tau_rho*np.exp(-mu*tau_rho)) - (kdD + mu)*M_F
    dE_dt = 0.5*k_rho*rho*M_F_tau_e*np.exp(-mu*tau_e) - (gama + mu)*E;
    dT_dt = K*E_A - G + F - mu*T;

    if state_org[0] < 0 and dOF_dt < 0:
        dOF_dt = 0
    if state_org[1] < 0 and dMF_dt < 0:
        dMF_dt = 0;
    if state_org[2] < 0 and dE_dt < 0:
        dE_dt = 0
    if state_org[3] < 0 and dT_dt < 0:
        dT_dt = 0

    dOF_MF_E_T_dt = np.array([dOF_dt, dMF_dt, dE_dt, dT_dt])

    # return all state
    dxdt = np.hstack((dOF_MF_E_T_dt,d_delay_dt))

    return dxdt
```

4. Python 程序

程序 4-2 在构造延迟项的状态空间形式时有几点与矩阵运算有关。我们在前面的章节中介绍了 Python 中的一维数组，Python 中对矩阵的额外关注源于 Python 中一维数组或标量值如何与二维数组进行交互。

以下 Python 代码生成一个 2×1 的矩阵 ***B***：

```
In [1]: import numpy np
In [2]: B = np.array([[1],[2]])
In [3]: B.shape
Out[3]: (2,1)
```

下面使用四种方式将 ***B*** 乘以 3：

```
In [4]: y = B*3
In [5]: y.shape
Out[5]: (2,1)
```

上述代码返回了预期结果。

```
In [6]: y = B@3
```

上述代码返回了维度不匹配的错误。Python 将 *B*@3 解释为一个 2×1 矩阵乘以一个 0×0 矩阵。

```
In [7]: y = B@np.array([[3]])
In [8]: y.shape
Out[8]: (2,1)
```

上述代码返回了预期的矩阵乘法结果，因为 Python 将其解释为 2×1 矩阵和 1×1 矩阵的乘积。

```
In [7]: y = B@np.array([3])
In [8]: y.shape
Out[8]: (2,)
```

上述代码返回了相同的预期结果，但结果是一维数组。当它与二维数组相加时，结果将是令人困惑的。比如下面的代码：

```
In [9]: y = B@np.array([3])
In [10]: x = np.array([[1],[2]])
In [11]: x+y
```

该代码不会返回结果 $[1,2]^{\mathrm{T}}+[3,6]^{\mathrm{T}}=[4,8]^{\mathrm{T}}$，而是像下面这样将 x 的每个元素都加上 y：

$$\mathrm{x}+\mathrm{y}=\begin{bmatrix}1\\2\end{bmatrix}+y=\begin{bmatrix}1+y\\2+y\end{bmatrix}=\begin{bmatrix}4&7\\5&8\end{bmatrix}$$

Python 中的矩阵运算：如果二维数组和一维数组混合出现在 Python 的矩阵运算中，可能会出现意外的结果，在 Python 的矩阵运算中只使用二维数组是安全的。

5. 模型参数范围

表 4-2 中给出了全部的 23 个独立参数，其中一些是实验测量的，一些是估计的（Santillán and Mackey，2001）。对于野生型大肠杆菌，Yanofsky 和 Horn 在 1994 年发表的论文中进行了三组不同营养变化的实验：

- 实验 A：色氨酸→不含色氨酸的相同培养基。
- 实验 B：色氨酸、苯丙氨酸、酪氨酸→不含色氨酸的相同培养基，这被认为是最严格的条件。
- 实验 C：色氨酸、酸水解酪蛋白→不含色氨酸的相同培养基。

表 4-2 色氨酸调节模型中模型参数的标称值（Santillán and Mackey，2001）

参数	单位	值	索引	参数	单位	值	索引
τ_p	(min)	0.1	1	k_{-i}	(1/min)	0.072	13
τ_m	(min)	0.1	2	k_{+i}	$(\mu\text{Mmin})^{-1}$	0.0176	14
τ_ρ	(min)	0.05	3	k_{-t}	(1/min)	2.1×10^4	15
τ_e	(min)	0.66	4	k_{+t}	$(\mu\text{Mmin})^{-1}$	348	16
R	(μM)	0.8	5	c	(·)	0.04	17
n_H	(·)	1.2	6	d	(·)	23.5	18
b	(·)	0.85	7	γ	(1/min)	0.0	19
e	(·)	0.9	8	T_{cr}	(μM/min)	22.7	20
f	(·)	380	9	P	(μM)	2.6	21
O	(μM)	0.0033	10	ρ	(μM)	2.9	22
k_{-r}	(1/min)	0.012*	11	μ	(1/min)	0.01	23
k_{+r}	$(\mu\text{M min})^{-1}$	4.6*	12				

注：1. Santillán 和 Mackey 在 2001 年发表的论文及补充材料中得到了一百组不同的值，然而比值 $K_r = k_{-r} / k+r$ 在所有情况下保持不变。
2. 来源：Santillán 和 Mackey 在 2001 年发表的论文。

表 4-1 提供了 Santillán 和 Mackey 在 2001 年发表的论文中，每个实验的活性酶浓度的时间序列测量结果。对于表 4-1 中的三个不同实验设置，为了解决模型拟合优化问题式（4-5），需要设置表 4-2 中参数的搜索空间。较大的搜索空间将提供拟合实验测量效果更好的参数组合，不过也可能有超出生物学意义值范围的参数组合。在解决模型拟合优化问题之前，我们先建立参数搜索范围。

表 4-2 中的最后四个参数的范围由表 4-3 提供，同时也给出了它们的不确定

度公式，其中 δ_{20}、δ_{21}、δ_{22} 和 δ_{23} 是介于 −1 和 +1 之间的实数。

表 4-3　Santillán 和 Mackey 在 2001 年发表论文的补充材料中实验已知参数范围

参数	单位	确定度范围	不确定度公式
T_{cr}	(μM/min)	[14.0, 29.0]	$21.5 + 7.5\delta_{20}$
P	(μM)	[2.11, 3.46]	$2.785 + 0.675\delta_{21}$
ρ	(μM)	[2.37, 3.87]	$3.12 + 0.75\delta_{22}$
μ	(μM)	[0.01, 0.0418]	$0.0259 + 0.0159\delta_{23}$

来源：Santillán 和 Mackey 在 2001 年发表的论文。

表 4-2 中其他参数的不确定度建模如下：

$$p_i = \bar{p}_i(1+\delta_i)$$

式中，p_i 是扰动参数，$\bar{p}_i$ 是标称值，δ_i 是不确定度（$\delta_i \in [-1, +1]$，$i = 1, 2, 3, 4, 5, 8, 9, \cdots, 18, 19$）。对于 $i=6$，不确定度建模如下：

$$n_H = 2 + \delta_6$$

式中，$\delta_6 \in [-1, 1]$。Hill 系数的标称值等于 1.2，不确定度范围为 1 ～ 3，其下界限制了 Hill 系数的最小值 1，其上界则允许我们考虑比标称值大 2.5 倍的值。对于 $i=7$，不确定度建模如下：

$$b = 0.65 + 0.35\delta_7$$

式中，$\delta_7 \in [-1, 1]$。b 的标称值等于 0.85，不确定度范围为 0.3 ～ 1.0。式（4-9）中的 $b(1-e^{T(t)/c})$ 项是成熟前转录终止的概率，b 将最大可能概率限制在 30% ～ 100% 之间。

不确定度建模的 MATLAB 和 Python 程序实现如程序 4-3 和程序 4-4 所示。

程序 4-3　（MATLAB）Santillán 模型的不确定度参数

```
%% uncertain parameters
%
% [Ref] Moises Santillan and Michael C. Mackey. Dynamic reguiation of the tryptophan
% operon: A modeling study and comparison with experimental data.
% Proceedings of the National Academy of Sciences, 98(4):1364-1369, February 2001.
%
function [perturbed_model_para] = Santillans_Tryptophan_Model_constants(delta)

    %---------------------------------------------------------
    % Uncertain ranges without experimental evidences
    %---------------------------------------------------------
    Santillan_tau_p   = 0.1*(1 + delta(1));                % 1
    Santillan_tau_m   = 0.1*(1 + delta(2));                % 2
    Santillan_tau_rho = 0.05*(1 + delta(3));               % 3
    Santillan_tau_e   = 0.66*(1 + delta(4));               % 4
```

```

    Santillan_R = 0.8*(1 + delta(5));                          % 5

    Santillan_n_H = 2 + delta(6);                              % 6
                        % nominal = 1.2
                        % delta_nominal = -0.8

    Santillan_b =  0.65 + 0.35*delta(7);            % 7  [0.3, 1.0]
                        % nominal = 0.85
                        % delta_nominal = 0.5714

    Santillan_e = 0.9*(1 + delta(8));                          % 8
    Santillan_f = 380*(1 + delta(9));                          % 9

    Santillan_O = 3.32e-3*(1 + delta(10));                     % 10

    Santillan_k_mr = 1.2e-2*(1 + delta(11));                   % 11
                       % value in [Ref] & its supplementary is different
    Santillan_k_pr = 4.6*(1 + delta(12));
                       % value in [Ref] & its supplementary is different
                       % but the ratio, kmr/kpr is the same

    Santillan_k_mi = 7.2e-2*(1 + delta(13));                   % 13
    Santillan_k_pi = 1.76e-2*(1 + delta(14));                  % 14

    Santillan_k_mt = 2.1e4*(1 + delta(15));                    % 15
    Santillan_k_pt = 348*(1 + delta(16));                      % 16

    Santillan_c = 4e-2*(1 + delta(17));                        % 17
    Santillan_d = 23.5*(1 + delta(18));                        % 18

    Santillan_gama = 0.01*(1 + delta(19));                     % 19
                      % nominal value 0
                      % delta nominal = -1

    %-----------------------------------
    % Uncertain ranges from experiments
    %-----------------------------------
    Santillan_T_consume_rate = 21.5 + 7.5*delta(20);           % 20
                      % range 14 ~ 29
                      % nominal 22.7 -> 0.16

    Santillan_P = 2.785 + 0.675*delta(21);
                                                               % 21
    % range 2.11 - 3.46 micro-Molar,
    % nominal 2.6 -> -0.2741
    % 1250 molecule per cell, cell average volume 6.0e-16 - 9.8e-16
    % liters, average volumn = (6.0 + 9.8)/2*1e-16 = 7.9e-16 liters
    % 1250 molecule = 1250/6.022e23 = 2.0757e-21 mole
    % 2.0757e-21/7.9e-16 = 2.62e-6 Molar = 2.62 micro-Molar

    Santillan_rho = 3.12 + 0.75*delta(22);
                                                               % 22
```

```
69      % range 2.37 - 3.87 micro-Molar,
70      % nominal 2.9 -> -0.2933
71      % 1400 molecule per cell, cell average volume 6.0e-16 - 9.8e-16
72      % liters, average volumn = (6.0 + 9.8)/2*1e-16 = 7.9e-16 liters
73      % 1400 molecule = 1400/6.022e23 = 2.3248e-21 mole
74      % 2.3248e-21/7.9e-16 = 2.94e-6 Molar = 2.94 micro-Molar
75
76      Santillan_mu = 0.0259 + 0.0159*delta(23);
77                                                                      % 23
78      % range 0.01 ~ 0.0418 [min^-1],
79      % nominal 0.01 -> -1
80      % actual range from 0.6 h^-1 ~ 2.5 h^-1
81
82      %% return values
83      num_para = 23;
84      perturbed_model_para = zeros(1,num_para);
85      perturbed_model_para(1) = Santillan_tau_p;
86      perturbed_model_para(2) = Santillan_tau_m;
87      perturbed_model_para(3) = Santillan_tau_rho;
88      perturbed_model_para(4) = Santillan_tau_e;
89      perturbed_model_para(5) = Santillan_R;
90      perturbed_model_para(6) = Santillan_n_H;
91      perturbed_model_para(7) = Santillan_b;
92      perturbed_model_para(8) = Santillan_e;
93      perturbed_model_para(9) = Santillan_f;
94      perturbed_model_para(10) = Santillan_O;
95      perturbed_model_para(11) = Santillan_k_mr;
96      perturbed_model_para(12) = Santillan_k_pr;
97      perturbed_model_para(13) = Santillan_k_mi;
98      perturbed_model_para(14) = Santillan_k_pi;
99      perturbed_model_para(15) = Santillan_k_mt;
100     perturbed_model_para(16) = Santillan_k_pt;
101     perturbed_model_para(17) = Santillan_c;
102     perturbed_model_para(18) = Santillan_d;
103     perturbed_model_para(19) = Santillan_gama;
104     perturbed_model_para(20) = Santillan_T_consume_rate;
105     perturbed_model_para(21) = Santillan_P;
106     perturbed_model_para(22) = Santillan_rho;
107     perturbed_model_para(23) = Santillan_mu;
108
109 end
```

程序 4-4 （Python）Santillán 模型的不确定度参数

```
1  # uncertain parameters
2  #
3  # [Ref] Moises Santillan and Michael C. Mackey. Dynamic regulation
       of the tryptophan
4  # operon: A modeling study and comparison with experimental data.
5  # Proceedings of the National Academy of Sciences, 98(4):1364-1369,
       February 2001.
6  #
7  def Santillans_Tryptophan_Model_constants(delta):
8
9      #----------------------------------------------------------
```

```
# Uncertain ranges without experimental evidences
#------------------------------------------------------------
Santillan_tau_p   = 0.1*(1 + delta[0])                  # 1
Santillan_tau_m   = 0.1*(1 + delta[1])                  # 2
Santillan_tau_rho = 0.05*(1 + delta[2])                 # 3
Santillan_tau_e   = 0.66*(1 + delta[3])                 # 4

Santillan_R = 0.8*(1 + delta[4])                        # 5

Santillan_n_H = 2 + delta[5]                            # 6
                # nominal = 1.2
                # delta_nominal = -0.8

Santillan_b = 0.65 + 0.35*delta[6]           # 7  [0.3, 1.0]
                # nominal = 0.85
                # delta_nominal = 0.5714

Santillan_e = 0.9*(1 + delta[7])                        # 8
Santillan_f = 380*(1 + delta[8])                        # 9

Santillan_O = 3.32e-3*(1 + delta[9])                    # 10

Santillan_k_mr = 1.2e-2*(1 + delta[10])                 # 11
    # value in [Ref] & its supplementary is different
Santillan_k_pr = 4.6*(1 + delta[11])                    # 12
    # value in [Ref] & its supplementary is different
    # but the ratio, kmr/kpr is the same

Santillan_k_mi = 7.2e-2*(1 + delta[12])                 # 13
Santillan_k_pi = 1.76e-2*(1 + delta[13])                # 14

Santillan_k_mt = 2.1e4*(1 + delta[14])                  # 15
Santillan_k_pt = 348*(1 + delta[15])                    # 16

Santillan_c = 4e-2*(1 + delta[16])                      # 17
Santillan_d = 23.5*(1 + delta[17])                      # 18

Santillan_gama = 0.01*(1 + delta[18])                   # 19
            # nominal value 0
            # delta nominal = -1

#--------------------------------------
# Uncertain ranges from experiments
#--------------------------------------
Santillan_T_consume_rate = 21.5 + 7.5*delta[19]         # 20
            # range 14 ~ 29
            # nominal 22.7 -> 0.16

Santillan_P = 2.785 + 0.675*delta[20]
                                                        # 21
# range 2.11 - 3.46 micro-Molar,
# nominal 2.6 -> -0.2741
# 1250 molecule per cell, cell average volume 6.0e-16 - 9.8e-16
# liters, average volumn = (6.0 + 9.8)/2*1e-16 = 7.9e-16 liters
# 1250 molecule = 1250/6.022e23 = 2.0757e-21 mole
```

```
    # 2.0757e-21/7.9e-16 = 2.62e-6 Molar = 2.62 micro-Molar

    Santillan_rho = 3.12 + 0.75*delta[21]
                                                            # 21
    # range 2.37 - 3.87 micro-Molar,
    # nominal 2.9 -> -0.2933
    # 1400 molecule per cell, cell average volume 6.0e-16 - 9.8e-16
    # liters, average volumn = (6.0 + 9.8)/2*1e-16 = 7.9e-16 liters
    # 1400 molecule = 1400/6.022e23 = 2.3248e-21 mole
    # 2.3248e-21/7.9e-16 = 2.94e-6 Molar = 2.94 micro-Molar

    Santillan_mu = 0.0259 + 0.0159*delta[22]
                                                            # 22
    # range 0.01 ~ 0.0417 [min^-1],
    # nominal 0.01 -> -1
    # actual range from 0.6 h^-1 ~ 2.5 h^-1

    # return values
    num_para = 23
    perturbed_model_para = np.zeros(num_para)
    perturbed_model_para[0] = Santillan_tau_p
    perturbed_model_para[1] = Santillan_tau_m
    perturbed_model_para[2] = Santillan_tau_rho
    perturbed_model_para[3] = Santillan_tau_e
    perturbed_model_para[4] = Santillan_R
    perturbed_model_para[5] = Santillan_n_H
    perturbed_model_para[6] = Santillan_b
    perturbed_model_para[7] = Santillan_e
    perturbed_model_para[8] = Santillan_f
    perturbed_model_para[9] = Santillan_O
    perturbed_model_para[10] = Santillan_k_mr
    perturbed_model_para[11] = Santillan_k_pr
    perturbed_model_para[12] = Santillan_k_mi
    perturbed_model_para[13] = Santillan_k_pi
    perturbed_model_para[14] = Santillan_k_mt
    perturbed_model_para[15] = Santillan_k_pt
    perturbed_model_para[16] = Santillan_c
    perturbed_model_para[17] = Santillan_d
    perturbed_model_para[18] = Santillan_gama
    perturbed_model_para[19] = Santillan_T_consume_rate
    perturbed_model_para[20] = Santillan_P
    perturbed_model_para[21] = Santillan_rho
    perturbed_model_para[22] = Santillan_mu

    return perturbed_model_para
```

6. 模型拟合优化

上述这三个实验起初都向大肠杆菌细胞培养基提供了外部色氨酸，而等其达到稳定状态后，将其转移到没有外部色氨酸的条件下。我们对这些场景进行了模拟：首先，将外部色氨酸浓度设定为稳态色氨酸浓度 $\bar{T}$ 的 400 倍（Santillán and Mackey，2001），初始条件设为零；接着，不断求解微分方程直到达到稳态，其中仿真时间设置为 1200 min，对于不确定性空间中的参数而言，这么长的时间足够使其达到稳态；然后，将外部色氨酸浓度设置为零，并将初始条件设置为上一步中确定的稳态；最后，求解微分方程，将归一化后的活性酶浓度与表 4-1 中实验数据归一化后的数据进行比较，并计算式（4-5）中最小化的代价函数值。算法 4-1 给出了实现代价函数的伪代码。

算法 4-1　大肠杆菌模型拟合的代价函数

1: Input: δ_i for $i = 1, 2, \ldots, 23$

2: Set the initial condition and the external tryptophan equal to 400 times the steady state of T as follows:

$$O_F(0) = 0,\ M_F(0) = 0,\ E(0) = 0,\ T(0) = 0,$$
$$T_{\text{ext}} = 400\bar{T} = 400K_i = 400k_{-i}/k_{+i}$$

3: Solve (4.7), (4.9), (4.10), and (4.11) for $t \in [0, 600]$ minutes.

4: Set the initial condition equal to the final values of the simulation and the external tryptophan equal to zero

$$O_F(0) = O_F(1200),\ M_F(0) = M_F(1200),$$
$$E(0) = E(1200),\ T(0) = T(1200), T_{\text{ext}} = 0.0$$

5: Solve (4.7), (4.9), (4.10), and (4.11) for $t \in [0, 1200]$ minutes

6: Calculate E_A using (4.12) at the time points given in Table 4.1

7: Calculate J using (4.5)

8: Return J

实现算法 4-1 后，在用 δ 组合（δ_i，$i = 1, 2, \cdots, 23$）作为输入进行测试并计算 J 时，我们注意到在求解非线性微分方程时可能存在一个问题。前面在应用微分方程的过程中已经讨论过，它们不是一般的微分方程，而是代表分子浓度如何演变的动力学微分方程。由于分子浓度是非负值，因此它们的值不允许降至零以下。虽然我们在实现过程中设置了两种保护措施，但我们仍会持续监测状态值，如果它们低于某一阈值，数值积分器就会停止。MATLAB 中的 ODE 求解器 ode45() 和 Python 的 Scipy 库中的 solve_ivp() 都具有事件检测能力，可以用来检测状态值是否低于阈值。

MATLAB 或 Python 中的负值事件检测函数实现如下：

程序 4-5（MATLAB）ode45() 的负值事件检测函数

```
function [value, isterminal, direction] = negativeConcentration(~,
    state)
    tol = -0.1;
    OF_MF_E_T = state(1:4);
    delay_output = state(5:2:11);
```

```
    all_positive_state = [OF_MF_E_T(:)' delay_output(:)'];
    value = any(all_positive_state<tol)-1;
    isterminal = 1;
    direction = 0;
end
```

程序 4-6 （Python）solve_ivp() 的负值事件检测函数

```
# check negative states to stop the integrator
def negativeConcentration(time,state,parameters, T_ext):
    tol = -1e-1;
    OF_MF_E_T = state[0:4]
    delay_output = state[4::2]
    all_positive_state = np.hstack((OF_MF_E_T,delay_output))
    value = 1-float(any(all_positive_state<tol))
    return value
```

对于两种事件检测函数，设置阈值为 −0.1，所以允许浓度为 −0.1 ～ 0 之间的较小负值。MATLAB 事件检测函数的参数必须与实现微分方程的函数保持一致，即时间和状态保持一致。当某些强制性的参数在函数中未使用时，可以用 ~ 将其替换。Python 中参数匹配的要求比 MATLAB 中更严格，负值检测函数的参数必须与程序 4-2 中微分方程函数的参数完全相同。因此尽管 parameters 和 Text 在负值事件检测函数中没有被用到，函数参数中仍需包含它们。算法 4-1 中的常微分方程求解器实现如下：

程序 4-7 （MATLAB）带有事件检测的代价函数 J

```
%% Cost function for the model fitting
function J_cost = Santillan_Model_Fit_Cost(delta, tspan, time_exp,
    Act_Enzy_exp)

    try
        num_state = 12;
        model_para = Santillans_Tryptophan_Model_constants(delta);

        % Initially the culture in the medium with presence of the
            external tryptophan
        T_ext = 400*(model_para(13)/model_para(14)); % 400 times
            of T(t) steady state
        ode_option = odeset('RelTol',1e-3,'AbsTol',1e-6,'Events',
            @negativeConcentration);
        state_t0 = zeros(1,num_state);
        sol = ode45(@(time, state)Santillan_E_coli_Tryptophan(time,
             state, ...
            model_para, T_ext),tspan, state_t0, ode_option);
        OF_MF_E_T_IC = mean(sol.y(:,end-50:end),2); % it reaches to
             the steady state

        sol2 = sol;

        % No external tryptophan medium shift experiment
```

```
        T_ext = 0;
        state_t0 = OF_MF_E_T_IC(:); % the steady state becomes the initial condition
        tspan_sim = [0 time_exp(end)];
        sol = ode45(@(time, state)Santillan_E_coli_Tryptophan(time, state, ...
            model_para, T_ext), tspan_sim, state_t0, ode_option);

        % evaluate the Enzyme and the Tryptophan at the given measurent time
        state_at_time_exp = deval(sol,time_exp);
        E_at_time_exp = state_at_time_exp(3,:);
        T_at_time_exp = state_at_time_exp(4,:);

        % calculate the active enzyme using the model
        n_H = model_para(6);
        K_i = model_para(13)/model_para(14);
        EA_model = (K_i^n_H./(K_i^n_H + T_at_time_exp.^n_H)).*E_at_time_exp;

        % normalize the active enzyme
        y_bar = EA_model/EA_model(end);
        y_tilde = Act_Enzy_exp/Act_Enzy_exp(end);

        % calculate the cost
        J_cost = sum((y_bar-y_tilde).^2);

    catch
        J_cost = 1e3;
    end

end
```

程序 4-8 （Python）带有事件检测的代价函数 J

```
# Cost function for the model fitting
def Santillan_Model_Fit_Cost(delta, tspan, time_exp, Act_Enzy_exp):

    try:
        num_state = 12;
        model_para = Santillans_Tryptophan_Model_constants(delta);

        negativeConcentration.terminal = True
        negativeConcentration.direction = 0

        # Initially the culture in the medium with presence of the external tryptophan
        T_ext = 400*(model_para[12]/model_para[13]); # 400 times of T(t) steady state
        time_eval = np.linspace(tspan[0],tspan[1],1000)
        state_t0 = np.zeros(num_state)

        sol = solve_ivp(Santillan_E_coli_Tryptophan, tspan,
                        state_t0, events=negativeConcentration, args=(
```

```
                                  model_para, T_ext),
                              t_eval=time_eval, rtol=1e-3, atol=1e-6)
        OF_MF_E_T_IC = np.mean(sol.y[:,-50:-1],axis=1) # it reaches
            to the steady state

        # No external tryptophan medium shift experiment
        T_ext = 0
        state_t0=OF_MF_E_T_IC # the steady state becomes the
            initial condition
        sol = solve_ivp(Santillan_E_coli_Tryptophan, (tspan[0],
            time_exp[-1]),
                              state_t0, args=(model_para, T_ext),
                              t_eval=time_exp, rtol=1e-3, atol=1e-6)

        # evaluate the Enzyme and the Tryptophan at the given
            measurement time
        state_at_time_exp = sol.y[0:4,:]
        E_at_time_exp = state_at_time_exp[2,:]
        T_at_time_exp = state_at_time_exp[3,:]

        # calculate the active enzyme using the model
        n_H = model_para[5]
        K_i = model_para[12]/model_para[13]
        EA_model = (K_i**n_H/(K_i**n_H + T_at_time_exp**n_H))*
            E_at_time_exp

        # normalize the active enzyme
        y_bar = EA_model/EA_model[-1]
        y_tilde = Act_Enzy_exp/Act_Enzy_exp[-1]

        # calculate the cost
        J_cost = np.sum((y_bar-y_tilde)**2)

    except:
        J_cost = 1e3

    return J_cost
```

错误或异常处理： 使用 MATLAB 中的 try-catch 和 Python 中的 try-except 是提高程序鲁棒性的实用方法。

程序 4-7 和程序 4-8 中，代价函数的实现分别使用了 MATLAB 中 try-catch 和 Python 中 try-except 来进行错误处理。考虑图 4-4 中所示情况，其中 δ_i 和 δ_j 是优化参数，*1、*2、*3 和 *4 是优化算法中的初始点。从 *2 开始的优化将比从其他点开始的优化更有可能收敛到全局最优解，而从 *4 开始的优化将更有可能收敛到局部最优解。从 *1 或 *3 开始的优化有一个明显的问题，它们所在的区域附近不存在全局或局部解，即常微分方程求解器可能通过负浓度检查功能停止程序运行。当常微分方程求解器因事件检测函数停止时，运行时间可能尚未到达最终所需的仿真时间，代价函数由于不能得到所有状态而无法进行计算。对于这些错误或异常情况，try 命令会检测事件并将程序流传递给错误 / 异常处理部分（MATLAB 中为 catch，Python 中为 except）。对于这些特殊情况，代价函数值被设置为一个任意大的数字，如 1000。

最后，使用遗传算法和差分进化算法来实现优化部分。数学优化问题经常出现在科学或工程问题中。优化算法分为两大类，即局部优化算法和全局优化算法。局部算法主要依赖于要最小化的代价函数的梯度。关于局部算法的收敛性有很多理论成果，其解在很大程度上取决于初始值设定。全局算法则试图找到全局最优解。关于优化算法的详细信息，请参阅 Spall（2005）中关于随机全局优化、Boyd 等人（2004）中关于凸优化和 Fletcher（2013）中关于局部优化的研究。

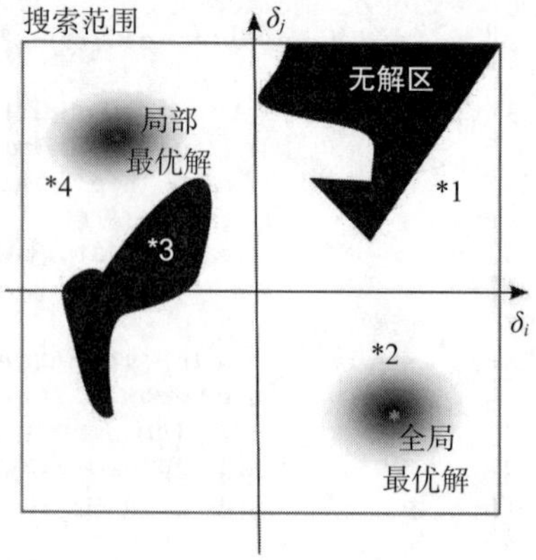

图 4-4　非线性优化问题

程序 4-9 使用了 MATLAB 中的遗传算法，这是一种全局优化算法。遗传算法模拟自然进化，通过适应环境来提高生存能力。遗传算法在搜索空间中使用一组称为种群的采样点，并评估每个样本的代价函数值。基于代价函数值，每个样本可能会被保留、删除或移动到搜索空间中的新位置，以进行下一步或称为下一代。遗传算法通过进化过程，即种群的选择、交叉和突变，使代价函数最小化（Menon et al.，2006）。为了在 MATLAB 中使用遗传算法优化函数 ga()，将代价函数定义如下：

```
FitnessFunction = @(delta)Santillan_Model_Fit_Cost(delta,time_span,
      time_exp, Enzy_exp);
```

代价函数前面的 delta，即 @（delta），是优化器 ga() 可以识别的优化变量。如下所示，搜索空间限制在 ±0.99 而不是 ±1 之间，这是为了避免一些参数变为零，从而出现在生物学上没有任何意义的值。

```
lb = -0.99*ones(1,delta_dim);
ub = 0.99*ones(1,delta_dim);
opt_opts = optimoptions('ga','Display','iter');
```

其中优化函数指出要使用的算法是遗传算法，并且要显示每次迭代的中间结果。此外，以下代码调用并执行优化：

```
[delta_best,fval] = ga(FitnessFunction,delta_dim,[],[],[],[],lb,ub
     ,[],opt_opts);
```

其中，默认使用的种群规模为 200。

程序 4-9 （MATLAB）基于遗传算法的模型拟合优化

```
clear

time_A = [0 20 38 59 89 119 149];
Enzy_A = [25 657 617 618 577 577 567];

time_B = [0 29 60 89 179];
Enzy_B = [0 1370 1362 1291 913];

time_C = [0 29 58 88 118 178];
Enzy_C = [0 754 888 763 704 683];

%% Main Part: Parameter Identification
experiment_num = 2; % 1(A), 2(B), 3(C)

% choose experiment
switch experiment_num
    case 1
        time_exp = time_A;
        Enzy_exp = Enzy_A;
    case 2
        time_exp = time_B;
        Enzy_exp = Enzy_B;
    case 3
        time_exp = time_C;
        Enzy_exp = Enzy_C;
end

delta_dim = 23;

% time span for obtaining the steady state
time_span = [0 1200]; % [minutes]

% model fitting optimization
FitnessFunction = @(delta)Santillan_Model_Fit_Cost(delta,time_span,
     time_exp, Enzy_exp);
lb = -0.99*ones(1,delta_dim);
ub = 0.99*ones(1,delta_dim);
opt_opts = optimoptions('ga','Display','iter');

[delta_best,fval] = ga(FitnessFunction,delta_dim,[],[],[],[],lb,ub
    ,[],opt_opts);
```

程序 4-10 使用了 Python 的 scipy 库中的差分进化算法，这是另一种全局优化算法（Storn and Price，1997）。差分进化是一种与遗传算法相同的进化全局优化算法，其主要思想是利用搜索空间中两点之间的差异，将种群点中每个点的更新部分使用差异向量来指导搜索方向。

程序 4-10 （Python）基于遗传算法的模型拟合优化

```
experiment_num = 2 # 1(A), 2(B), 3(C)

```

```python
time_A = np.array([0, 20, 38, 59, 89, 119, 149])
Enzy_A = np.array([25, 657, 617, 618, 577, 577, 567])

time_B = np.array([0, 29, 60, 89, 179])
Enzy_B = np.array([0, 1370, 1362, 1291, 913])

time_C = np.array([0, 29, 58, 88, 118, 178])
Enzy_C = np.array([0, 754, 888, 763, 704, 683])

# choose experiment
if experiment_num==1:
        time_exp = time_A
        Enzy_exp = Enzy_A
elif experiment_num==2:
        time_exp = time_B
        Enzy_exp = Enzy_B
elif experiment_num==3:
        time_exp = time_C
        Enzy_exp = Enzy_C

#----------------------------------------------------
# Main Model Fitting Optimization
#----------------------------------------------------
delta_dim = 23;

# time span for obtaining the steady state
time_span = np.array([0, 1200]) # [minutes]

state_all = np.random.randn(12)
delta = 0.99*(2*np.random.rand(23)-1)

Act_Enzy_exp = Enzy_exp
plot_sw = False
bounds = [(-0.99,0.99)]*delta_dim

from scipy import optimize
result = optimize.differential_evolution(Santillan_Model_Fit_Cost,
                    bounds,
                    args=(time_span, time_exp, Act_Enzy_exp, plot_sw),
                    updating='deferred', disp=True, popsize=200,
                        maxiter=100, workers=4)
```

7. 最优解（MATLAB）

MATLAB 中的遗传算法解决了模型拟合问题，并且每个实验获得了以下最优解：

$$\boldsymbol{\delta}^* = \begin{bmatrix} \delta_1^* \\ \delta_2^* \\ \vdots \\ \delta_{22}^* \\ \delta_{23}^* \end{bmatrix} \rightarrow \begin{bmatrix} \delta_1^* & \delta_2^* & \delta_3^* & \delta_4^* & \delta_5^* \\ \delta_6^* & \delta_7^* & \delta_8^* & \delta_9^* & \delta_{10}^* \\ \delta_{11}^* & \delta_{12}^* & \delta_{13}^* & \delta_{14}^* & \delta_{15}^* \\ \delta_{16}^* & \delta_{17}^* & \delta_{18}^* & \delta_{19}^* & \delta_{20}^* \\ \delta_{21}^* & \delta_{22}^* & \delta_{23}^* & & \end{bmatrix} \tag{4-16}$$

$$\rightarrow\begin{bmatrix} -0.2810 & -0.3898 & 0.7068 & 0.0111 & 0.6425 \\ -0.8315 & -0.4280 & 0.7985 & 0.1770 & 0.1069 \\ -0.9174 & 0.6862 & 0.7437 & -0.6154 & 0.8466 \\ -0.5668 & -0.9273 & 0.2702 & -0.8495 & -0.7187 \\ 0.8848 & 0.3515 & 0.6146 & & \end{bmatrix}_A \tag{4-17}$$

$$\rightarrow\begin{bmatrix} 0.6415 & -0.8862 & 0.7426 & 0.2918 & 0.8398 \\ -0.9839 & -0.2078 & 0.0135 & 0.9869 & -0.7969 \\ -0.9889 & 0.9796 & -0.5617 & -0.9464 & 0.3877 \\ -0.9095 & -0.9177 & 0.8251 & -0.9529 & -0.7319 \\ -0.1656 & 0.5099 & 0.2271 & & \end{bmatrix}_B \tag{4-18}$$

$$\rightarrow\begin{bmatrix} -0.9895 & 0.9009 & 0.9616 & 0.9898 & 0.6706 \\ -0.9865 & -0.6868 & 0.1184 & 0.6514 & 0.7565 \\ -0.9780 & 0.9749 & 0.9785 & -0.4989 & 0.9878 \\ -0.6734 & -0.4203 & 0.9420 & -0.2586 & -0.7786 \\ -0.6590 & -0.5503 & 0.0357 & & \end{bmatrix}_C \tag{4-19}$$

其中，$[\cdot]_A$、$[\cdot]_B$ 和 $[\cdot]_C$ 分别是实验 A、B 和 C 的最优解。将每个实验的最优模型的轨迹与图 4-5 中的测量值进行比较，所有轨迹都相当接近实验测量值。

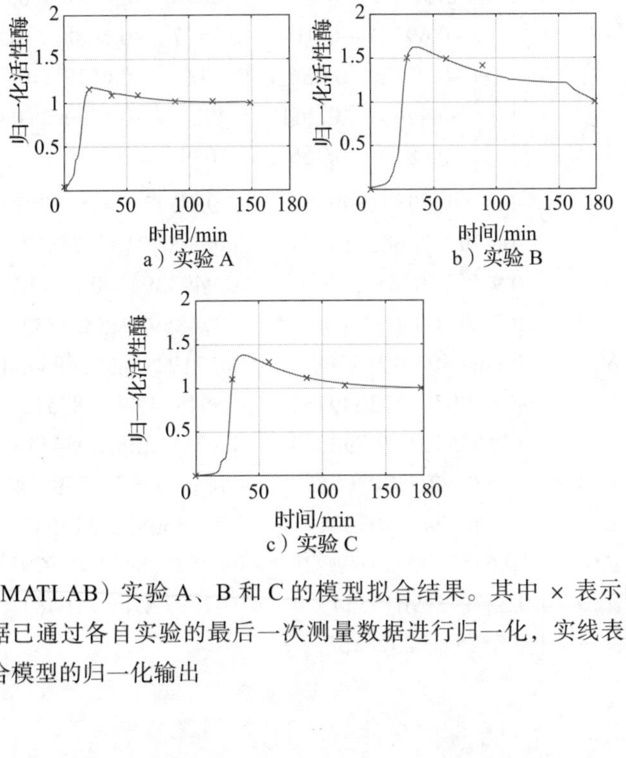

a）实验 A　b）实验 B　c）实验 C

图 4-5 （MATLAB）实验 A、B 和 C 的模型拟合结果。其中 × 表示的实验数据已通过各自实验的最后一次测量数据进行归一化，实线表示最优拟合模型的归一化输出

对于每个参数 δ_i（$i=1, 2, \cdots, 23$），式（4-6）的噪声强度计算如下：

$$\begin{bmatrix} \varphi_1 & \varphi_2 & \varphi_3 & \varphi_4 & \varphi_5 \\ \varphi_6 & \varphi_7 & \varphi_8 & \varphi_9 & \varphi_{10} \\ \varphi_{11} & \varphi_{12} & \varphi_{13} & \varphi_{14} & \varphi_{15} \\ \varphi_{16} & \varphi_{17} & \varphi_{18} & \varphi_{19} & \varphi_{20} \\ \varphi_{21} & \varphi_{22} & \varphi_{23} & & \end{bmatrix} = \begin{bmatrix} 3.1900 & \mathbf{6.8072} & 0.0237 & 0.5894 & 0.0159 \\ 0.0084 & 0.1304 & 0.5857 & 0.2737 & \mathbf{27.4299} \\ 0.0015 & 0.0321 & 1.7800 & 0.0785 & 0.1329 \\ 0.0429 & 0.1114 & 0.1896 & 0.2042 & 0.0013 \\ \mathbf{30.9861} & 3.1538 & 0.2974 & & \end{bmatrix}$$

式中，φ_2、φ_{10} 以及 φ_{21} 的值相比其他值明显更大。表 4-4 总结了实验中这三个参数的变化。优化结果表明，τ_m、O 和 P 这三个参数属于自适应参数 $\boldsymbol{p}_E$。

表 4-4 基于 MATLAB 中遗传算法求解得到的变化最大的三个优化参数

参数	实验 A	实验 B	实验 C
τ_m	0.0610	0.0114	0.1901
O	0.0037	0.0007	0.0058
P	3.3822	2.6732	2.3402

8. 最优解（Python）

Python 的 scipy 库中提供的差分进化算法解决了模型拟合问题，求解每个实验如下：

$$\begin{bmatrix} \delta_1^* & \delta_2^* & \delta_3^* & \delta_4^* & \delta_5^* \\ \delta_6^* & \delta_7^* & \delta_8^* & \delta_9^* & \delta_{10}^* \\ \delta_{11}^* & \delta_{12}^* & \delta_{13}^* & \delta_{14}^* & \delta_{15}^* \\ \delta_{16}^* & \delta_{17}^* & \delta_{18}^* & \delta_{19}^* & \delta_{20}^* \\ \delta_{21}^* & \delta_{22}^* & \delta_{23}^* & & \end{bmatrix} \to \begin{bmatrix} 0.4139 & -0.650 & -0.5078 & 0.6556 & 0.8028 \\ -0.6978 & -0.014 & -0.7477 & -0.6088 & -0.4281 \\ -0.9512 & 0.984 & 0.4909 & -0.6512 & 0.1610 \\ -0.4746 & -0.064 & 0.4921 & -0.5255 & -0.4847 \\ -0.6853 & 0.266 & 0.1039 & & \end{bmatrix}_A \tag{4-20}$$

$$\begin{bmatrix} \delta_1^* & \delta_2^* \\ \delta_3^* & \delta_4^* \\ \delta_5^* & \delta_6^* \\ \delta_7^* & \delta_8^* \\ \delta_9^* & \delta_{10}^* \\ \delta_{11}^* & \delta_{12}^* \\ \delta_{13}^* & \delta_{14}^* \\ \delta_{15}^* & \delta_{16}^* \\ \delta_{17}^* & \delta_{18}^* \\ \delta_{19}^* & \delta_{20}^* \\ \delta_{21}^* & \delta_{22}^* \\ \delta_{23}^* & \end{bmatrix} \to \begin{bmatrix} -0.8164609821840342 & -0.9377737042517797 \\ -0.2790376682215831 & 0.9639037189678477 \\ 0.9899716285333048 & -0.9403394600209112 \\ 0.7598769991256485 & 0.3748592645823837 \\ 0.9659493912171094 & 0.005719318898349843 4 \\ -0.9890715372649793 & 0.5645345097583515 \\ 0.35655407244896503 & -0.6388522834084576 \\ -0.4876497370209529 & -0.4666376552759634 \\ -0.3606741179703174 & 0.8618508223375989 \\ -0.6752330337194928 & -0.03575084441063797 \\ 0.22717349615134524 & 0.4169772469116487 \\ 0.3175712292813526 & \end{bmatrix}_B \tag{4-21}$$

$$\begin{bmatrix} \delta_1^* & \delta_2^* & \delta_3^* & \delta_4^* \\ \delta_5^* & \delta_6^* & \delta_7^* & \delta_8^* \\ \delta_9^* & \delta_{10}^* & \delta_{11}^* & \delta_{12}^* \\ \delta_{13}^* & \delta_{14}^* & \delta_{15}^* & \delta_{16}^* \\ \delta_{17}^* & \delta_{18}^* & \delta_{19}^* & \delta_{20}^* \\ \delta_{21}^* & \delta_{22}^* & \delta_{23}^* & \end{bmatrix} \rightarrow \begin{bmatrix} -0.9529 & -0.1960 & 0.8548 & 0.7683 \\ -0.0008 & -0.9602 & -0.0880 & -0.7117 \\ 0.9453 & 0.0330 & -0.9786 & 0.0622 \\ 0.2542 & -0.7535 & 0.6106 & -0.8708 \\ 0.2591 & 0.8535 & -0.0101 & -0.8994 \\ 0.8292 & 0.2678 & 0.2170 & \end{bmatrix}_C \tag{4-22}$$

其中实验 B 的解用 16 位小数表示。

将每个实验的最佳模型的轨迹与图 4-6 中的测量值进行比较，可以发现所有轨迹都相当接近实验测量值。

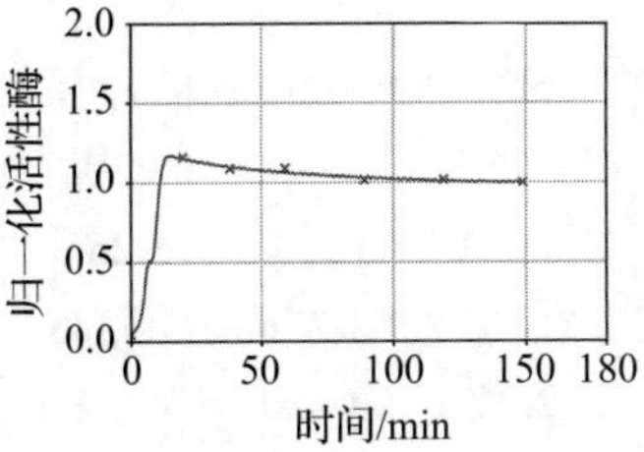

a）实验 A

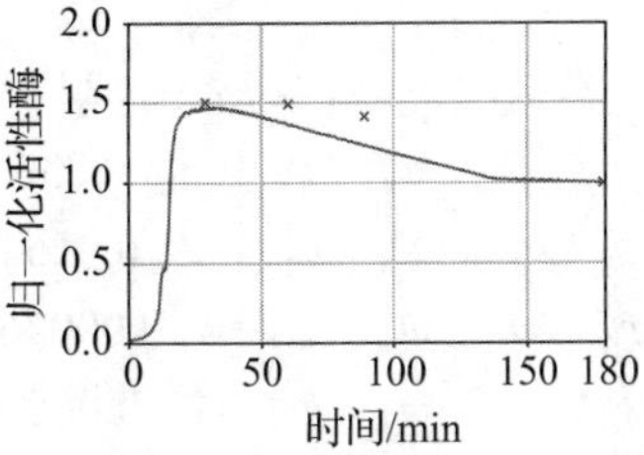

b）实验 B

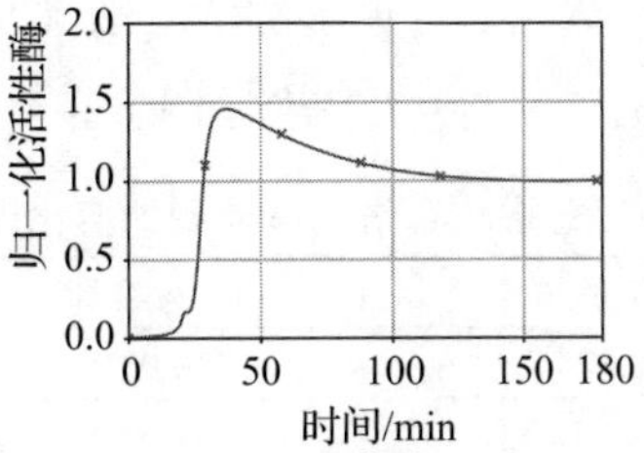

c）实验 C

图 4-6 （Python）实验 A、B 和 C 的模型拟合结果，其中 × 表示的实验数据已通过各自实验的最后一次测量数据进行归一化，实线表示最优拟合模型的归一化输出

实验 B 使用最优 δ时，代价函数值约为 0.05，而使用近似到小数点后四位的 δ值时，代价函数值约为 0.4。这其中相差近 10 倍，问题在于 0.4 是否为模型可接受的准确度。图 4-7 显示了实验 B 在两种不同精度 δ下的归一化活性酶轨迹，从初始时间起大约 20 分钟后，使用近似到小数点后 4 或 16 位的 δ产生了显著不同的轨迹。尽管它们有显著的定量差异，但就未知的测量误差而言，这可能是可接受的差异。如果图中所示的假设误差带是真实的，那么就模型拟合而言，这两个轨迹都是同样可接受的。

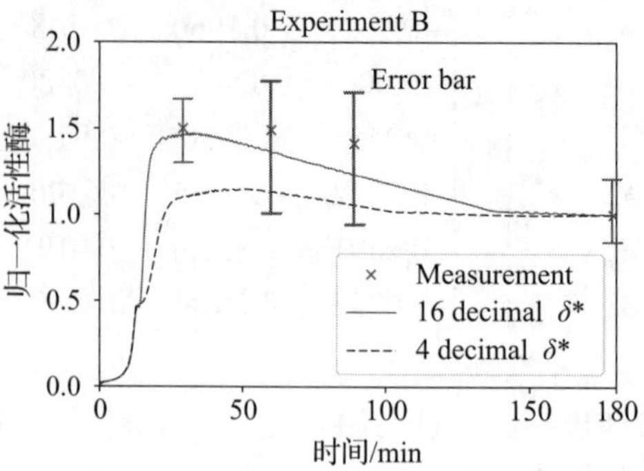

图 4-7 （Python）对最优 δ 近似位数的敏感度

对每个参数 δ_i（$i=1$，2，…，23），（4-6b）所示噪声强度计算如下：

$$\begin{bmatrix} \varphi_1 & \varphi_2 & \varphi_3 & \varphi_4 & \varphi_5 \\ \varphi_6 & \varphi_7 & \varphi_8 & \varphi_9 & \varphi_{10} \\ \varphi_{11} & \varphi_{12} & \varphi_{13} & \varphi_{14} & \varphi_{15} \\ \varphi_{16} & \varphi_{17} & \varphi_{18} & \varphi_{19} & \varphi_{20} \\ \varphi_{21} & \varphi_{22} & \varphi_{23} & & \end{bmatrix} = \begin{bmatrix} 0.836 & 0.157 & \mathbf{15.7} & 0.0204 & 0.309 \\ 0.0164 & 0.671 & 0.751 & 1.25 & 0.344 \\ 0.000261 & 0.265 & 0.0256 & 0.00388 & \mathbf{2.15} \\ 0.0589 & \mathbf{2.87} & 0.0404 & 0.201 & 0.263 \\ \mathbf{3.13} & 0.0158 & 0.0358 & & \end{bmatrix}$$

相比其他参数，δ_3、δ_{15}、δ_{17} 和 δ_{21} 明显更大。表 4-5 中总结了实验中这三个参数的变化，基于优化结果，τ_ρ、k_{-t}、c 和 P 这四个参数属于自适应参数 $\boldsymbol{p}_E$。

表 4-5 基于 Python 中差分进化算法求解得到的变化最大的四个优化参数

参数	实验 A	实验 B	实验 C
τ_ρ	0.0246	0.0360	0.0927
k_{-t}	24 382.5	10 759.4	33 823.2
c	0.0374	0.0256	0.0636
P	2.3224	2.9383	3.3448

9. 自适应参数

表 4-4 和表 4-5 提供了两组自适应参数 $\boldsymbol{p}_E$，这两组参数都直接影响游离操纵子（O_F）和游离 mRNA（M_F）的生成。这两组中的唯一共同元素是 mRNA 聚合酶 P，mRNA 聚合酶与游离操纵子结合并生成 mRNA。有趣的是，我们已知第二信使核苷酸——鸟苷四磷酸（鸟苷四磷酸，ppGpp）可直接与 mRNA 聚合酶结合，并改变转录速率以适应环境变动（Sanchez-Vazquez et al.，2019；Zuo et al.，2013）。

为了检查最优参数的鲁棒性，扰动参数的不确定性如下

$$\delta_i = \delta_i^*(1+0.05*\epsilon_i) \tag{4-23}$$

式中，$i=1$，2，…，23；δ_i^* 是式（4-16）所示的模型拟合测量值的最优参数；

ϵ_i 是随机扰动；参数有 ±5% 的扰动。随机抽取 10000 个样本 ϵ，其维数与 δ_i^* 相同，ϵ 中第 i 个元素 ϵ_i 是区间 $[-1,1]$ 中均匀分布的随机数。式（4-16）的鲁棒性如图 4-8 所示，图中显示了代价函数 J 相对于最优参数扰动 $\|\epsilon\|$ 的变化。

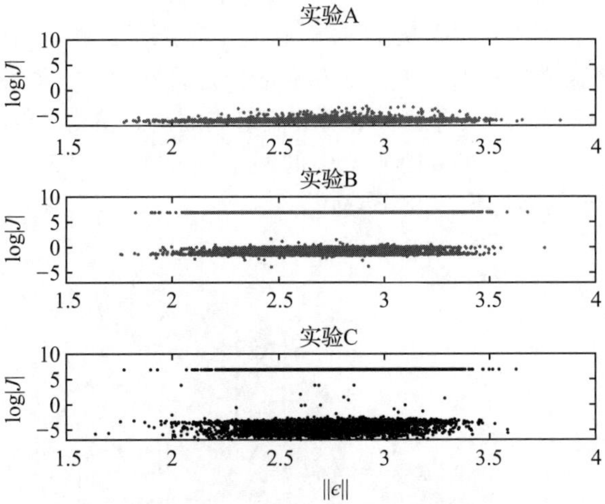

图 4-8　代价函数 J 相对于最优参数扰动 $\|\epsilon\|$ 的变化

10. 局限性

从统计学意义上讲，只有三个实验是远远不够的，同时缺少关于测量误差的信息。MATLAB 或 Python 的 scipy 库中的数值积分器使用不同的方法来控制数值误差，这可能会影响优化的整体性能。注意，scipy 积分器不如 MATLAB 积分器快，因为 scipy 中的差分进化需要大量的计算时间。系统生物学中模型拟合的主要目的是建立假设和设计实验，反过来这又可以节省因不必要或设计不当实验而导致时间和资源的浪费。

4.3　生物振荡

生物分子浓度的周期性振荡对于保持活细胞的功能至关重要。例如昼夜节律，即 24 小时周期性振荡，存在于果蝇（Goldbeter，1995）、链孢霉、真菌（Smolen et al.，2001）和哺乳动物（Leloup and Goldbetr，2003）等许多生命形式中。这些生命在地球上进化，地球为它们提供了 24 小时的昼夜交替环境。

网柄菌是一种变形虫，是一种常见于森林土壤中的单细胞生命形式。当环境中没有食物时，一群变形虫聚集形成孢子。3′,5′- 环腺苷酸（cAMP）分子浓度的波动会引发细胞的聚集，使每个细胞向浓度更高的地方移动，这被称为趋化性。在聚集过程中，个体变形虫在细胞内分泌 cAMP，并对外部 cAMP 浓度的变化做出反应。cAMP 浓度呈周期性变化，变化周期为 5 ～ 10 min（Laub and Loomis，1998）。

cAMP 是一种重要的信使分子，能在细胞内引发各种反应。为了理解 3′,5′–cAMP 这一命名的含义，可以仔细观察图 4-9 中 cAMP 分子的结构。中心的五边形结构是糖或核糖，其中包含从 1′ 到 5′ 共五个碳原子；在其右上角，氮原子经由碳原子 1′ 连接腺嘌呤和糖分子；其左下部分是磷酸盐。三磷酸腺苷（ATP）即能量储存和转移分子，虽然有由三个磷酸盐组成的链式结构，但在 cAMP 中，仅有一个（单）磷酸基团，连接糖分子中的两个碳原子 3′ 和 5′，从而形成环状结构。因此，该分子的名称为 3′,5′–cAMP。

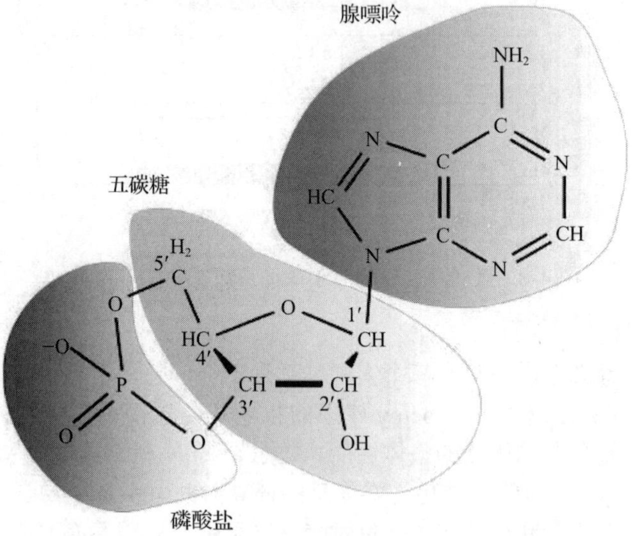

图 4-9　3′,5′– 环腺苷酸（cAMP）

Laub 和 Loomis 在 1998 年发表的论文中提出了在变形虫的聚集阶段，网柄菌 cAMP 浓度变化的振荡网络模型⊖如下：

$$\frac{\mathrm{d}[\mathrm{ACA}]}{\mathrm{d}t}=k_1[\mathrm{CAR1}]-k_2[\mathrm{ACA}][\mathrm{PKA}] \tag{4-24a}$$

$$\frac{\mathrm{d}[\mathrm{PKA}]}{\mathrm{d}t}=k_3[\mathrm{i\text{-}cAMP}]-k_4[\mathrm{PKA}] \tag{4-24b}$$

$$\frac{\mathrm{d}[\mathrm{ERK2}]}{\mathrm{d}t}=k_5[\mathrm{CAR1}]-k_6[\mathrm{PKA}][\mathrm{ERK2}] \tag{4-24c}$$

⊖ Laub 和 Loomis 提出的模型中存在错误，Ma 和 Iglesias 在 2002 年、Maeda 等在 2004 年发表的论文中的模型是正确的。

$$\frac{\mathrm{d[REG\ A]}}{\mathrm{d}t}=k_7-k_8[\mathrm{ERK2}][\mathrm{REG\ A}] \tag{4-24d}$$

$$\frac{\mathrm{d[i\text{-}cAMP]}}{\mathrm{d}t}=k_9[\mathrm{ACA}]-k_{10}[\mathrm{REG\ A}][\mathrm{i\text{-}cAMP}] \tag{4-24e}$$

$$\frac{\mathrm{d[e\text{-}cAMP]}}{\mathrm{d}t}=k_{11}[\mathrm{ACA}]-k_{12}[\mathrm{e\text{-}cAMP}] \tag{4-24f}$$

$$\frac{\mathrm{d[CAR1]}}{\mathrm{d}t}=k_{13}[\mathrm{e\text{-}cAMP}]-k_{14}[\mathrm{CAR1}] \tag{4-24g}$$

式中，ACA是腺苷酸环化酶；PKA是cAMP依赖性蛋白激酶；ERK2是细胞外信号调节激酶2，一种丝裂原活化蛋白激酶；REG A是细胞间磷酸二酯酶；CAR1是对cAMP具有高亲和力的细胞表面受体；i-cAMP和e-cAMP分别是细胞内部和细胞外部空间的cAMP浓度。表4-6总结了动力学参数的标称值（Maeda et al.，2004；Ma and Iglesias，2002）。

表4-6 Laub-Loomis模型动力学参数

参数	值	单位	参数	值	单位
k_1	2.0	min^{-1}	k_8	1.3	$\mu\mathrm{M}^{-1}\mathrm{min}^{-1}$
k_2	0.9	$\mu\mathrm{M}^{-1}\mathrm{min}^{-1}$	k_9	0.3	min^{-1}
k_3	2.5	min^{-1}	k_{10}	0.8	$\mu\mathrm{M}^{-1}\mathrm{min}^{-1}$
k_4	1.5	min^{-1}	k_{11}	0.7	min^{-1}
k_5	0.6	min^{-1}	k_{12}	4.9	min^{-1}
k_6	0.8	$\mu\mathrm{M}^{-1}\mathrm{min}^{-1}$	k_{13}	23.0	min^{-1}
k_7	1.0	μM/min	k_{14}	4.5	min^{-1}

括号[·]表示分子的浓度，例如[ACA]代表ACA分子的浓度。当我们考虑相关分子的浓度时，首先假设其大量存在，即单个分子相互作用的随机性可以忽略不计。通过仔细分析动态模型式（4-24），我们可以推断出模型背后所表达的逻辑联系。CAR1激活ACA，ACA产生更多的cAMP，与CAR1结合的外部cAMP激活更多的ACA——该反应链形成了一个正反馈回路。ACA、内部cAMP和PKA之间的另一条链形成负反馈回路，通过抑制ACA来减少cAMP的产生。众所周知，这些负反馈和正反馈回路在生物振荡中发挥着重要作用（Tsai et al.，2008）。对这些回路进行图形可视化是很方便的，如图4-10是cAMP振荡模型的相互作用网络，其中→表示激活，⊣表示抑制。对于箭头连接的两个分子，如果箭头尾部的分子增加了箭头前分子的变化率，则表示激活；如果变化率降低，则表示抑制。

对于表4-6中给出的参数值，图4-11显示了内部cAMP浓度和CAR1受体浓度的时间序列，即常微分方程（式4-24）的解，振荡的稳定周期为7 min。

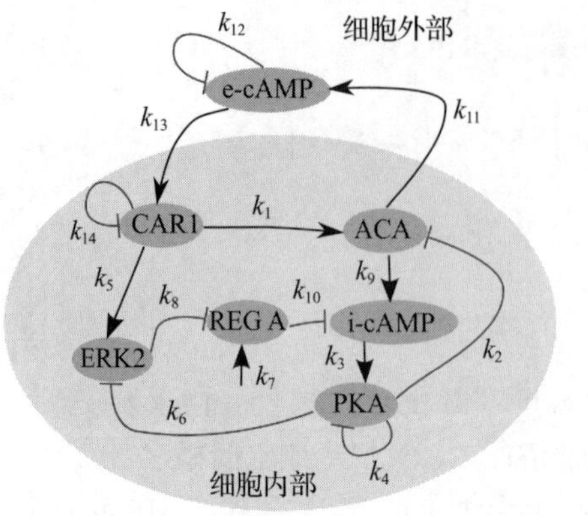

图 4-10 网柄菌 cAMP 振荡网络

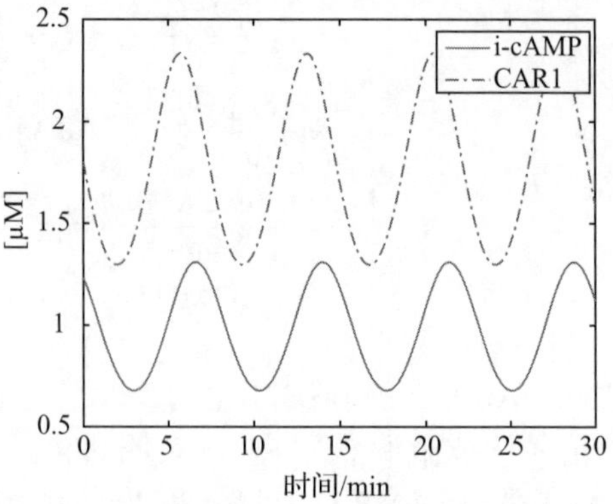

图 4-11 使用常微分方程模型模拟内部 cAMP 分子和 CAR1 受体的浓度振荡

与 1.2.2 节中所示的过程相反，从常微分方程式（4-24）中可以获得 14 种主要的生物相互作用如下：

$$\text{CAR1} \xrightarrow{k_1} \text{ACA} + \text{CAR1} \tag{4-25a}$$

$$\text{ACA} + \text{PKA} \xrightarrow{k_2/(N_A V 10^{-6})} \text{PKA} \tag{4-25b}$$

$$\text{cAMPi} \xrightarrow{k_3} \text{PKA} + \text{cAMPi} \tag{4-25c}$$

$$\text{PKA} \xrightarrow{k_4} \varnothing \tag{4-25d}$$

$$\text{CAR1} \xrightarrow{k_5} \text{ERK2} + \text{CAR1} \tag{4-25e}$$

$$\text{PKA} + \text{ERK2} \xrightarrow{k_6/(N_A V 10^{-6})} \text{PKA} \tag{4-25f}$$

$$1 \xrightarrow{k_7 \times (N_A V 10^{-6})} [\text{RegA}] \tag{4-25g}$$

$$\text{ERK2} + \text{RegA} \xrightarrow{k_8/(N_A V 10^{-6})} \text{ERK2} \tag{4-25h}$$

$$\text{ACA} \xrightarrow{k_9} \text{cAMPi} + \text{ACA} \tag{4-25i}$$

$$\text{RegA} + \text{cAMPi} \xrightarrow{k_{10}/(N_A V 10^{-6})} \text{RegA} \tag{4-25j}$$

$$\text{ACA} \xrightarrow{k_{11}} \text{cAMPe} + \text{ACA} \tag{4-25k}$$

$$\text{cAMPe} \xrightarrow{k_{12}} \varnothing \tag{4-25l}$$

$$\text{cAMPe} \xrightarrow{k_{13}} \text{CAR1} + \text{cAMPe} \tag{4-25m}$$

$$\text{CAR1} \xrightarrow{k_{14}} \varnothing \tag{4-25n}$$

式中，V 是细胞体积，等于 3.672×10^{-14} L（Kim et al.，2007a），该值还要乘以 10^{-6}，因为要将 k_2、k_6、k_7、k_8 和 k_{10} 的单位由 μM 更改为 M。摩尔数（Molar，M）是每体积分子数除以阿伏伽德罗常数得到的单位，如下所示：

$$1[\text{M}] = 1\frac{[\#\ \text{of molecules}]}{N_A V}$$

对于 k_2、k_6、k_8 和 k_{10}，从每分钟 1 摩尔到每分钟 1 分子的单位变化如下：

$$\left(k_i \frac{1}{[\min][\mu\text{M}]}\right) \times \frac{1}{N_A V} = \frac{k_i / (N_A V 10^{-6})}{[\min][\text{M}]}$$
$$= k_i / (N_A V 10^{-6}) \frac{1}{[\min][\#\text{ of molecules}]}$$

式中，$i = 2$，6，8，10。同理对于k_7，有

$$\left(k_7 \frac{[\mu\text{M}]}{[\min]}\right) \times (N_A V) = \frac{k_7 (N_A V 10^{-6})[\text{M}]}{[\min]}$$
$$= k_7 \times (N_A V 10^{-6}) \frac{[\#\text{of molecules}]}{[\min]}$$

4.3.1 Gillespie 直接法

Gillespie 直接法提供了分子相互作用的精确模拟结果，其主要假设是充分混合条件，即相互作用中的所有分子在空间中均匀分布（Gillespie，1976）。

Gillespie 的方法通过回答以下两个问题来模拟随机分子相互作用：

- 下一个反应什么时候发生？
- 会发生什么反应？

下一个反应什么时候发生？第一个反应式（4-25a）在时间间隔 δ_t 内发生的概率与（CAR1 分子的当前数量）×（反应速率）成比例，如下：

$$p_1(\delta t) = k_1 \text{ CAR1 } \delta t = a_1 \delta_t$$

式中，a_1 等于（$k_1 \times \text{CAR}_1$），称为倾向函数。类似地，第二个反应的发生概率为

$$p_2(\delta t) = \frac{k_2}{N_A V 10^{-6}} \text{ACA PKA } \delta t = a_2 \delta t$$

式中，a_2 等于 $(k_2 \times \text{ACA PKA}/(N_A V 10^{-6}))$。求解其余反应（从 p_3 到 p_{14}）发生的概率留作本章习题。

在时间间隔 δ_t 内，14 个反应中没有一个发生的概率是

$$p_{\text{no reaction}}(\delta t) = (1 - p_1)(1 - p_2)\ldots(1 - p_{14}) \approx 1 - \sum_{i=1}^{14} p_i = 1 - \sum_{i=1}^{14} a_i \delta t$$

式中，当 δ_t 很小时，p_1、p_2、…、p_{14} 显著小于 1，并且在近似中忽略了高阶项。对于 $\tau > 0$ 和 $\mathrm{d}\tau > 0$，如果从当前时间 t 到 $t + \tau$ 内没有发生任何反应，并且有一个反应发生在 $t + \tau$ 到 $t + \tau + \mathrm{d}\tau$ 之间，那么 τ 的概率分布是多少？注意，$\mathrm{d}\tau$ 明显小于 τ，即 $\mathrm{d}\tau \ll \tau$。根据定义，τ 是任意两个反应发生之间的时间间隔，允许 $\tau = N\delta t$。在 τ 内没有反应发生的概率为

$$p_{\text{no reaction}}(\tau) = p_{\text{no reaction}}(N\delta t) = \left(1 - \sum_{i=1}^{14} \frac{a_i \tau}{N}\right)^N$$

令 $\delta t \to 0$，相当于令 $N \to \infty$，则有

$$p_{\text{no reaction}}(\tau) = \lim_{N\to\infty}\left[1+\frac{-\sum_{i=1}^{14}(a_i\tau)}{N}\right]^N$$

式中，右边的项是指数函数的定义，即

$$p_{\text{no reaction}}(\tau) = \mathrm{e}^{-\sum a_i\tau}$$

t 到 $t+\tau$ 时间段内不发生反应且 $t+\tau$ 到 $t+\tau+d\tau$ 时间段内发生第 i 个反应的概率为

$$p(i,\tau)\mathrm{d}\tau = p_i(\mathrm{d}\tau)\times p_{\text{no reaction}}(\tau) = a_i\mathrm{e}^{-\sum a_i\tau}\mathrm{d}\tau$$

式中，$i=1$，2，…，14。由此，给出 τ 的概率密度函数如下：

$$p(\tau) = \sum_{i=1}^{14} p(i,\tau) = \left(\sum_{i=1}^{14} a_i\right)\mathrm{e}^{-\sum a_i\tau} \tag{4-26}$$

式中，$\tau > 0$，否则 $p_\tau = 0$。p_τ 满足该函数为概率密度函数的条件如下（Shanmugan and Breipohl，1988）：

$$p(\tau)\geqslant 0$$

$$\int_{-\infty}^{\infty} p(\tau)\mathrm{d}\tau = \int_{0^+}^{\infty}\left(\sum_{i=1}^{14} a_i\right)\mathrm{e}^{-\sum a_i\tau}\mathrm{d}\tau = -\mathrm{e}^{-\sum a_i\tau}\Big|_{\tau=0}^{\tau\to\infty} = 1$$

$$\int_b^a p(\tau)\,\mathrm{d}\tau \geqslant 0 \text{对于任意} b < a$$

从当前时刻到下一次发生反应的时刻之间的时间长度 τ 遵循指数分布。因此 Gillespie 直接法对第一个问题的答案是，生成一个随机数 τ，该随机数的分布由指数分布式（4-26）给出。

会发生什么反应？如果 14 个反应中有一个发生了，那么发生的是哪一个反应？正如我们所知道的，在给定的时间间隔 δt 内每个反应发生的概率，通过如下倾向函数的和来归一化：

$$\bar{a}_i = \frac{a_i}{\sum_{i=1}^{14} a_i}$$

式中，$i=1$，2，…，14。根据 0 和 1 之间的均匀分布生成随机数 x，根据随机数 x 确定要发生的反应并更新分子数量，如下所示：

$$\text{反应 \#1 发生，当 } 0\leqslant x<\bar{a}_1 \tag{4-27a}$$

$$\text{反应 \#2 发生，当 } \bar{a}_1\leqslant x<\bar{a}_1+\bar{a}_2 \tag{4-27b}$$

$$\text{反应 \#3 发生，当 } \bar{a}_1+\bar{a}_2\leqslant x<\bar{a}_1+\bar{a}_2+\bar{a}_3 \tag{4-27c}$$

$$\vdots$$

$$\text{反应 \#13 发生，当} \sum_{i=1}^{12} a_i \leqslant x < \sum_{i=1}^{13} a_i \tag{4-27d}$$

$$\text{反应 \#14 发生，当} \sum^{13} a_i \leqslant x \leqslant 1 \tag{4-27e}$$

对于每个反应，更新分子数量如下：

$$\text{反应 \#1 ACA} \leftarrow \text{ACA}+1 \tag{4-28a}$$

$$\text{反应 \#2 ACA} \leftarrow \text{ACA}-1 \tag{4-28b}$$

$$\text{反应 \#3 PKA} \leftarrow \text{PKA}+1 \tag{4-28c}$$

$$\text{反应 \#4 PKA} \leftarrow \text{PKA}-1 \tag{4-28d}$$

$$\text{反应 \#5 ERK2} \leftarrow \text{ERK2}+1 \tag{4-28e}$$

$$\text{反应 \#6 ERK2} \leftarrow \text{ERK2}-1 \tag{4-28f}$$

$$\text{反应 \#7 RegA} \leftarrow \text{RegA}+1 \tag{4-28g}$$

$$\text{反应 \#8 RegA} \leftarrow \text{RegA}-1 \tag{4-28h}$$

$$\text{反应 \#9 cAMPi} \leftarrow \text{cAMPi}+1 \tag{4-28i}$$

$$\text{反应 \#10 cAMPi} \leftarrow \text{cAMPi}-1 \tag{4-28j}$$

$$\text{反应 \#11 cAMPe} \leftarrow \text{cAMPe}+1 \tag{4-28k}$$

$$\text{反应 \#12 cAMPe} \leftarrow \text{cAMPe}-1 \tag{4-28l}$$

$$\text{反应 \#13 CAR1} \leftarrow \text{CAR1}+1 \tag{4-28m}$$

$$\text{反应 \#14 CAR1} \leftarrow \text{CAR1}-1 \tag{4-28n}$$

算法 4-2 总结了式（4-25）中使用 Gillespie 直接法的伪代码。

算法 4-2 Gillespie 直接法

```
Set the initial number of molecules: ACA, PKA, ERK2, RegA, cAMPi, cAMPe, CAR1
Set the initial time, t = 0, and the final time, t_f
while t < t_f do
    Generate the random number τ from the pdf, (4.26)
    t ← t + τ
    Generate x from the uniform distribution between 0 and 1
    Determine the reaction to occur using x and (4.27)
    Update the number of molecules for the chosen reaction using (4.28)
end while
```

4.3.2 仿真实现

设置七种分子的初始分子数如下：

$$\begin{aligned}&\text{ACA} = 35,403,\ \text{PKA} = 32,888,\ \text{ERK2} = 11,838,\ \text{RegA} = 27,348,\\ &\text{cAMPi} = 15,489,\ \text{cAMPe} = 4980,\ \text{CAR1} = 25,423\end{aligned} \tag{4-29}$$

这组特定的初始条件处于振荡轨迹上，从任意正整数初始值开始对这些反应进行仿真模拟[⊖]，直到它们收敛，在模拟结束时测量分子数量。

图 4-12 展示了在初始条件式（4-29）下式（4-26）所述 τ 的概率密度函数，直方图展示了在一分钟的仿真时间内，以指数分布生成的 τ 值。初始有超过 100 万个分子均匀分布在细胞中，一分钟内发生了许多反应。随着分子数量的增加，两个分子相互碰撞的概率增大，反应时间 τ 变短。由于时间增量很小，这些较小的 τ 将减缓仿真进度。Gillespie 直接法主要用于低分子数的仿真，其他方法例如 τ-leap 或 Langevin 近似，解决了仿真进展缓慢的问题（Cao et al., 2006；Kim et al., 2018）。

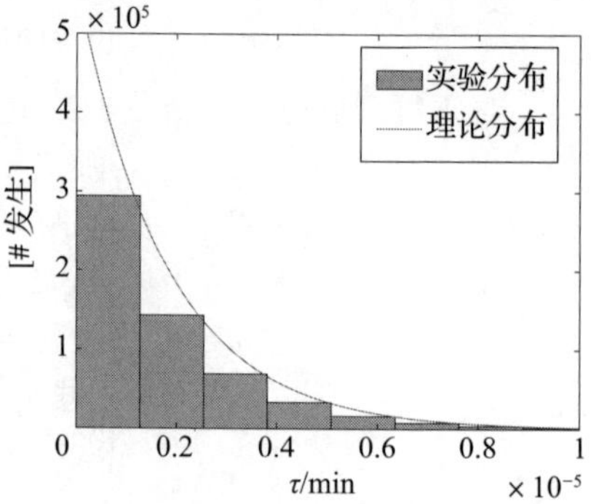

图 4-12　在 Gillespie 直接法中，τ 值的实验和理论分布，实验分布为从仿真开始一分钟内生成的 τ 值

图 4-12 显示，平均反应时间间隔约为 0.4ms。也就是说，每隔 0.4ms 就会发生一个反应。存储所有由反应引起的分子数量变化需要大量的计算机存储空间，为了减少内存占用，我们以更长的采样时间（如 0.1s）来保存分子数量。

MATLAB 程序 4-11 使用了 Gillespie 直接法来实现 cAMP 振荡网络，我们将在稍后分析第 17 行开始部分的鲁棒性。在使用标称动力学参数的情况下，将 p_delta 设置为零，并进行仿真。通过超过 60 分钟的先验仿真来找到初始分子数，使得轨迹收敛到足够接近振荡周期，并在仿真结束时设置分子数。为了生成 τ(其分布由式（4-26）给出)，将 $\sum a_i$ 的倒数输入第 55 行 MATLAB 中的 exprnd() 函数中，exprnd(a) 根据以下分布随机生成一个 x：

$$p(x)=\frac{1}{a}\mathrm{e}^{-x/a}$$

在程序的最后，仿真过程每 0.1s 保存一次仿真时间和相应的分子数量。

程序 4-11（MATLAB）使用 Gillespie 直接法仿真 cAMP 振荡网络

```
1 clear
2
3 % simulation time values
4 time_current = 0;     % initial time
5 time_final   = 60.0; % final time [min]
6 time_record  = time_current; % data record time
```

⊖ 使用较小的整数作为初始条件。为什么？

```
dt_record     = 0.1;  % minimum time interval for data recording
max_num_data = floor((time_final-time_current)/dt_record+0.5);

% kinetic parameters for the Laub-Loomis Dicty cAMP oscillation
% network model from k1 to k14
ki_para_org = [2.0; 0.9; 2.5; 1.5; 0.6; 0.8; 1.0; 1.3; 0.3; 0.8;
     0.7; 4.9; 23.0; 4.5];
Cell_Vol = 3.672e-14; % [litre]
NA = 6.022e23;          % Avogadro's number
num_molecule_species = 7;

% robustness
delta_worst = [-1 -1 1 1 -1 1 1 -1 1 1 -1 1 -1 1]';
p_delta = 0;
ki_para=ki_para_org.*(1+(p_delta/100)*delta_worst);

% initial number of molecules
ACA   = 35403; % [# of molecules]
PKA   = 32888; % [# of molecules]
ERK2  = 11838; % [# of molecules]
REGA  = 27348; % [# of molecules]
icAMP = 15489; % [# of molecules]
ecAMP = 4980;  % [# of molecules]
CAR1  = 25423; % [# of molecules]

% storing data
species_all = zeros(max_num_data, num_molecule_species+1);
species_all(1,:) = [time_current ACA PKA ERK2 REGA icAMP ecAMP CAR1
     ];
data_idx = 1;

while data_idx < max_num_data

    propensity_a(1) = ki_para(1)*CAR1;
    propensity_a(2) = ki_para(2)*ACA*PKA/(NA*Cell_Vol*1e-6);
    propensity_a(3) = ki_para(3)*icAMP;
    propensity_a(4) = ki_para(4)*PKA;
    propensity_a(5) = ki_para(5)*CAR1;
    propensity_a(6) = ki_para(6)*PKA*ERK2/(NA*Cell_Vol*1e-6);
    propensity_a(7) = ki_para(7)*(NA*Cell_Vol*1e-6);
    propensity_a(8) = ki_para(8)*ERK2*REGA/(NA*Cell_Vol*1e-6);
    propensity_a(9) = ki_para(9)*ACA;
    propensity_a(10) = ki_para(10)*REGA*icAMP/(NA*Cell_Vol*1e-6);
    propensity_a(11) = ki_para(11)*ACA;
    propensity_a(12) = ki_para(12)*ecAMP;
    propensity_a(13) = ki_para(13)*ecAMP;
    propensity_a(14) = ki_para(14)*CAR1;

    % determine the reaction time tau
    sum_propensity_a = sum(propensity_a);
    tau = exprnd(1/sum_propensity_a);

    % determine the reaction
    normalized_propensity_a = propensity_a/sum_propensity_a;
    cumsum_propensity_a = cumsum(normalized_propensity_a);
```

```
    which_reaction = rand(1);
    reaction_idx = cumsum((cumsum_propensity_a-which_reaction)<0);
    reaction = reaction_idx(end)+1;

    % update number of molecules
    switch reaction
        case 1
            ACA = ACA + 1;
        case 2
            ACA = ACA - 1;
        case 3
            PKA = PKA + 1;
        case 4
            PKA = PKA - 1;
        case 5
            ERK2 = ERK2 + 1;
        case 6
            ERK2 = ERK2 - 1;
        case 7
            REGA = REGA + 1;
        case 8
            REGA = REGA - 1;
        case 9
            icAMP = icAMP + 1;
        case 10
            icAMP = icAMP - 1;
        case 11
            ecAMP = ecAMP + 1;
        case 12
            ecAMP = ecAMP - 1;
        case 13
            CAR1 = CAR1 + 1;
        case 14
            CAR1 = CAR1 - 1;
        otherwise
            error('Wrong reaction number!');
    end

    time_current = time_current + tau;

    if time_record < time_current
        data_idx = data_idx + 1;
        species_all(data_idx,:) = [time_current ACA PKA ERK2 REGA icAMP ecAMP CAR1];
        time_record = time_record + dt_record;
        disp(time_record);
    end

end
```

图 4-13 展示了使用 Gillespie 直接法对网柄菌 cAMP 振荡网络的随机仿真结果。将结果与来自确定性仿真的程序 4-11 中的结果进行比较，它们的轨迹在多个定量指标上显示出了良好的匹配性。结果表明，振荡周期约为 7 min，内部 cAMP

和 CAR1 受体之间的相位差约为 1 min，并且内部 cAMP 的平均值约为 CAR1 受体平均值的两倍。在确定性和随机性两种设置下，仿真得到了相同的结果。

程序 4-12 中给出了 Gillespie 直接法的 Python 实现，仿真结果如图 4-14 所示。与 MATLAB 不同，Python 没有 switch case 语句⊖，而是使用 if-elif-else 实现。

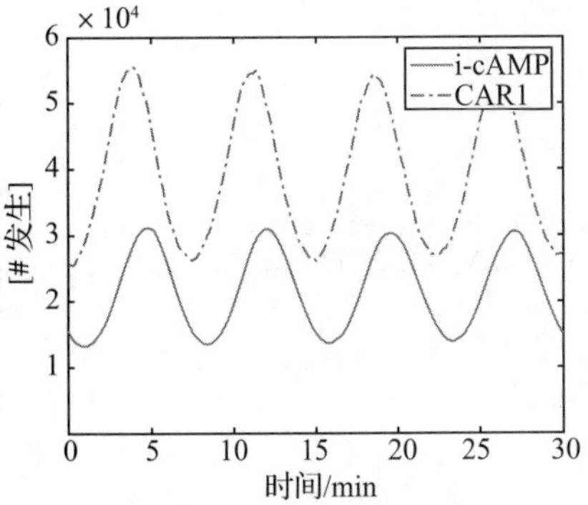

图 4-13 （MATLAB）使用 Gillespie 直接法仿真，内部 cAMP 分子和 CAR1 受体的浓度振荡

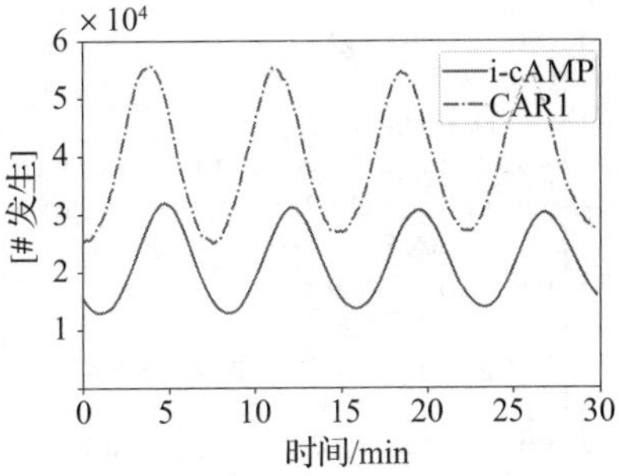

图 4-14 （Python）使用 Gillespie 直接法仿真，内部 cAMP 分子和 CAR1 受体的浓度振荡

程序 4-12 （Python）使用 Gillespie 直接法仿真 cAMP 振荡网络

```
import numpy as np

# simulation time values
time_current = 0    # initial time
time_final   = 60.0 # final time [min]
time_record  = time_current # data record time
dt_record    = 0.1  # minimum time interval for data recording
max_num_data = np.floor((time_final-time_current)/dt_record+0.5);

# kinetic parameters for the Laub-Loomis Dicty cAMP oscillation
# network model from k1 to k14
ki_para_org = np.array([2.0, 0.9, 2.5, 1.5, 0.6, 0.8, 1.0, 1.3,
    0.3, 0.8, 0.7, 4.9, 23.0, 4.5])
Cell_Vol = 3.672e-14; # [litre]
NA = 6.022e23;        # Avogadro's number
num_molecule_species = 7
num_reactions = 14

# robustness
delta_worst = np.array([-1, -1, 1, 1, -1, 1, 1, -1, 1, 1, -1, 1,
    -1, 1])
```

⊖ Python 3.10 中引入了 match case，以提供与其他语言中 switch case 相同的功能。详情请见网站 https://www.python.org/dev/peps/pep-0622/。

```
p_delta = 0;
ki_para=ki_para_org*(1+(p_delta/100)*delta_worst)

# initial number of molecules
ACA   = 35403  # [# of molecules]
PKA   = 32888  # [# of molecules]
ERK2  = 11838  # [# of molecules]
REGA  = 27348  # [# of molecules]
icAMP = 15489  # [# of molecules]
ecAMP = 4980   # [# of molecules]
CAR1  = 25423  # [# of molecules]

# storing data
species_all = np.zeros((int(max_num_data), num_molecule_species+1))
species_all[0,:] = np.array([time_current, ACA, PKA, ERK2, REGA,
    icAMP, ecAMP, CAR1])
data_idx = 0

propensity_a = np.zeros(num_reactions)

while data_idx < max_num_data-1:

    propensity_a[0] = ki_para[0]*CAR1
    propensity_a[1] = ki_para[1]*ACA*PKA/(NA*Cell_Vol*1e-6)
    propensity_a[2] = ki_para[2]*icAMP
    propensity_a[3] = ki_para[3]*PKA
    propensity_a[4] = ki_para[4]*CAR1
    propensity_a[5] = ki_para[5]*PKA*ERK2/(NA*Cell_Vol*1e-6)
    propensity_a[6] = ki_para[6]*(NA*Cell_Vol*1e-6)
    propensity_a[7] = ki_para[7]*ERK2*REGA/(NA*Cell_Vol*1e-6)
    propensity_a[8] = ki_para[8]*ACA
    propensity_a[9] = ki_para[9]*REGA*icAMP/(NA*Cell_Vol*1e-6)
    propensity_a[10] = ki_para[10]*ACA
    propensity_a[11] = ki_para[11]*ecAMP
    propensity_a[12] = ki_para[12]*ecAMP
    propensity_a[13] = ki_para[13]*CAR1

    # determine the reaction time tau
    sum_propensity_a = np.sum(propensity_a)
    tau = np.random.exponential(1/sum_propensity_a)

    # determine the reaction
    normalized_propensity_a = propensity_a/sum_propensity_a
    cumsum_propensity_a = np.cumsum(normalized_propensity_a)
    which_reaction = np.random.rand(1)
    reaction_idx = np.cumsum((cumsum_propensity_a-which_reaction)
        <0)
    reaction = reaction_idx[-1]

    # update number of molecules
    if reaction==0:
        ACA = ACA + 1
    elif reaction==1:
        ACA = ACA - 1
    elif reaction==2:
```

```
73              PKA = PKA + 1
74          elif reaction==3:
75              PKA = PKA - 1
76          elif reaction==4:
77              ERK2 = ERK2 + 1
78          elif reaction==5:
79              ERK2 = ERK2 - 1
80          elif reaction==6:
81              REGA = REGA + 1
82          elif reaction==7:
83              REGA = REGA - 1
84          elif reaction==8:
85              icAMP = icAMP + 1
86          elif reaction==9:
87              icAMP = icAMP - 1
88          elif reaction==10:
89              ecAMP = ecAMP + 1
90          elif reaction==11:
91              ecAMP = ecAMP - 1
92          elif reaction==12:
93              CAR1 = CAR1 + 1
94          elif reaction==13:
95              CAR1 = CAR1 - 1
96          else:
97              print(reaction,'Wrong reaction number!')
98
99          time_current = time_current + tau
100
101         if time_record < time_current:
102             data_idx = data_idx + 1
103             species_all[data_idx,:] = np.array([time_current, ACA, PKA,
                     ERK2, REGA, icAMP, ecAMP, CAR1])
104             time_record = time_record + dt_record
105             print(time_record)
```

4.3.3 鲁棒性分析

即使在同一物种中，每个细胞也是不同的。网柄菌 cAMP 网络的动力学参数因细胞而异，对网络模型中参数扰动的鲁棒性进行评估是一种提供合理性或验证测试生物分子网络的方法。

考虑下式给出的参数扰动：

$$k_i = \bar{k}_i \left(1 + \frac{p_\delta}{100} \delta_i \right)$$

式中，$i = 1, 2, \cdots, 14$，$\bar{k}_i$ 是表 4-6 中给出的 cAMP 振荡网络动力学参数的标称值，p_δ 是大于或等于零的扰动百分比，δ_i 是 $-1 \sim 1$ 之间的归一化扰动。最坏扰动 δ^* 有着破坏振荡的最小扰动幅度，其中

$$\boldsymbol{\delta} = [\delta_1 \quad \delta_2 \quad \cdots \quad \delta_{14}]^T$$

且幅度通常是 2 或 ∞ 向量范数。

作为一个优化问题，描述破坏振荡并不容易。如果没有振荡，则状态的轨迹是收敛或发散的。但由于生物网络中的分子数量是有限的，我们排除了发散而只考虑收敛的情况。当状态收敛到常数时，其时间导数收敛到零。时间导数的积分可以用来衡量振荡的程度，则最小化的代价函数可以定义为

$$\begin{aligned}\underset{\|\delta\|\leqslant 1}{\text{Minimize}}\ J &= \frac{1}{2}\int_{t_0}^{t_f}\left(\frac{\mathrm{d}[\mathrm{ACA}]}{\mathrm{d}t}\right)^2 \mathrm{d}t \\ &= \frac{1}{2}\int_{t_0}^{t_f}(k_1[\mathrm{CAR1}] - k_2[\mathrm{ACA}][\mathrm{PKA}])^2 \mathrm{d}t \\ &\approx \frac{1}{2}\sum_{i=0}^{N}\{k_1[\mathrm{CAR1}(t_i)] - k_2[\mathrm{ACA}(t_i)][\mathrm{PKA}(t_i)]\}^2 \Delta t\end{aligned} \tag{4-30}$$

式中，t_0 必须足够大，从而减少初始条件对积分的影响；t_f 要足够长，以包含多次振荡（如果存在的话）；$\Delta t = t_i - t_{i-1}$；$t_f = t_N$；N 是区间数量。最后一个带有求和的表达式是 $N-\Delta t$ 区间积分的近似值。对于一个固定的 p_δ 值，先求解最小化问题，再手动检查最坏扰动是否破坏了振荡，接着通过减小 p_δ 重复以上两个步骤。编写用于振荡鲁棒性分析的伪代码留作习题。

代价函数的 MATLAB 和 Python 代码在程序 4-13 和程序 4-14 中给出。

程序 4-13 （MATLAB）振荡鲁棒性分析的代价函数

```matlab
function J_cost = Dicty_x1_square_integral(delta)

    ki_para_org = [2.0; 0.9; 2.5; 1.5; 0.6; 0.8; 1.0; 1.3; 0.3;
        0.8; 0.7; 4.9; 23.0; 4.5];
    p_delta = 2; % [percents]
    ki_para=ki_para_org.*(1+(p_delta/100)*delta(:));

    x0 = rand(7,1);
    dt = 0.1;
    time_interval = 0:dt:1200; % [min]

    [~,xout] = ode45(@(time,state) Dicty_cAMP(time,state,ki_para),
        time_interval, x0);

    ACA = xout(6000:end,1);
    PKA = xout(6000:end,2);
    CAR1 = xout(6000:end,7);
    J_cost = sum((ki_para(1)*CAR1 - ki_para(2)*(ACA.*PKA)).^2)*dt
        *0.5;

end
```

程序 4-14 （Python）振荡鲁棒性分析的代价函数

```python
# Cost function to be minimized for robustness analysis
def Dicty_x1_square_integral(delta):

```

```
    ki_para_org = np.array([2.0, 0.9, 2.5, 1.5, 0.6, 0.8, 1.0, 1.3,
         0.3, 0.8, 0.7, 4.9, 23.0, 4.5])
    p_delta = 2 # [percents]
    ki_para=ki_para_org*(1+(p_delta/100)*delta)

    init_cond = np.random.rand(7)
    dt = 0.1
    tf = 1200
    time_interval = np.linspace(0,tf,int(tf/dt)) # [min]

    sol_out = solve_ivp(Dicty_cAMP, (0, tf), init_cond, t_eval=
        time_interval, args=(ki_para,))
    xout = sol_out.y

    ACA = xout[0,5999::]
    PKA = xout[2,5999::]
    CAR1 = xout[6,5999::]
    J_cost = np.sum((ki_para[0]*CAR1 - ki_para[1]*(ACA*PKA))**2)*dt
        *0.5

    return J_cost
```

Kim 等在 2006 年发表的论文中发现最坏扰动为

$$\delta^* = [-1\ \ -1\ \ 1\ \ 1\ \ -1\ \ 1\ \ 1\ \ -1\ \ 1\ \ 1\ \ -1\ \ 1\ \ -1\ \ 1]^{\mathrm{T}} \tag{4-31}$$

并且 $p_\delta^* = 6$。如图 4-15 中两个分子物种浓度随时间序列的变化表明，标称值动力学参数只要有 0.6% 的扰动就可以消除振荡。考虑生物网络模型中的生物学解释或意义是非常重要的：cAMP 振荡发生在网柄菌细胞的聚集期，而在细胞聚集形成 slug 后振荡消失（Hashimura et al.，2019）。振荡持续时间不到 10 小时（600 分钟）就消失了。因此，50 小时（3000 分钟）内振荡的脆弱性是可以接受的。

让 p_δ^* 增加 2%、δ^* 保持不变，将得到更好的生物学解释。图 4-16 显示，振荡在 6 小时（300 分钟）内显著减弱。如果这种情况发生在细胞聚集阶段，就会产生破坏性影响。从鲁棒性分析结果（即生物学上可接受的脆弱性）来看，可以得出结论：该模型可能是不正确的。那么这个结论是正确的吗？我们并不能立刻否决这个模型，因为多个实验室的实验结果支持图 4-10 中所示的大多数网络连接和表 4-6 中的动力学参数。请注意，图 4-15 和图 4-16 中所示的仿真是基于确定性常微分方程的。

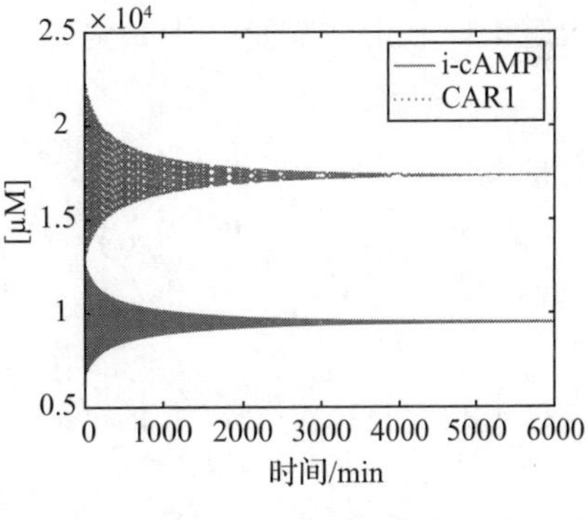

图 4-15 在 0.6% 的扰动 [式（4-31）] 下的浓度变化（确定性常微分方程模型）

图 4-17 展示的随机仿真，使用了与图 4-16 中确定性情况相同的 2% 最坏扰动。这两次仿真之间的区别非常显著：在确定

性情况下振荡消失，但在随机情况下振荡是持续的，其中两者的动力学参数相同。这告诉我们生物相互作用中随机波动的重要性，它会造成定性的差异。确定性模型对参数扰动表现出极大的敏感性，而随机模型则有一定的韧性。一般来说，应该最小化随机噪声以避免降低系统性能，同时保持振荡的鲁棒性。

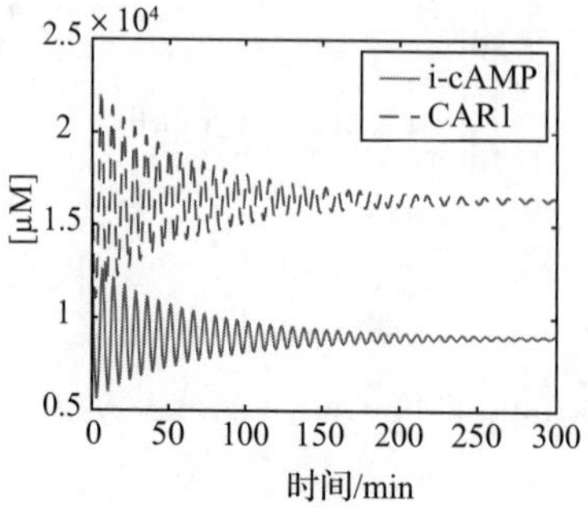

图 4-16　在 2% 最坏扰动 [式（4-31）] 下的浓度变化（确定性常微分方程模型）

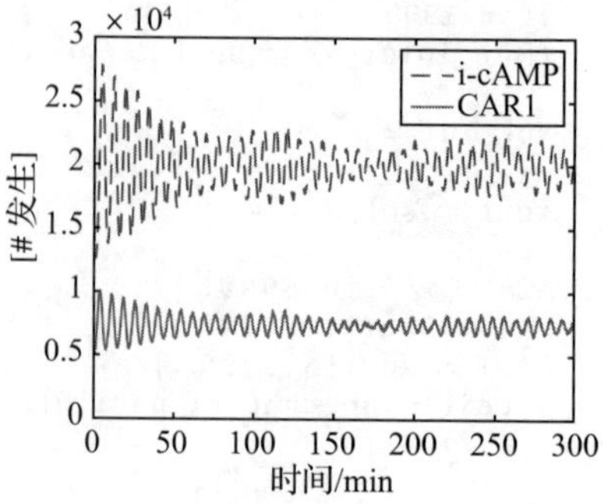

图 4-17　在 2% 最坏扰动 [式（4-31）] 下的浓度变化（随机仿真）

Vilar 等人在 2002 年发表的论文中给出了分子间相互作用的随机性是如何成为遗传振荡来源的理论结果。Kim 等人在 2008 年发表的论文中给出了噪声强度引起振动的必要条件。Kim 等人在 2007 年发表的另一篇论文中表明，多个网柄菌细胞之间通过外部的 cAMP 进行同步，以提高振荡的鲁棒性。

习题

习题 4.1　使用拉普拉斯变换的定义

$$Y(s)=\int_{t=0}^{t=\infty} y(t)\mathrm{e}^{-st}\mathrm{d}t$$

证明

$$y(t)=x(t-\tau)\Rightarrow Y(s)=\mathrm{e}^{-\tau s}X(s)$$

其中

$$x(t-\tau)=0\text{对于}t\in[0,\tau)$$

习题 4.2　使用拉普拉斯变换的定义

$$Y(s)=\int_{t=0}^{t=\infty} y(t)\mathrm{e}^{-st}\mathrm{d}t$$

证明

$$sY(s)-y(0)=\int_{t=0}^{t=\infty} y(t)\mathrm{e}^{-st}\mathrm{d}t$$

习题 4.3 （MATLAB/Python）实现算法 4-1，并测试随机参数组合以计算式（4-5）中对应的代价函数值 J。找出在什么情况下无法求解代价函数，并讨论其主要原因。

习题 4.4 求解式（4-25）中每个反应发生的概率。

习题 4.5 （Python）使用式（4-23）对式（4-20）、式（4-21）和式（4-22）中的最佳参数进行扰动。使用 10000 个 ϵ 的随机样本绘制如图 4-8 所示的参数鲁棒性。

习题 4.6 （MATLAB/Python）在式（4-24）中实现 cAMP 振荡的常微分方程模型，并进行仿真以绘制图 4-11。

习题 4.7 基于式（4-30）和其下对它的描述，编写网柄菌 cAMP 网络的鲁棒性分析算法的伪代码。

习题 4.8 （MATLAB/Python）使用程序 4-13 或程序 4-14 中的代价函数，实现习题 4.7 中的伪代码。

习题 4.9 （MATLAB/Python）将式（4-28）中单个细胞网柄菌 cAMP 振荡的 14 个基本反应修改为 20 个细胞的情况，并对式（4-31）中给出的最坏扰动进行仿真（$p_\delta = 2$）。

参考文献

B. Alberts, A. Johnson, J. Lewis, D. Morgan, M. Raff, K. Roberts, and P. Walter. *Molecular Biology of the Cell (J. Wilson, & T. Hunt, Eds.) (6th ed.)*. W. W. Norton & Company, 2015.

Stephen Boyd, Stephen P. Boyd, and Lieven Vandenberghe. *Convex Optimization*. Cambridge University Press, 2004.

Yang Cao, Daniel T. Gillespie, and Linda R. Petzold. Efficient step size selection for the tau-leaping simulation method. *The Journal of Chemical Physics*, 124(4):044109, 2006.

J. M. Carlson and John Doyle. Highly optimized tolerance: robustness and design in complex systems. *Physical Review Letters*, 84(11):2529–2532, 2000.

Alejandro Colman-Lerner, Andrew Gordon, Eduard Serra, Tina Chin, Orna Resnekov, Drew Endy, C. Gustavo Pesce, and Roger Brent. Regulated cell-to-cell variation in a cell-fate decision system. *Nature*, 437(29):699–706, 2005.

Michael B. Elowitz, Arnold J. Levine, Eric D. Siggia, and Peter S. Swain. Stochastic gene expression in a single cell. *Science*, 297(16):1183–1186, 2002.

Roger Fletcher. *Practical Methods of Optimization*. John Wiley & Sons, 2013.

Gene F. Franklin, J. David Powell, and Abbas Emami-Naeini. *Feedback Control of Dynamic Systems*. Pearson, London, 2015.

Daniel T. Gillespie. A general method for numerically simulating the stochastic time evolution of coupled chemical reactions. *Journal of Computational Physics*, 22(4): 403–434, 1976.

Albert Goldbeter. A model for circadian oscillations in the *Drosophila* period protein

(PER). *Proceedings of the Royal Society of London. Series B: Biological Sciences*, 261(1362):319–324, 1995. https://doi.org/10.1098/rspb.1995.0153. https://royalsocietypublishing.org/doi/abs/10.1098/rspb.1995.0153.

Hidenori Hashimura, Yusuke V. Morimoto, Masato Yasui, and Masahiro Ueda. Collective cell migration of *Dictyostelium* without camp oscillations at multicellular stages. *Communications Biology*, 2(1):1–15, 2019.

Mads Kærn, Timothy C. Elston, William J. Blake, and James J. Collins. Stochasticity in gene expression: from theories to phenotypes. *Nature Reviews Genetics*, 6:451–464, 2005.

Jongrae Kim, Declan G. Bates, Ian Postlethwaite, Lan Ma, and Pablo A. Iglesias. Robustness analysis of biochemical network models. *IEE Proceedings-Systems Biology*, 153(3):96–104, 2006.

Jongrae Kim, Pat Heslop-Harrison, Ian Postlethwaite, and Declan G. Bates. Stochastic noise and synchronisation during *Dictyostelium* aggregation make camp oscillations robust. *PLOS Computational Biology*, 3(11):1–9, 11 2007a. https://doi.org/10.1371/journal.pcbi.0030218.

Jongrae Kim, Pat Heslop-Harrison, Ian Postlethwaite, and Declan G. Bates. Stochastic noise and synchronisation during *Dictyostelium* aggregation make camp oscillations robust. *PLoS Computational Biology*, 3(11):e218, 2007b.

Jongrae Kim, Declan G. Bates, and Ian Postlethwaite. Evaluation of stochastic effects on biomolecular networks using the generalized nyquist stability criterion. *IEEE Transactions on Automatic Control*, 53(8):1937–1941, 2008.

Jongrae Kim, Mathias Foo, and Declan G. Bates. Computationally efficient modelling of stochastic spatio-temporal dynamics in biomolecular networks. *Scientific Reports*, 8(1):1–7, 2018.

Michael T. Laub and William F. Loomis. A molecular network that produces spontaneous oscillations in excitable cells of *D ictyostelium*. *Molecular Biology of the Cell*, 9(12):3521–3532, 1998.

Jean-Christophe Leloup and Albert Goldbeter. Toward a detailed computational model for the mammalian circadian clock. *Proceedings of the National Academy of Sciences of the United States of America*, 100(12):7051–7056, 2003. ISSN 0027-8424. https://doi.org/10.1073/pnas.1132112100. https://www.pnas.org/content/100/12/7051.

Lan Ma and Pablo A. Iglesias. Quantifying robustness of biochemical network models. *BMC Bioinformatics*, 3(1):1–13, 2002.

Mineko Maeda, Sijie Lu, Gad Shaulsky, Yuji Miyazaki, Hidekazu Kuwayama, Yoshimasa Tanaka, Adam Kuspa, and William F. Loomis. Periodic signaling controlled by an oscillatory circuit that includes protein kinases ERK2 and PKA. *Science*, 304(5672):875–878, 2004.

Prathyush P. Menon, Jongrae Kim, Declan G. Bates, and Ian Postlethwaite. Clearance of nonlinear flight control laws using hybrid evolutionary optimization. *IEEE Transactions on Evolutionary Computation*, 10(6):689–699, 2006. https://doi.org/

10.1109/TEVC.2006.873220.

Mineo Morohashi, Amanda E. Winnz, Mark T. Borisuk, Hamid Bolouri, John Doyle, and Hiroaki Kitano. Robustness as a measure of plausibility in models of biochemical networks. *Journal of Theoretical Biology*, 216(1):19–30, 2002.

Matteo Osella, Eileen Nugent, and Marco Cosentino Lagomarsino. Concerted control of *Escherichia coli* cell division. *Proceedings of the National Academy of Sciences of the United States of America*, 111(9):3431–3435, 2014. ISSN 0027-8424. https://doi.org/10.1073/pnas.1313715111. https://www.pnas.org/content/111/9/3431.

Evangelia Papadimitriou and Peter I. Lelkes. Measurement of cell numbers in microtiter culture plates using the fluorescent dye Hoechst 33258. *Journal of Immunological Methods*, 162(1):41–45, 1993. ISSN 0022-1759. https://doi.org/10.1016/0022-1759(93)90405-V. https://www.sciencedirect.com/science/article/pii/002217599390405V.

Adithya Kumar Pediredla and Chandra Sekhar Seelamantula. Active-contour-based automated image quantitation techniques for western blot analysis. In *2011 7th International Symposium on Image and Signal Processing and Analysis (ISPA)*, pages 331–336, 2011.

Patricia Sanchez-Vazquez, Colin N. Dewey, Nicole Kitten, Wilma Ross, and Richard L. Gourse. Genome-wide effects on *Escherichia coli* transcription from ppGpp binding to its two sites on RNA polymerase. *Proceedings of the National Academy of Sciences of the United States of America*, 116(17):8310–8319, 2019. ISSN 0027-8424. https://doi.org/10.1073/pnas.1819682116. https://www.pnas.org/content/116/17/8310.

Moisés Santillán and Michael C. Mackey. Dynamic reguiation of the tryptophan operon: a modeling study and comparison with experimental data. *Proceedings of the National Academy of Sciences of the United States of America*, 98(4):1364–1369, 2001.

Rajesh Babu Sekar and Ammasi Periasamy. Fluorescence resonance energy transfer (FRET) microscopy imaging of live cell protein localizations. *The Journal of Cell Biology*, 160(5):629–633, 2003.

K. S. Shanmugan and A. M. Breipohl. *Random Signals: Detection, Estimation and Data Analysis*. John Wiley & Sons, 1988. ISBN 978-0471815556.

Paul Smolen, Douglas A. Baxter, and John H. Byrne. Modeling circadian oscillations with interlocking positive and negative feedback loops. *Journal of Neuroscience*, 21(17):6644–6656, 2001.

James C. Spall. *Introduction to Stochastic Search and Optimization: Estimation, Simulation, and Control*, volume 65. John Wiley & Sons, 2005.

Rainer Storn and Kenneth Price. Differential evolution–a simple and efficient Heuristic for global optimization over continuous spaces. *Journal of Global Optimization*, 11(4):341–359, 1997.

The MathWorks. Canonical state-space realizations. https://uk.mathworks.com/help/control/ug/canonical-state-space-realizations.html, 2021. Accessed: 2021-07-28.

Tony Yu-Chen Tsai, Yoon Sup Choi, Wenzhe Ma, Joseph R. Pomerening, Chao Tang, and James E. Ferrell. Robust, tunable biological oscillations from interlinked positive and negative feedback loops. *Science*, 321(5885):126–129, 2008.

José M. G. Vilar, Hao Yuan Kueh, Naama Barkai, and Stanislas Leibler. Mechanisms of noise-resistance in genetic oscillators. *Proceedings of the National Academy of Sciences of the United States of America*, 99(9):5988–5992, 2002.

Charles Yanofsky and Virginia Horn. Role of regulatory features of the *trp* operon of *Escherichia coli* in mediating a response to a nutritional shift. *Journal of Bacteriology*, 176(20):6245–6254, 1994.

Yuhong Zuo, Yeming Wang, and Thomas A. Steitz. The mechanism of *E. coli* RNA polymerase regulation by ppGpp is suggested by the structure of their complex. *Molecular Cell*, 50(3):430–436, 2013.

Chapter5 第 5 章

生物系统的控制

5.1 控制算法的实现

回顾式（4-8）有

$$E+S \underset{k_{off}}{\overset{k_{on}}{\rightleftharpoons}} ES$$

$$ES \xrightarrow{k_{cat}} P+E$$

$$P \xrightarrow{k_{dg}} Ø$$

式中，产物 P 以 k_{dg} 的速度降解。这四个基本反应代表了输入和输出分别为 S 和 P 的系统，图 5-1 是上述反应的输入（S）和输出（P）系统框图。

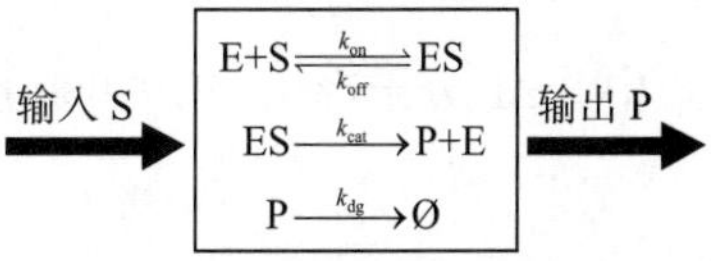

图 5-1　酶 – 底物反应的输入（S）和输出（P）系统框图

针对上述输入 / 输出系统，可以使用图 5-2 中所示的反馈控制回路来设置标准控制问题。根据 Springer Nature Limited 在 2021 年给出的定义："合成生物学是指设计和构建新的生物部件、装置和系统，以及为满足实用目的重新设计现有的自然生物系统。"在图 5-2 中，基本的分子相互作用产生了期望产物 P，减法运算符用于计算误差，控制器则提供输入 S。

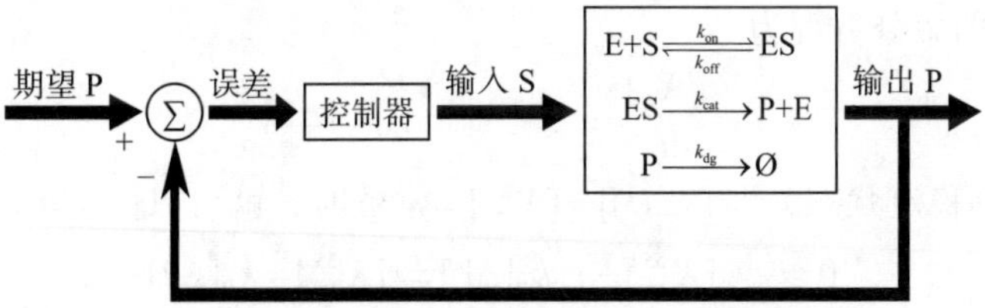

图 5-2　酶 – 底物系统的反馈控制回路

5.1.1 PI 控制器

将控制器视为比例积分（PI）控制器，则有

$$[\mathrm{S}_{\mathrm{true}}]=k_P[\Delta\mathrm{P}]+k_I\int_0^t[\Delta\mathrm{P}(\tau)]\mathrm{d}\tau$$

式中，$[\cdot]$ 是分子的浓度，k_P 和 k_I 分别是比例增益和积分增益，$\Delta\mathrm{P}$ 是由减法算子计算的误差。PI 控制器的状态空间形式由以下公式给出：

$$\frac{\mathrm{d}z}{\mathrm{d}t}=[\Delta\mathrm{P}]=0z+1\times[\Delta\mathrm{P}]=A_{\mathrm{true}}z+B_{\mathrm{true}}[\Delta\mathrm{P}]$$

$$[\mathrm{S}_{\mathrm{true}}]=k_Iz+k_P[\Delta\mathrm{P}]=C_{\mathrm{true}}z+D_{\mathrm{true}}[\Delta\mathrm{P}]$$

对应的传递函数如下：

$$K_{\mathrm{true}}(s)=C_{\mathrm{true}}(s-A_{\mathrm{true}})^{-1}B_{\mathrm{true}}+D_{\mathrm{true}}=\frac{k_I}{s}+k_P \tag{5-1}$$

PI 控制器的直接实现需要对误差和积分进行两次乘法运算，分别为一次积分和一次求和，但是这些操作在生物网络中是无法直接使用的。因此，我们通过精心设计多个基本分子相互作用来实现运算操作。

1. 积分项

考虑以下基本的化学反应式（Foo et al.，2016）：

$$\Delta\mathrm{P}\xrightarrow{k_I}\Delta\mathrm{P}+X_1$$

式中，$\Delta\mathrm{P}$ 分子产生一个中间分子 X_1，反应速率为 k_I。X_1 相应的微分方程为

$$\frac{\mathrm{d}[X_1]}{\mathrm{d}t}=k_I[\Delta\mathrm{P}]$$

将积分项乘以积分增益，得到

$$[X_1(t)]=k_I\int_0^t[\Delta\mathrm{P}(\tau)]\mathrm{d}\tau$$

2. 比例项

考虑以下两个基本的化学反应式（Foo et al.，2016）：

$$\Delta\mathrm{P}\xrightarrow{\gamma_G k_P}\Delta\mathrm{P}+X_2$$

$$X_2\xrightarrow{\gamma_G}\varnothing$$

式中，$\Delta\mathrm{P}$ 分子产生另一个中间分子 X_2，其反应速率等于 $\gamma_G k_P$，降解速率为 γ_G。因此 X_2 对应的微分方程为

$$\frac{\mathrm{d}[X_2]}{\mathrm{d}t}=-\gamma_G[X_2]+\gamma_G k_P[\Delta\mathrm{P}]$$

一旦达到稳定状态，即 $[X_2(t)]=[X_2^{SS}]=$ 常数时，就可以停止运算，此时

$$0=-\gamma_G[X_2^{SS}]+\gamma_G k_P[\Delta\mathrm{P}]\Rightarrow[X_2^{SS}]=k_P[\Delta\mathrm{P}]$$

当 $\Delta\mathrm{P}$ 保持恒定或缓慢变化时，$[X_2(t)]$ 的稳定状态成为比例项。

3. 比例项与积分项之和

考虑以下三个基本的化学反应式（Foo et al.，2016）：

$$X_1 \xrightarrow{k_{s2}} X_1 + \mathrm{S}$$

$$X_2 \xrightarrow{k_{s2}} X_2 + \mathrm{S}$$

$$\mathrm{S} \xrightarrow{k_{s2}} \varnothing$$

观察可知，两种分子 X_1 和 X_2 以 k_{s2} 的速率产生底物 S，底物以相同的速率降解。则 S 对应的微分方程为

$$\frac{\mathrm{d}[\mathrm{S}]}{\mathrm{d}t} = k_{s2}([X_1]+[X_2]-[\mathrm{S}])$$

类比前面的处理方法，考虑 S 的稳定状态如下：

$$0 = k_{s2}([X_1^{SS}]+[X_2^{SS}]-[\mathrm{S}^{SS}]) \Rightarrow [\mathrm{S}^{SS}] = [X_1^{SS}]+[X_2^{SS}]$$

4. 近似 PI 控制器

因此，底物的稳态由以下公式给出：

$$[\mathrm{S}^{SS}] = [X_2^{SS}]+[X_3^{SS}] = k_P[\Delta\mathrm{P}] + k_I\int_0^t [\Delta\mathrm{P}](\tau)\mathrm{d}\tau$$

上式还提供了近似的 PI 控制输入。结合前面的分析可知，X_1 达到稳态的条件是误差 ΔP 收敛为零，X_2 达到稳态的条件是误差 ΔP 为常数。只有 X_1 和 X_2 都趋于稳态时，S 才能收敛到稳态。同时，上述基于近似值的分析不是精确的，但考虑所有状态变化缓慢的情况，此时近似误差依旧保持在可接受的范围内，不影响上述结论。PI 控制器的线性时不变（LTI）模型由以下公式给出：

$$\frac{\mathrm{d}}{\mathrm{d}t}\begin{bmatrix}[X_1]\\ [X_2]\\ [\mathrm{S}]\end{bmatrix} = \begin{bmatrix}0 & 0 & 0\\ 0 & -\gamma_G & 0\\ k_{s2} & k_{s2} & -k_{s2}\end{bmatrix}\begin{bmatrix}[X_1]\\ [X_2]\\ [\mathrm{S}]\end{bmatrix} + \begin{bmatrix}k_I\\ \gamma_G k_P\\ 0\end{bmatrix}[\Delta\mathrm{P}] = \boldsymbol{A}_c\boldsymbol{x}_c + \boldsymbol{B}_c[\Delta\mathrm{P}]$$

$$[\mathrm{S}] = [0 \quad 0 \quad 1]\begin{bmatrix}[X_1]\\ [X_2]\\ [\mathrm{S}]\end{bmatrix} + 0[\Delta\mathrm{P}] = \boldsymbol{C}_c\boldsymbol{x}_c + D_c[\Delta\mathrm{P}]$$

近似 PI 控制器的传递函数由以下公式给出：

$$K_{\text{approx}}(s) = \boldsymbol{C}_c(s\boldsymbol{I}_4 - \boldsymbol{A}_c)^{-1}\boldsymbol{B}_c + D_c = \frac{(\gamma_G k_{s2}k_p + k_{s2}k_I)s + \gamma_G k_{s2}k_I}{s^3 + (k_{s2}+\gamma_G)s^2 + \gamma_G k_{s2}s} \tag{5-2}$$

在 $|s| \ll 1$ 时，高阶项可以忽略不计，此时传递函数近似为

$$\begin{aligned} K_{\text{approx}}(s) &\approx \frac{(\gamma_G k_{s2}k_p + k_{s2}k_I)s + \gamma_G k_{s2}k_I}{\gamma_G k_{s2}s} \\ &= \frac{\gamma_G k_{s2}k_p + k_{s2}k_I}{\gamma_G k_{s2}} + \frac{k_I}{s} = \left(k_p + \frac{k_I}{\gamma_G}\right) + \frac{k_I}{s} \end{aligned} \tag{5-3}$$

5. PI 控制器与其近似值的比较

假设 PI 控制器的反应速率如下（Foo et al.，2016）：

$$k_P = 20,\ k_I = 2.5\times10^{-4},\ \gamma_G = 8\times10^{-4},\ k_{s2} = 4\times10^{-4} \tag{5-4}$$

将反应速率代入式（5-1）和式（5-3）中得到

$$K_{\text{true}}(s) = \frac{2.5\times10^{-4}}{s} + 20$$

$$K_{\text{approx}}(s) = \left(20 + \frac{2.5\times10^{-4}}{8\times10^{-4}}\right) + \frac{2.5\times10^{-4}}{s} = \frac{2.5\times10^{-4}}{s} + 20.31$$

在低频情况下，即 $|s|=|\mathrm{j}\omega|=\omega \ll 1$ 时，K_{approx} 近似等于 K_{true}。图 5-3 展示了真实 PI 控制器式（5-1）和近似 PI 控制器式（5-2）的伯德图。如图所示，近似 PI 控制器和真实 PI 控制器在 $\omega=10^{-5}$ 时可以很好地匹配。

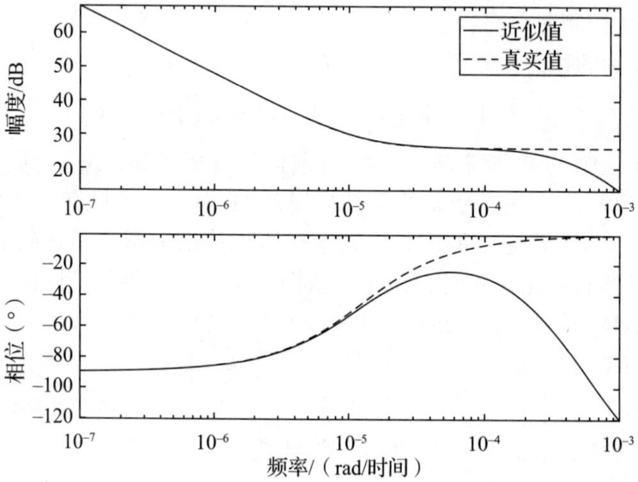

图 5-3　近似和真实 PI 控制器之间的频率响应比较

程序 5-1 和程序 5-2 输出了图 5-3 中的伯德图和图 5-4 中的两个时间响应。在第 21 行，LTI 系统的计算公式为

$$\dot{\boldsymbol{x}} = \boldsymbol{A}\boldsymbol{x} + \boldsymbol{B}[\Delta\mathrm{P}]$$

$$[\mathrm{S}] = \boldsymbol{C}\boldsymbol{x} + D[\Delta\mathrm{P}]$$

上述公式在 MATLAB 中使用函数 ss() 打包。在第 25 行，函数 bode 返回幅值和相位值。需要注意的是，幅值的单位不是分贝单位，应该用第 30 行所示的 $20\log_{10}()$ 手动转换为分贝单位，其中 $\log_{10}()$ 是常用对数函数，bode 返回相位值的单位是度。

图 5-4 所示的时间响应是由 MATLAB 命令 step() 和 impulse() 分别产生的阶

跃和脉冲输入，即以下两种情况的 ΔP：

$$\text{阶跃响应：}[\Delta P]=\begin{cases}1, & t\geqslant 0\\ 0, & t<0\end{cases}$$

$$\text{脉冲响应：}[\Delta P]=\delta(t)$$

式中，$\delta(t)$ 是 Franklin 等在 2015 的论文中给出的狄拉克 δ 函数

$$\delta(t)=0\ \text{for}(t\neq 0),\ \text{以及}\int_{-\infty}^{\infty}\delta(t)\mathrm{d}t=1$$

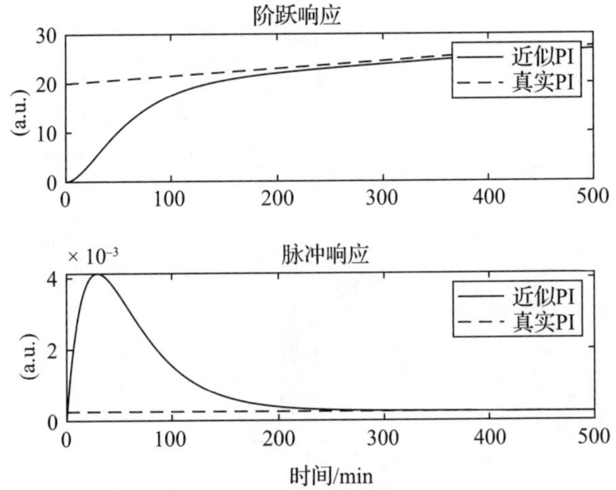

图 5-4　近似和真实 PI 控制器之间的阶跃和脉冲响应的比较

如图 5-5 的中间的图所示，狄拉克 δ 函数是在总面积等于 1 的情况下令 Δt 无限趋于零而构建的算子。因此，下述积分

$$\int_{-\infty}^{\infty}f(t)\delta(t-a)\mathrm{d}t=f(a)$$

可以计算函数 $f(t)$ 的值，它最终得到 $f(t)$ 在 t=α 点的值 $f(\alpha)$。

阶跃响应衡量的是系统输出达到预期响应的速度以及输出响应的瞬态表现，而狄拉克 δ 函数表达的是脉冲响应，即脉冲输入对系统的激励。理想情况下，当所有频率信号同时输入系统时，脉冲输入将激发伯德图上的所有频率并观察系统的时间响应，而阶跃输入主要使用低频范围内的信号来激励系统。

图 5-4 中的阶跃响应显示，在大约 300min 时，近似 PI 控制器接近于真实 PI 控制器响应，在这里它们之间似乎有一个恒定的偏置误差。这个误差可以通过调整动力学参数来减少，但是找到这样的动力学参数并不简单，因此暂且保留目前产生偏置误差的阶跃输入设置，以观察在这种缺陷下的整体响应是否可以接受。

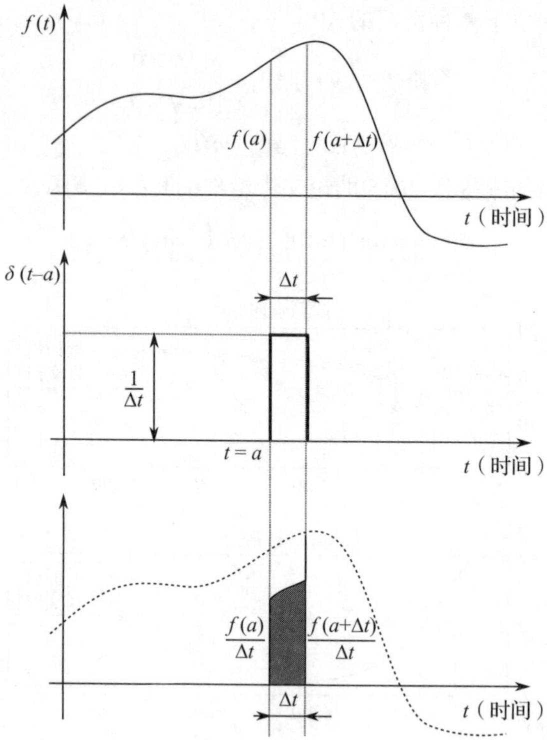

图 5-5　狄拉克 δ 函数 δ(t) 及其积分属性

程序 5-1（MATLAB）比较近似 PI 控制器和真实 PI 控制器的伯德图、阶跃响应和脉冲响应

```
clear

kP = 20;
kI = 2.5e-4;
gamma_G = 8e-4;
ks2 = 4e-4;


A_PI = [0 0 0; 0 -gamma_G 0; ks2 ks2 -ks2];
B_PI = [kI; gamma_G*kP; 0];
C_PI = [0 0 1];
D_PI = 0;

sys_PI = ss(A_PI,B_PI,C_PI,D_PI);

A_true = 0;
B_true = 1;
C_true = kI;
D_true = kP;
```

```

sys_true_PI = ss(A_true,B_true,C_true,D_true);

% bode plots
freq = logspace(-7,-3,1000); % [rad/time]
[mm1,pp1]=bode(sys_PI,freq);
[mm2,pp2]=bode(sys_true_PI,freq);

figure; clf;
subplot(211);
semilogx(freq,20*log10(squeeze(mm1)));
hold on;
semilogx(freq,20*log10(squeeze(mm2)),'r--');
set(gca,'FontSize',14);
ylabel('Magnitude [dB]');
legend('Approximation','True');
subplot(212);
semilogx(freq,squeeze(pp1));
hold on;
semilogx(freq,squeeze(pp2),'r--');
set(gca,'FontSize',14);
ylabel('Phase [\circ]');
xlabel('Frequency [rad/time]');


% step response and impulse response
time_sim = linspace(0,30000,300000);
[ys1,~,xs1]=step(sys_PI,time_sim);
[ys2,~]=step(sys_true_PI,time_sim);
[yp1,~,xp2]=impulse(sys_PI,time_sim);
[yp2,~]=impulse(sys_true_PI,time_sim);

figure; clf;
subplot(211);
plot(time_sim/60, ys1);
hold on;
plot(time_sim/60, ys2,'r--');
set(gca,'FontSize',14);
ylabel('[a.u.]');
xlabel('time [minutes]')
title('Step Response');
legend('approximated PI','true PI');
subplot(212);
plot(time_sim/60, yp1);
hold on;
plot(time_sim/60, yp2,'r--');
set(gca,'FontSize',14);
legend('approximated PI','true PI');
ylabel('[a.u.]');
xlabel('time [minutes]')
title('Impulse Response');
```

Python 程序 5-2 得到了伯德图和时间响应。伯德图和时间响应的 Python 命令在 scipy 库的 signal 模块下，在程序开始时被导入为 spsg。如第 22 行所示，在 Python 中，LTI 系统是用 signal 模块中的 lti() 命令构造的，bode 命令返回频率、幅值（dB）和相位角（度）。Python 中有两个关于阶跃响应的命令：step() 和 step2()，这两个命令都使用 signal 模块中的常微分方程求解器 lsim() 或 lsim2()。如果这两种方法得到的响应相互吻合，那么使用这两种方法进行验证将非常有效。

程序 5-2 （Python）比较近似 PI 控制器和真实 PI 控制器的伯德图、阶跃响应和脉冲响应

```python
import numpy as np
import matplotlib.pyplot as plt
import scipy.signal as spsg

kP = 20
kI = 2.5e-4
gamma_G = 8e-4
ks2 = 4e-4

A_PI = np.array([[0, 0, 0], [0, -gamma_G, 0], [ks2, ks2, -ks2]])
B_PI = np.array([[kI], [gamma_G*kP], [0]])
C_PI = np.array([[0, 0, 1]])
D_PI = np.array([[0]])

sys_PI = spsg.lti(A_PI,B_PI,C_PI,D_PI)

A_true = np.array([[0]])
B_true = np.array([[1]])
C_true = np.array([[kI]])
D_true = np.array([[kP]])

sys_true_PI = spsg.lti(A_true,B_true,C_true,D_true)


# bode plots
freq = np.logspace(-7,-3,1000) # [rad/time]
ww1, mm1, pp1 = spsg.bode(sys_PI,w=freq)
ww2, mm2, pp2 = spsg.bode(sys_true_PI,w=freq)

fig1, (ax1,ax2) = plt.subplots(nrows=2,ncols=1)
ax1.semilogx(ww1,mm1,'b-',ww2,mm2,'r--')
ax2.semilogx(ww1,pp1,'b-',ww2,pp2,'r--')

ax1.legend(('approximated PI','true PI'),fontsize=14)
ax2.legend(('approximated PI','true PI'),fontsize=14)

ax1.axis([1e-7,1e-3,0,65])
ax2.axis([1e-7,1e-3,-150,0.0])

ax1.set_ylabel('Magnitude [dB]',fontsize=14)
ax2.set_ylabel('Phase [$\circ$]',fontsize=14)

ax2.set_xlabel('Frequency [rad/time]',fontsize=14)
```

```

# step response and impulse response
time_sim = np.linspace(0,30000,300000)
ts1 , ys1 = spsg.step2(sys_PI ,T=time_sim)
ts2 , ys2 = spsg.step2(sys_true_PI ,T=time_sim)

tp1 , yp1 = spsg.impulse(sys_PI ,T=time_sim)
tp2 , yp2 = spsg.impulse(sys_true_PI ,T=time_sim)
```

5.1.2 误差ΔP 的计算

在图 5-2 所示中，实现集成控制的下一步是减法运算，以产生 ΔP 输入 PI 控制器中。考虑以下四个基本的化学反应式（Foo et al.，2016）：

$$\mathrm{P}_d \xrightarrow{k_{s1}} \mathrm{P}_d + \Delta\mathrm{P}$$

$$\Delta\mathrm{P} + X_{\text{sensor}} \xrightarrow{k_{s1}} \varnothing$$

$$\mathrm{P} \xrightarrow{k_{s1}} \mathrm{P} + X_{\text{sensor}}$$

$$\Delta\mathrm{P} \xrightarrow{k_{s1}} \varnothing$$

假设 P_d 已经给定，它表示所需的 P 浓度水平。X_{sensor} 在控制系统中作为传感器，测量 P 并反馈测量的信息。需要注意的是，所有四个反应都有相同的反应速率 k_{s1}。

与反应相对应的 ΔP 和 X_{sensor} 的两个常微分方程分别为

$$\frac{\mathrm{d}[\Delta\mathrm{P}]}{\mathrm{d}t} = k_{s1}[\mathrm{P}_d] - k_{s1}[\Delta\mathrm{P}][X_{\text{sensor}}] - k_{s1}[\Delta\mathrm{P}]$$

$$\frac{\mathrm{d}[X_{\text{sensor}}]}{\mathrm{d}t} = -k_{s1}[\Delta\mathrm{P}][X_{\text{sensor}}] + k_{s1}[\mathrm{P}]$$

达到稳定状态如下：

$$0 = k_{s1}[\mathrm{P}_d^{SS}] - k_{s1}[\Delta\mathrm{P}^{SS}][X_{\text{sensor}}^{SS}] - k_{s1}[\Delta\mathrm{P}^{SS}] \Rightarrow [\Delta\mathrm{P}^{SS}] = [\mathrm{P}_d^{SS}] - [\Delta\mathrm{P}^{SS}][X_{\text{sensor}}^{SS}]$$

$$0 = -k_{s1}[\Delta\mathrm{P}^{SS}][X_{\text{sensor}}^{SS}] + k_{s1}[\mathrm{P}^{SS}] \Rightarrow [\mathrm{P}^{SS}] = [\Delta\mathrm{P}^{SS}][X_{\text{sensor}}^{SS}]$$

式中，上标 $(\cdot)^{SS}$ 表示每个分子浓度的稳定状态。将第二个方程代入第一个方程可以得到 P 的期望值和实际值之间的误差。

$$[\Delta\mathrm{P}^{SS}] = [\mathrm{P}_d^{SS}] - [\mathrm{P}^{SS}]$$

图 5-6 所示的带有反馈控制的酶 – 底物系统的基本反应框图中，块与块之间没有物理边界将它们分开，这与工程系统框图是不同的，该框图仅在功能上有区分。图 5-6 的下半部分表示 13 个基本反应发生在同一细胞内部。

> **功能性区分**：合成生物回路中的基本分子相互作用，在功能上可与其他部分相区分或分离，这些反应发生在同一空间领域。

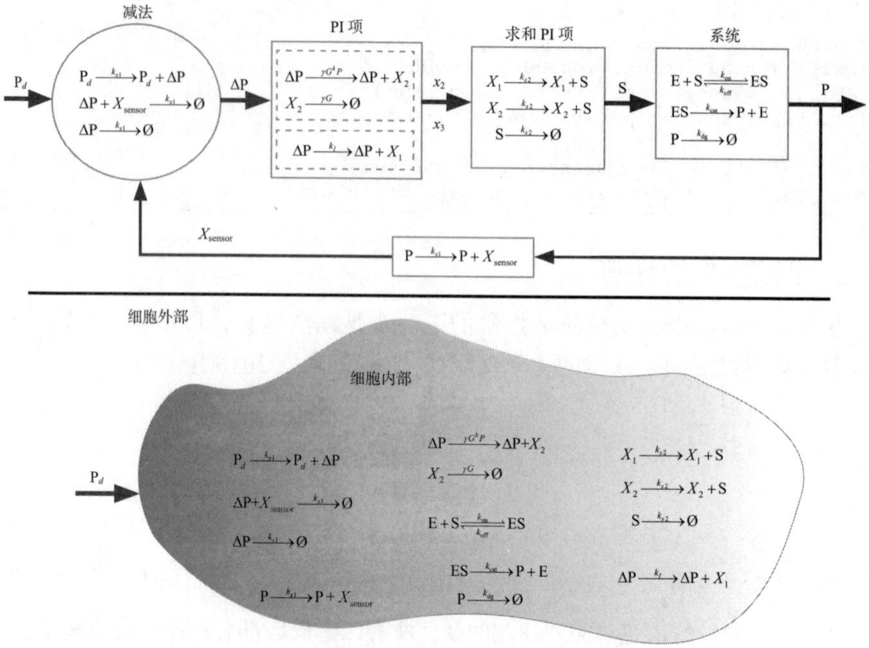

图 5-6　带有反馈控制的酶－底物系统的基本反应框图

回顾一下酶－底物反应和 PI 控制器的所有微分方程：

$$\frac{\mathrm{d[E]}}{\mathrm{d}t}=-k_{\mathrm{on}}[\mathrm{E}][\mathrm{S}]+k_{\mathrm{cat}}[\mathrm{ES}]$$

$$\frac{\mathrm{d[P]}}{\mathrm{d}t}=k_{\mathrm{cat}}[\mathrm{ES}]-k_{\mathrm{dg}}[\mathrm{P}]$$

$$\frac{\mathrm{d[ES]}}{\mathrm{d}t}=k_{\mathrm{on}}[\mathrm{E}][\mathrm{S}]-k_{\mathrm{cat}}[\mathrm{ES}]$$

$$\frac{\mathrm{d}[X_1]}{\mathrm{d}t}=k_I[\Delta\mathrm{P}]$$

$$\frac{\mathrm{d}[X_2]}{\mathrm{d}t}=-\gamma_G[X_2]+\gamma_G k_P[\Delta\mathrm{P}]$$

$$\frac{\mathrm{d[S]}}{\mathrm{d}t}=k_{s2}([X_1]+[X_2]-[\mathrm{S}])$$

$$\frac{\mathrm{d}[\Delta\mathrm{P}]}{\mathrm{d}t}=k_{s1}[\mathrm{P}_d]-k_{s1}[\Delta\mathrm{P}][X_{\mathrm{sensor}}]-k_{s1}[\Delta\mathrm{P}]$$

$$\frac{\mathrm{d}[X_{\mathrm{sensor}}]}{\mathrm{d}t}=-k_{s1}[\Delta\mathrm{P}][X_{\mathrm{sensor}}]+k_{s1}[\mathrm{P}]$$

下面我们选择一些特定的值来证明减法运算的局限性：

$$k_{on} = 5 \times 10^{-5}, \ k_{cat} = 1.6, \ k_{dg} = 8 \times 10^{-8}, \ k_P = 50,$$
$$k_I = 5 \times 10^{-6}, \ \gamma_G = 8 \times 10^{-8}, \ k_{s1} = 3, \ k_{s2} = 4 \times 10^{-4}$$

令 P 的期望值 P_d=1。MATLAB 程序 5-3 用于仿真控制器和常微分方程中的酶 – 底物网络。上面选定的参数集使得该常微分方程变为刚性，MATLAB 用于求解常规常微分方程的函数 ode45() 将无法轻松求解该刚性常微分方程。这种情况下只能将积分步长缩小以满足给定的数值公差，这将导致求解微分方程所需的计算时间非常长。参数极大的变化尺度（从 10^{-8} 到 10^{1}）也是造成计算缓慢的重要原因。MATLAB 有一个用于刚性方程的常微分方程求解器 ode15s()，在第 26 行该函数使用 PI 控制器和减法器求解酶 – 底物方程，且求解速度较快。

程序 5-3 （MATLAB）酶 – 底物网络的 PI 控制器

```
1  clear;
2  
3  %% parameters
4  kP = 50;
5  kI = 5e-6;
6  gamma_G = 8e-4;
7  ks2 = 4e-4;
8  
9  kon = 5e-5;
10 kcat = 1.6;
11 kdg = 8e-8;
12 ks1 = 3;
13 
14 Pd = 1;
15 
16 para = [kP kI gamma_G ks2 kon kcat kdg ks1 Pd];
17 
18 %% simulation time values
19 time_current = 0;     % initial time
20 time_final   = 3600*16; % final time [min]
21 tspan = [time_current time_final];
22 
23 %% simulation
24 ode_option = odeset('RelTol',1e-3,'AbsTol',1e-6);
25 state_t0 = 0.1*ones(1,8); state_t0(5)=1e-3;
26 sol = ode15s(@(time, state)ES_PI_Half_Subtraction(time, state, para
       ),tspan, state_t0, ode_option);
27 
28 figure(1);
29 clf;
30 time_hr = sol.x/3600; % [hour]
31 P_history = sol.y(2,:);
32 plot(time_hr,Pd*ones(size(time_hr)),'r--');
33 hold on;
34 plot(time_hr,P_history,'b-');
35 set(gca,'FontSize',14);
36 xlabel('time [hour]');
```

```matlab
37    ylabel('P(t) [a.u.]');
38    legend('desired P', 'achieved P');
39
40    %% E-S PI Control Half Subtraction
41    function dxdt = ES_PI_Half_Subtraction(time,state,ki_para)
42        E    = state(1);
43        P    = state(2);
44        ES   = state(3);
45        X1   = state(4);
46        X2   = state(5);
47        S    = state(6);
48        DP   = state(7);
49        Xs   = state(8);
50
51        kP = ki_para(1);
52        kI = ki_para(2);
53        gamma_G = ki_para(3);
54        ks2 = ki_para(4);
55        kon = ki_para(5);
56        kcat = ki_para(6);
57        kdg = ki_para(7);
58        ks1 = ki_para(8);
59        Pd = ki_para(9);
60
61        dE_dt  = -kon*E*S + kcat*ES;
62        dP_dt  = kcat*ES - kdg*P;
63        dES_dt = kon*E*S - kcat*ES;
64        dX1_dt = kI*DP;
65        dX2_dt = -gamma_G*X2 + gamma_G*kP*DP;
66        dS_dt  = ks2*X1 + ks2*X2 - ks2*S;
67        dDP_dt = ks1*Pd - ks1*DP*Xs - ks1*DP;
68        dXs_dt = -ks1*DP*Xs + ks1*P;
69
70        dxdt = [dE_dt; dP_dt; dES_dt; dX1_dt; dX2_dt; dS_dt; dDP_dt;
            dXs_dt];
71
72    end
```

图 5-7 显示了前 16 小时内期望 P 值和实际 P 值的轨迹。图中 P 值的轨迹与期望值 1 有很大的偏移,并且有缓慢发散的趋势。我们可以通过调整控制增益 k_P 和 k_I 来减少偏移。在实践中,调整期望 P 值更为简单容易,即通过乘以 K_F 来缩放 P_d。

$$P_d = P_{desired} \times K_F$$

式中,$P_{desired}$ 是 P 的期望值,P_d 是输入合成回路中的量。如图 5-8 所示,实验表明 K_F=0.62 可以将偏移量大致调整为零。然而,所设计的闭环系统的不稳定性是固有的,这使得误差 P_d–P 缓慢发散。重新缩放 P_d 并不能使误差为零,这是为什么呢?

为了回答这个问题,观察微分方程 $d(\Delta P)/dt$ 的右侧,首先考虑初始 P_d 大于 P 的情况,如图 5-9 所示。

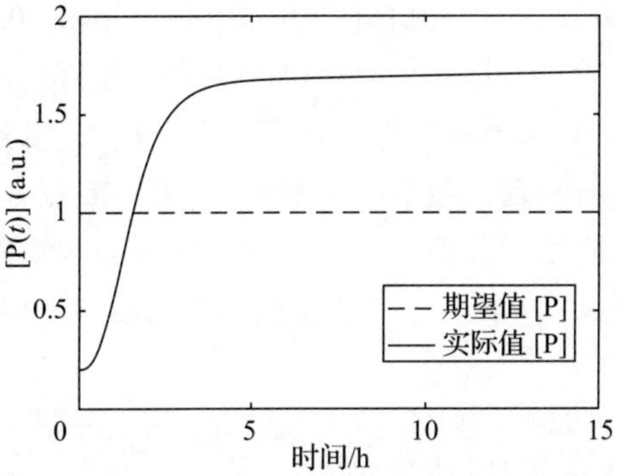

图 5-7　在期望 P 值等于 1 的情况下，使用 PI 控制器的实际 P 值浓度变化

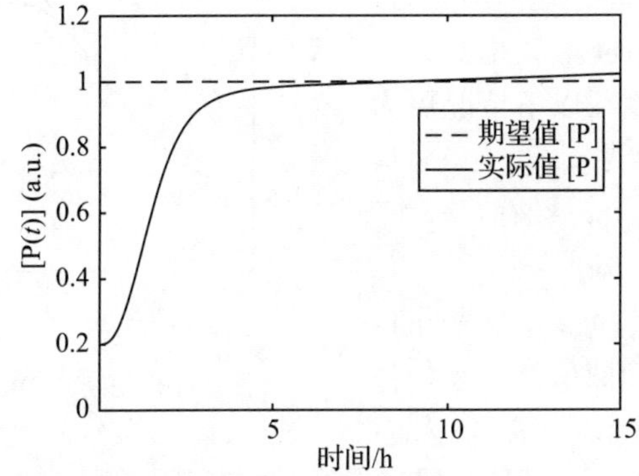

图 5-8　在调整期望 P 值后，使用 PI 控制器的实际 P 值浓度变化

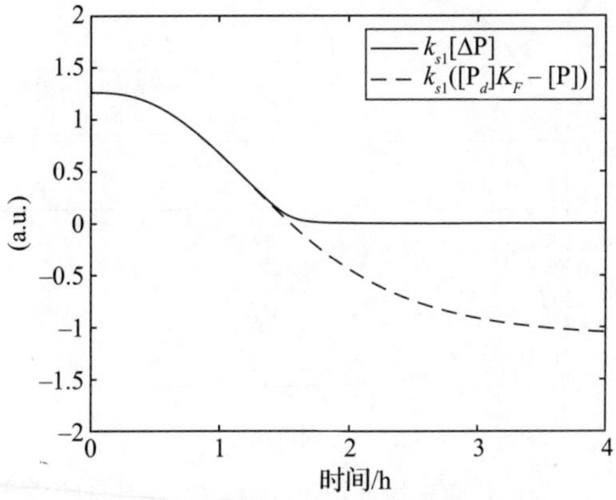

图 5-9　ΔP 和实际差值的比较

初始条件设定为

$$[E(0)] = 0.1,\ [P(0)] = 0.1,\ [ES(0)] = 0.1,\ [X_1(0)] = 0.1,$$
$$[X_2(0)] = 0.001,\ [S(0)] = 0.1,\ [\Delta P(0)] = 0.1,\ [X_{\text{sensor}}(0)] = 0.1$$

图 5-9 中实线代表 $k_{s1}[\Delta P]$，虚线代表 $k_{s1}([P_d]K_F - [P])$。当 $[P_d]K_F > [P]$ 时，两条线重合，$k_{s1}[\Delta P]$ 很好地贴近实际差值。差值 ΔP 在 1.4h 左右收敛为零，实际差值 $[P_d]K_F - [P]$ 则继续下降变为负值。这时，$d(\Delta P)/dt$ 的右侧变成了负数，而 ΔP 仍然为零。需要注意的是，生物分子网络中的所有值都是正的，分子浓度不能通过负数来表达或传递。

在实际差值变成负数后，ΔP 保持为零，X_{sensor} 不能正确度量 [P] 值。如图 5-10 所示，它只能比较 $d(X_{\text{sensor}})/dt$ 右边的两项，这体现了生物网络中单边减法操作的局限性（Foo et al.，2016）。

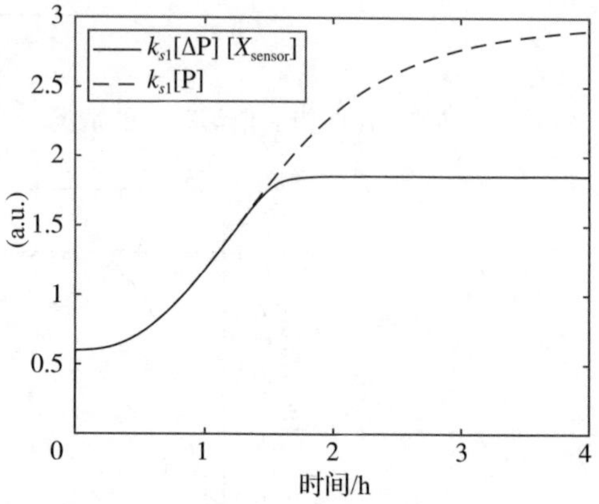

图 5-10　$d(X_{\text{sensor}})/dt$ 右边项的比较

单边减法的限制在以下情况更为明显。将 P_{desired} 指定为

$$P_{\text{desired}} = \begin{cases} 1 & \text{for } t \leqslant 8[\text{h}] \\ 1/2 & \text{for } t > 8[\text{h}] \end{cases}$$

在最初的 8h 内，P_{desired} 设置为 1；8h 之后 P_{desired} 减少到原值的一半。仿真结果如图 5-11 所示。P 在 4h 左右时似乎收敛到初始 P_{desired}，但 8h 后它无法对已经减小的 P_{desired} 做出反应。

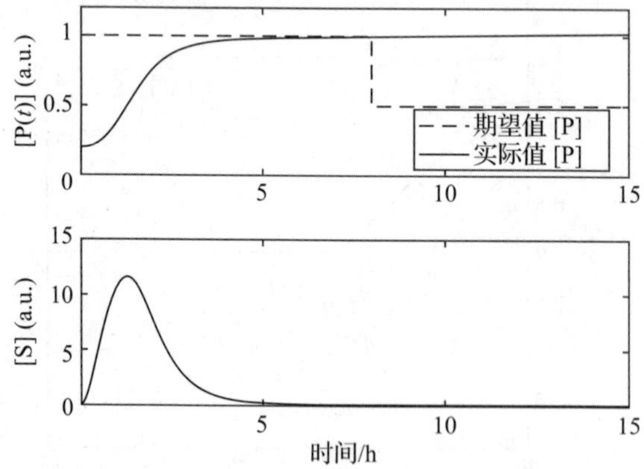

图 5-11　两步指令单边减法的闭环系统响应

为了解决无法用负值表示分子浓度的问题，Oishi 和 Klavins 在 2011 年发表的论文中提出了一种使用两种分子物种的方法。在该方法中，每种分子物种分别

解释为具有正值或负值。由于使用两种分子物种来表达数量，因此这里至少存在两倍的分子相互作用。

回顾一下 [P] 的微分方程：

$$\frac{d[P]}{dt} = k_{cat}[ES] - k_{dg}[P]$$

式中，[P] 由 [ES] 控制，而 [ES] 由 [S] 控制，也就是由 PI 控制器控制。然而，由于 $k_{cat}>0$，[ES] 只能使 [P] 增加。这里使用另一种机制使 [P] 减小。引入具有破坏 P 能力的 X_3 分子如下：

$$X_3 + P \xrightarrow{k_{deg}} X_3$$

$X_3=0$ 对应的微分方程为

$$\frac{d[X_3]}{dt} = 0$$

而 [P] 的微分方程则改为

$$\frac{d[P]}{dt} = k_{cat}[ES] - k_{dg}[P] - k_{deg}[X_3][P]$$

式中，$k_{deg}[X_3]$ 是 [P] 的额外退化速度。当期望 P 值大于 [P] 时，退化速度不能超过 k_{cat}[ES] 的增加速度，即 $[\Delta P] \gg 0$ 。在模拟实验中，设定 $k_{deg}=0.001$，$[X_3]=1$。

最后要考虑的是控制器的积分部分。$[X_1]$ 通过以下方式对误差进行积分：

$$\frac{d[X_1]}{dt} = k_I[\Delta P]$$

即使误差收敛到零，积分也会发生漂移和发散，直到误差完全为零。为了消除漂移，引入了以下的自消融：

$$X_1 \xrightarrow{\eta} \varnothing$$

微分方程变为

$$\frac{d[X_1]}{dt} = k_I[\Delta P] - \eta[X_1]$$

式中，η 等于 0.0001。纯积分器（k_I/s）和带消融的积分器 $[k_I/(s+\eta)]$ 频率响应的比较如图 5-12 所示。在频率高于 0.0001rad/s 时，带消融的积分器接近于纯积分器。在较低的频率区域，它变成了一个纯静态增益。

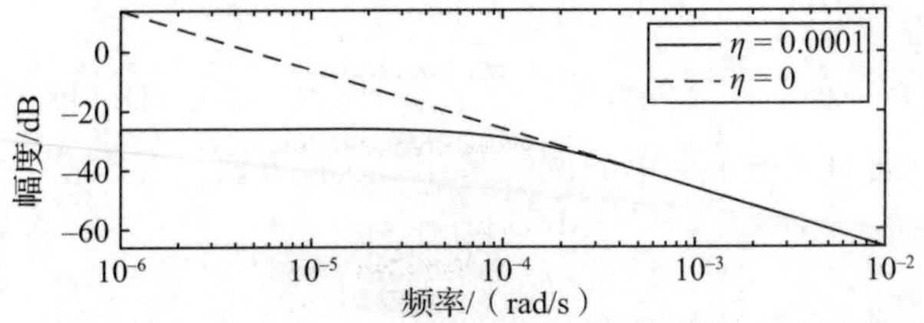

图 5-12　纯积分器（k_I/s）和带消融的积分器 $[k_I/(s+\eta)]$ 频率响应的比较

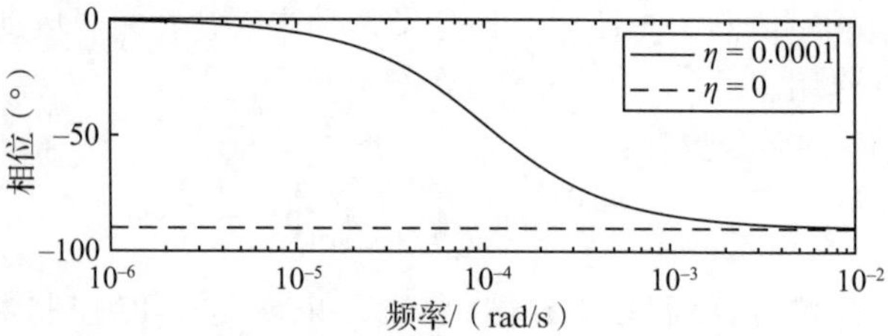

图 5-12　纯积分器（k_I/s）和带消融的积分器 $[k_I/(s+\eta)]$ 频率响应的比较（续）

最后，闭环响应和控制输入如图 5-13 所示，[P] 在 $P_{desired}$ 值变化的几个小时内都能成功跟踪它。

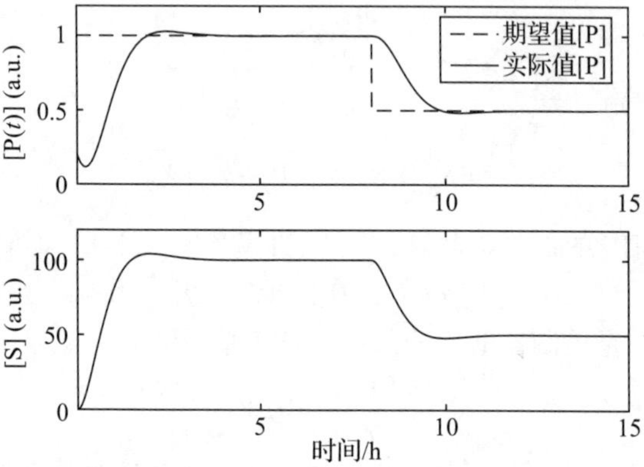

图 5-13　闭环系统对退化速度 k_{deg} 和消融速度 η 的响应

5.2　鲁棒性分析：μ– 分析法

生物网络具有天然的鲁棒性，可以应对环境压力和内部不确定性。在生物系统动态模型的可信性测试中，鲁棒性分析是一种重要的方法。算法 2-3 中的蒙特卡洛方法可以作为鲁棒性分析的选择之一。本节介绍一种用于线性系统鲁棒性分析的系统方法。

5.2.1　简单示例

μ– 分析法是一种适用于线性系统的鲁棒性分析方法（Doyle，1982；Balas et al.，1993）。下面通过一个简单的例子来介绍这种方法。考虑以下常微分方程：

$$\frac{\mathrm{d}x}{\mathrm{d}t}=-(2+\delta)x \tag{5-5}$$

式中，δ 为参数不确定性，初始条件为 $x(0)=x_0$。那么方程的解为

$$x(t) = x_0 e^{-(2+\delta)t} \tag{5-6}$$

$x(t)$ 发散的条件如下：

$$\delta > 2$$

在 δ=2 时，我们对 $x(t)$ 的稳定区域和不稳定区域进行了划分，并将式（5-5）改写为输入－输出形式：

$$\frac{dx}{dt} = -2x + w$$

$$z = x$$

式中，w 是系统的输入，z 是系统的输出。输入－输出关系的传递函数为

$$Z(s) = \frac{1}{s+2} W(s) = M(s)W(s)$$

式中，$M(s) = 1/(s+2)$。输入 w 由以下公式给出：

$$w = \delta z$$

这里的符号 δ 表示不确定性，通常被解释为反馈增益，传递函数为

$$W(s) = \Delta(s)Z(s) = \delta Z(s)$$

式中，$\Delta(s) = \delta$。总结上述两个传递函数：

$$Z(s) = M(s)W(s) \tag{5-7a}$$

$$W(s) = \Delta(s)Z(s) \tag{5-7b}$$

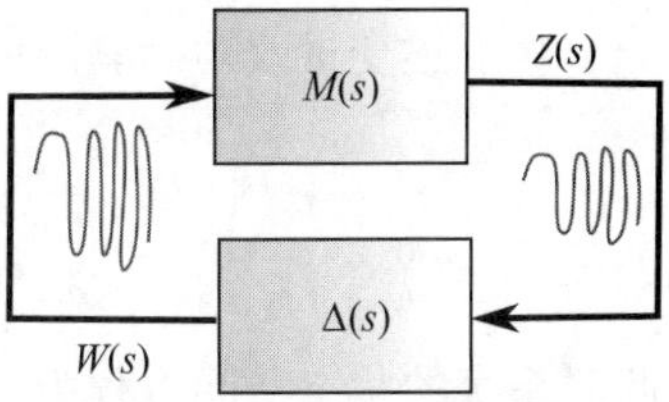

图 5-14 $M-\Delta$ 形式框图

它们被称为 $M-\Delta$ 形式或线性分数变换（LFT）。如图 5-14 所示，一旦振荡信号被引入回路中，信号的振幅就会收敛、发散或保持在相同的幅度内。这三种情况分别对应系统的稳定、不稳定或临界稳定状态。对于本例，当 δ<2 时，系统是稳定的；当 δ>2 时，则是不稳定的。将式（5-7）中的两个传递函数结合起来有

$$Z(s) = M(s)W(s) = M(s)\Delta(s)Z(s) \Rightarrow Z(s) - M(s)\Delta(s)Z(s) = 0$$
$$\Rightarrow [1 - M(s)\Delta(s)]Z(s) = 0$$

上式中的 $Z(s)$ 有如下两种情况：

- $1 - M(s)\Delta(s) \neq 0$，那么 $Z(s) = 0/[1 - M(s)\Delta(s)] = 0$。
- $1 - M(s)\Delta(s) = 0$，那么任意一个 $Z(s)$ 都满足该方程。

对于所有的 $\omega \in [0, \infty)$，其中 $s = j\omega$，$j = \sqrt{-1}$。这种简单情况下的奇异性条件为

$$1 - M(j\omega)\Delta(j\omega) = 1 - \frac{1}{j\omega + 2}\delta = 0 \Rightarrow j\omega + 2 - \delta = 0$$

分析可知，只有 ω=0 和 δ=2 时，上式奇异。常微分方程的解式（5-6）说明，δ=2 时，$x(t)$ 保持为初始值 x_0，系统保持临界稳定状态。δ=2 是使系统不稳定的最小扰动；当 $\delta \geqslant 2$ 时，系统不稳定。

定义 μ 为

$$\mu(\omega)=\frac{1}{\min(|\delta|)\text{such that }1-M(\mathrm{j}\omega)\delta=0}$$

下述示例：

$$\mu(\omega)=\begin{cases}\dfrac{1}{2}\text{对于}\,\omega=0\\ 0\text{对于}\,\omega\neq 0,\text{奇异}\,\delta\,\text{不存在}\Rightarrow \lim_{\delta\to\pm\infty}\dfrac{1}{|\delta|}=0\end{cases}$$

对于任何 $\delta\in[-\infty，\infty)$ 的非奇异情况，$\mu(\omega)$ 均为零。

为了使 μ- 分析法更加有趣，将式（5-5）修改如下：

$$\frac{\mathrm{d}x}{\mathrm{d}t}=-(2+0.1\delta_1+0.5\delta_2+0.1\delta_2^2)x \tag{5-8}$$

式中，δ_1 和 δ_2 是实数不确定值，在 δ_2 中还有二阶不确定项。定义以下一组变量：

$$w_1=\delta_1 x$$
$$w_2=\delta_2 x$$
$$w_3=\delta_2^2 x=\delta_2(\delta_2 x)=\delta_2 w_2$$

将上述变量改写为紧凑的向量形式：

$$\boldsymbol{w}=\begin{bmatrix}w_1\\w_2\\w_3\end{bmatrix}=\begin{bmatrix}\delta_1&0&0\\0&\delta_2&0\\0&0&\delta_2\end{bmatrix}\begin{bmatrix}x\\x\\w_2\end{bmatrix}=\Delta\boldsymbol{z}$$

此时系统的状态空间方程为

$$\frac{\mathrm{d}x}{\mathrm{d}t}=-2x+[0.1\ \ 0.5\ \ 0.1]\boldsymbol{w}=\boldsymbol{A}x+\boldsymbol{B}\boldsymbol{w}$$

$$\boldsymbol{z}=\begin{bmatrix}x\\x\\w_2\end{bmatrix}=\begin{bmatrix}1\\1\\0\end{bmatrix}x+\begin{bmatrix}0&0&0\\0&0&0\\0&1&0\end{bmatrix}\boldsymbol{w}=\boldsymbol{C}x+\boldsymbol{D}\boldsymbol{w}$$

式中，$\boldsymbol{A}$、$\boldsymbol{B}$、$\boldsymbol{C}$、$\boldsymbol{D}$ 有着合适的维数。在 $M-\Delta$ 形式中：

$$M(s)=\boldsymbol{C}[s-\boldsymbol{A}]^{-1}\boldsymbol{B}+\boldsymbol{D}=\begin{bmatrix}1\\1\\0\end{bmatrix}\frac{1}{s+2}[0.1\ \ 0.5\ \ 0.1]+\begin{bmatrix}0&0&0\\0&0&0\\0&1&0\end{bmatrix}$$

$$=\begin{bmatrix}\dfrac{0.1}{s+2}&\dfrac{0.5}{s+2}&\dfrac{0.1}{s+2}\\\dfrac{0.1}{s+2}&\dfrac{0.5}{s+2}&\dfrac{0.1}{s+2}\\0&1&0\end{bmatrix} \tag{5-9}$$

一般情况下，μ 定义为

$$\mu(\omega)=\frac{1}{\min(\|\Delta\|)\text{such that}\,|\boldsymbol{I}-M(\mathrm{j}\omega)\Delta|=0}$$

式中，$\|\Delta\|$ 通常是矩阵的无穷范数，$\boldsymbol{I}$ 是具有合适维数的单位矩阵。但是随着 $M(\mathrm{j}\omega)$ 的增加，μ 的计算量呈指数级增加，需要耗费大量计算资源。为了解决这个问题，我们求解 μ 的上下边界问题：

$$\underline{\mu}(\omega)\leqslant\mu(\omega)\leqslant\bar{\mu}(\omega)$$

1. μ 上界

有几种算法可以求解边界问题。通过奇异性条件，可以得出上界不等式为

$$\|M(\mathrm{j}\omega)\Delta|\leqslant 1\Rightarrow|I-M(\mathrm{j}\omega)\Delta|\neq 0$$

由于 $M(\mathrm{j}\omega)\Delta$ 的范数小于 1，上述行列式不可能等于零。从图 5-14 中的信号幅度方面来看，反馈回路中乘以范数小于 1 的 $M(\mathrm{j}\omega)\Delta$ 在每经过一次反馈回路时就会减小，并且当 t 趋于无穷大时收敛为零。通过以下不等式：

$$\|M(\mathrm{j}\omega)\Delta\|\leqslant\|M(\mathrm{j}\omega)\|\|\Delta\|$$

我们得到以下非奇异条件

$$\|M(\mathrm{j}\omega)\|\|\Delta\|\leqslant 1\Rightarrow\|M(\mathrm{j}\omega)\|\leqslant\frac{1}{\|\Delta\|}$$

因此

$$\bar{\sigma}[M(\mathrm{j}\omega)]\leqslant\frac{1}{\|\Delta\|}\text{表明}\mu(\omega)\leqslant\bar{\sigma}[M(\mathrm{j}\omega)] \tag{5-10}$$

式中，矩阵范数 $\bar{\sigma}(\cdot)$ 为最大奇异值范数，Δ是一个对角型实数矩阵。很多现有的高效算法可以用于计算奇异值。此外对于 p=1，2，∞，$\|\Delta\|_p$ 都是相同的。

Python 线性代数包和 MATLAB 都有名为 svd() 的奇异值分解函数。在 MATLAB 中函数使用方法为

```
>> [U,S,V] = svd(A)
```

在 Python 中函数使用方法为

```
In [13]: import numpy as np
In [14]: U,S,V = np.linalg.svd(A)
```

它们都返回以下结果：

$$\boldsymbol{A}=\boldsymbol{USV}$$

式中，$\boldsymbol{S}$ 是对角元素为奇异值的对角矩阵，$\boldsymbol{U}$ 和 $\boldsymbol{V}$ 是分别满足 $\boldsymbol{U}^*\boldsymbol{U}=\boldsymbol{I}$ 和 $\boldsymbol{V}\boldsymbol{V}^*=\boldsymbol{I}$ 的酉矩阵，这里上标 * 表示矩阵的复共轭转置。

矩阵范数：矩阵范数度量矩阵的大小。其中最常用的三个矩阵范数分别是 1 范数、2 范数和 ∞ 范数。分别定义如下

$$\|A\|_1 = \max_{j\in[1,m]}\sum_{i=1}^{n}|a_{ij}| = 最大列和$$

$$\|A\|_2 = \sqrt{\bar{\lambda}(A^*A)} = \sqrt{(A^*A最大特征值)}$$
$$= \bar{\sigma}(A^*A) = (A最大奇异值)$$

$$\|A\|_\infty = \max_{i\in[1,n]}\sum_{j=1}^{m}|a_{ij}| = (最大行和)$$

式中，A 为 $n\times m$ 阶矩阵，第 i 行第 j 列元素为 a_{ij}；A^* 为 A 的复共轭转置，即交换矩阵 A 的行列元素，并改变每个元素虚部的符号。

式（5-10）中的上界是每个 ω 处的最大奇异值，程序 5-4 计算了 ω 等于 0.01 ～ 1000 之间的 μ 上界。在频域的最大上界约为 1.06。为了找到更为精确的 μ 值，我们不断缩小上界。分析式（5-9），矩阵 D 中的常数为 1 导致求解的最大奇异值约为 1。重新定义 z 使得矩阵 D 中的常数小于 1。

$$w = \begin{bmatrix} w_1 \\ w_2 \\ w_3 \end{bmatrix} = \begin{bmatrix} \delta_1 & 0 & 0 \\ 0 & \delta_2 & 0 \\ 0 & 0 & \delta_2 \end{bmatrix}\begin{bmatrix} x \\ x \\ 0.1w_2 \end{bmatrix} = \Delta z$$

系统的状态空间方程变为

$$\frac{\mathrm{d}x}{\mathrm{d}t} = -2x + [0.1\ \ 0.5\ \ 1]w$$

$$z = \begin{bmatrix} 1 \\ 1 \\ 0 \end{bmatrix}x + \begin{bmatrix} 0 & 0 & 0 \\ 0 & 0 & 0 \\ 0 & 0.1 & 0 \end{bmatrix}w$$

重新构建 $M(s)$ 如下：

$$M(s) = \begin{bmatrix} 1 \\ 1 \\ 0 \end{bmatrix}\frac{1}{s+2}[0.1\ \ 0.5\ \ 1] + \begin{bmatrix} 0 & 0 & 0 \\ 0 & 0 & 0 \\ 0 & 0.1 & 0 \end{bmatrix} = \begin{bmatrix} \frac{0.1}{s+2} & \frac{0.5}{s+2} & \frac{1}{s+2} \\ \frac{0.1}{s+2} & \frac{0.5}{s+2} & \frac{1}{s+2} \\ 0 & 0.1 & 0 \end{bmatrix}$$

对于更新后的 $M(s)$，在频域的最大上界是 0.79，相较之前减少了大约 25%。

程序 5-4 （Python）最大奇异值给出的 μ 上界

```python
import numpy as np
import matplotlib.pyplot as plt


A = np.array([[-2]])
B = np.array([[0.1,0.5,0.1]])
C = np.array([[1],[1],[0]])
D = np.array([[0,0,0],[0,0,0],[0,1,0]])

N_omega = 300
omega = np.logspace(-2,3,N_omega)
mu_ub = np.zeros(N_omega)

for idx in range(300):
    jw = complex(0,omega[idx])
    Mjw = C@np.linalg.inv(jw-A)@B+D
    U,S,V=np.linalg.svd(Mjw)

    mu_ub[idx] = S.max()


fig1, ax = plt.subplots(nrows=1,ncols=1)
ax.semilogx(omega,mu_ub)
ax.axis([1e-2,1e3,0,1.1])
ax.set_ylabel(r'$\bar{\sigma}\, [M(j\omega)]$',fontsize=14)
ax.set_xlabel(r'$\omega$ [rad/time]',fontsize=14)
```

基于上述最大上界的减小，那么该如何求解它的最小值呢？考虑 $M(s)$ 的广义形式：

$$M(s)=\begin{bmatrix} \dfrac{0.1}{s+2} & \dfrac{0.5}{s+2} & \dfrac{0.1/\alpha}{s+2} \\ \dfrac{0.1}{s+2} & \dfrac{0.5}{s+2} & \dfrac{0.1/\alpha}{s+2} \\ 0 & \alpha & 0 \end{bmatrix}$$

图 5-15 展示了随着 α 变化，最大上界的值是如何变化的。α=0.266 时，此时 $\bar{\mu}$ 取最小值 0.5，相应的上界如图 5-16 所示。由于构建 $M(s)$ 的方式不同，上界也会有所变化，一些先进的算法可以获得更加逼近真实 μ 的上界（Roos，2013；Balas et al.，1993；Young et al.，1991）。

2. μ 下界

μ 下界的计算，可以转变为寻找最小的Δ使得 $|I-M\Delta|=0$ 的问题。目前已经有很多寻找最小Δ的下界算法的研究。Fabrizi 等在 2014 发表的论文中比较了用于各种基准问题的八个 μ 下界求解算法。如果下界和上界相差很多，那么我们无从得知到底是上界过于保守还是下界过于远离 μ。只有当两者较为接近时，我们

才能得出关于系统鲁棒性的可靠结论。

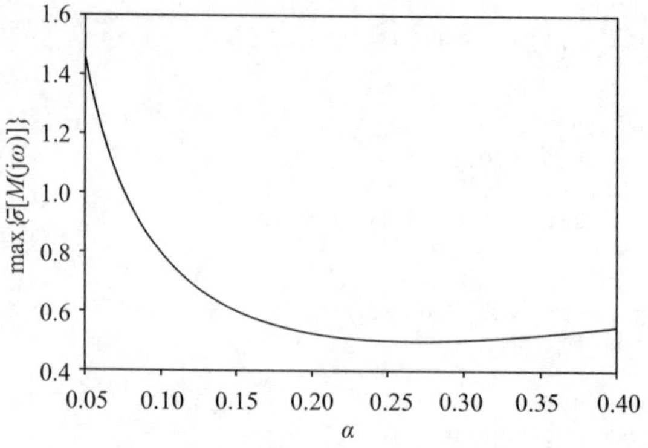

图 5-15 关于 α 的最大上界 $\bar{\mu}$

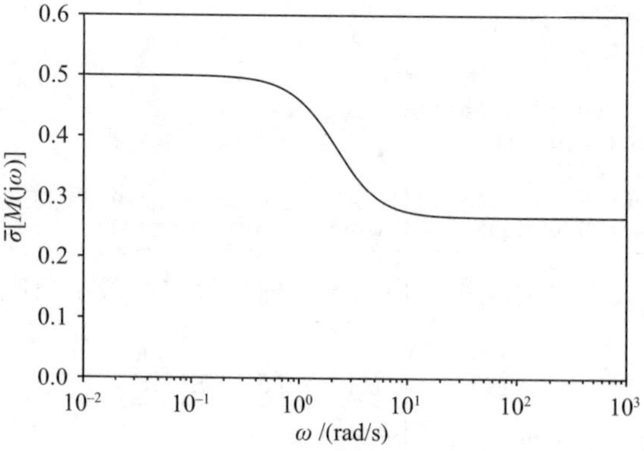

图 5-16 α=0.266 时的 μ 上界

Kim 等人在 2009 年发表的论文中首次提出了一种求解 μ 下界问题的几何方法。图 5-17 是该算法的一个简单版本。Zhao 等人在 2011 年发表的论文中给出了该算法在线性周期时变系统中的扩展能力；Darlington 等人在 2019 年发表的论文中展示了改进算法在合成回路中的优越性能。为了简明解释图 5-17 中的算法，考虑以下不确定系统：

$$\frac{\mathrm{d}x}{\mathrm{d}t}=[-2+\delta_1+\sin(\delta_1\delta_2)]x=A(\delta_1,\delta_2)x \tag{5-11}$$

其中

$$A(\delta_1,\delta_2)=[-2+\delta_1+\sin(\delta_1\delta_2)]$$

与式（5-8）不同，该系统具有不确定性，δ_1 和 δ_2 以非多项式的形式出现。由于不确定性具有非线性，系统不能以 LFT 形式表示，也不能用标准算法来计算边界。这里假设 δ_1 和 δ_2 值很小，定义一个新的变量 $\delta_3=\sin(\delta_1\delta_2)\approx\delta_1\delta_2$，从而可以使用标准算法解决。但是标准算法在计算过程中会引入近似误差，为了避免这种情况，系统可以被改写为

$$\frac{\mathrm{d}x}{\mathrm{d}t}=-2x+[\delta_1+\sin(\delta_1\delta_2)]x=-2x+\Delta(\delta_1,\delta_2)x$$

式中

$$\Delta(\delta_1,\delta_2)=\delta_1+\sin(\delta_1\delta_2)=A(\delta_1,\delta_2)-A(0,0)$$

定义

$$\omega=\Delta(\delta_1,\delta_2)x$$
$$z=x$$

系统可以化简为

$$\frac{\mathrm{d}x}{\mathrm{d}t}=-2x+\omega$$

奇异性条件由以下公式给出：

$$\det\left[1-\frac{1}{\mathrm{j}\omega+2}\Delta(\delta_1,\delta_2)\right]=f_R(\Delta)+f_I(\Delta)\mathrm{j}=0$$

式中

$$f_R(\Delta)=2-\delta_1-\sin(\delta_1\delta_2)$$
$$f_I(\Delta)=\omega$$

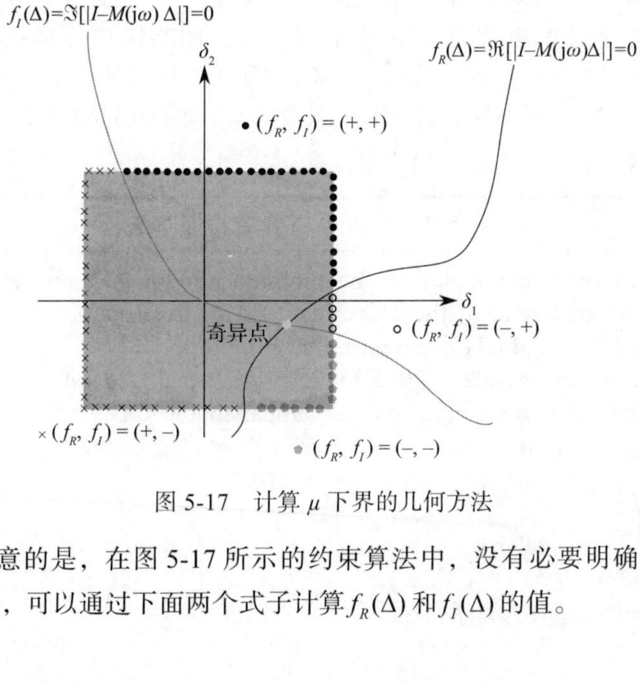

图 5-17 计算 μ 下界的几何方法

值得注意的是，在图 5-17 所示的约束算法中，没有必要明确写出 $f_R(\Delta)$ 和 $f_I(\Delta)$ 的方程，可以通过下面两个式子计算 $f_R(\Delta)$ 和 $f_I(\Delta)$ 的值。

$$f_R(\Delta) = \Re\left[1 - \frac{1}{j\omega+2}\Delta(\delta_1, \delta_2)\right]$$

$$f_I(\Delta) = \Im\left[1 - \frac{1}{j\omega+2}\Delta(\delta_1, \delta_2)\right]$$

式中，$\Re(\cdot)$ 和 $\Im(\cdot)$ 分别是参数的实部和虚部。如图 5-17 所示，$f_R(\Delta) = 0$ 和 $f_I(\Delta) = 0$ 这两条线将不确定空间划分为四个部分，每个部分都有不同 $f_R(\Delta)$ 和 $f_I(\Delta)$ 的符号组合。当 $\omega \neq 0$ 时，如果奇异点在以原点为中心的正方形框内，那么可以沿着边界找到所有四种符号组合，方框提供了一个 μ 下界。当 $\omega = 0$ 时，对于整个不确定空间 $f_I(\Delta)$ 都为零。如果奇异点在方框内，也就是说方框完全或部分包含 $f_R(\Delta) = 0$，那么我们只需要找到两个符号组合，$f_R(\Delta) > 0$ 和 $f_R(\Delta) < 0$。

上述基于奇异性条件的几何方法，相比大多数其他下界算法有以下三个优势：
- 该算法可以处理 $\sin\delta$ 和 $\cos\delta$ 等非线性函数。
- 该算法可以并行计算。
- 随着算法评估样本数量的增加，基于随机样本的算法对边界进行了改进。

基于随机样本的算法非常强大，可以用来解决许多复杂的问题，特别是在并行计算架构的成本可以负担得起时，如多核处理器和使用图形处理器单元（GPU）进行并行处理（NVIDIA Developer，2021）。

算法 5-1 中给出了图 5-17 中的下界算法的伪代码，算法中使用二分法来减小方框尺寸（Press et al.，2007）。由于方框的 ∞ 范数是边长的一半，因此 μ 的下界等于最大边长倒数的两倍，即 $2/d$。图 5-18 中方框接触了不稳定区域（阴影部分），正方形边长的一半略大于 1，真实的 μ 值大约是 0.9。当 $N_s = 1000$、$\varepsilon = 10^{-6}$、$\underline{d} = 0.001$、$\bar{d} = 10$，以及 $\omega = 0$ 时，通过算法 5-1 计算出的 μ 下界是 0.92 左右，与真实的 μ 值相当接近。

算法 5-1　计算 μ 下界的几何方法

1: Set the number of samples, N_s, the minimum and the maximum side length of the square box, $[\underline{d}, \bar{d}]$, the tolerance, ε, and the frequency ω
2: **while** $\bar{d} - \underline{d} > \varepsilon$ **do** the bisection search as follows:
3:     Set the current side length of the square, d, equal to $(\underline{d} + \bar{d})/2$
4:     Take N_s random samples on the boundary of the square box
5:     **if** $\omega = 0$ **then**
6:         n_{sign} equal to 2
7:     **else**
8:         n_{sign} equal to 4
9:     **end if**
10:    Evaluate $f_R(\Delta)$ and $f_I(\Delta)$

```
    if the number of sign combinations found equal to n_sign then
        d̄ ← d
    else
        d ← d  (d underlined)
    end if
end while
Declare μ(ω) = 1/(d̄/2)
Repeat all the steps for the other ω
```

3. MATLAB/Python 中的虚数

MATLAB 和 Python 中都默认 1j 是虚数 $\sqrt{-1}$。另外，1i 或 sqrt(–1) 在 MATLAB 中可以作为虚数使用，在 Python 中则不能这样使用。在 Python 中，numpy.sqrt(−1) 不会生成虚数且会报错，正确的做法是使用 complex(0,1) 命令。

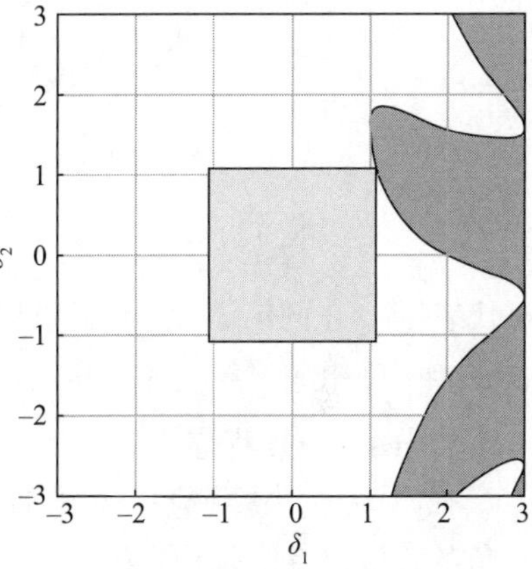

图 5-18 方框与不稳定的阴影区域接触（ $\delta_1+\sin(\delta_1\delta_2)\geqslant 2$ ）

5.2.2 合成回路

5.1.1 节中设计的合成回路达到以下稳态

$$[\mathrm{E}]^{ss}=0.1998, [\mathrm{P}]^{ss}=0.4999,$$
$$[\mathrm{ES}]^{ss}=0.0002, [X_1]^{ss}=0.0558,$$
$$[X_2]^{ss}=50.0415, [\mathrm{S}]^{ss}=50.0723,$$
$$[\Delta\mathrm{P}]^{ss}=1.0001, [X_{\mathrm{sensor}}]^{ss}=0.4999$$

这时为所有状态都引入一个小的扰动，此时的 E(t) 为

$$[\mathrm{E}(t)]=[\mathrm{E}]^{ss}+\delta\mathrm{E}(t)$$

扰动的 E(t) 对于时间的导数如下

$$\frac{\mathrm{d}[\mathrm{E}(t)]}{\mathrm{d}t}=\cancelto{0}{\frac{\mathrm{d}[\mathrm{E}]^{ss}}{\mathrm{d}t}}+\frac{\mathrm{d}\delta\mathrm{E}(t)}{\mathrm{d}t}$$

将上式同下面的微分方程联立

$$\frac{\mathrm{d}[\mathrm{E}]}{\mathrm{d}t}=-k_{\mathrm{on}}[\mathrm{E}][\mathrm{S}]+k_{\mathrm{cat}}[\mathrm{ES}]$$

可得

$$\begin{aligned}\frac{\mathrm{d}\delta\mathrm{E}(t)}{\mathrm{d}t}&=-k_{\mathrm{on}}\{[\mathrm{E}]^{ss}+\delta\mathrm{E}(t)\}\{[\mathrm{S}]^{ss}+\delta\mathrm{S}(t)\}+k_{\mathrm{cat}}\{[\mathrm{ES}]^{ss}+\delta\mathrm{ES}(t)\}\\&=\cancelto{0}{-k_{\mathrm{on}}[\mathrm{E}]^{ss}[\mathrm{S}]^{ss}+k_{\mathrm{cat}}[\mathrm{ES}]^{ss}}\quad-k_{\mathrm{on}}[\mathrm{S}]^{ss}\delta\mathrm{E}(t)-k_{\mathrm{on}}[\mathrm{E}]^{ss}\delta\mathrm{S}(t)\\&\quad\cancelto{0}{-k_{\mathrm{on}}\delta\mathrm{E}(t)\delta\mathrm{S}(t)}\quad+k_{\mathrm{cat}}\delta\mathrm{ES}(t)\end{aligned}$$

其中高阶扰动项可以忽略不计。

动力学方程由以下紧凑形式给出

$$\frac{\mathrm{d}x_i}{\mathrm{d}t} = f_i(\boldsymbol{x})$$

对于 i=1，2，⋯，n 有

$$\boldsymbol{x} = [x_1 \ \ x_2 \ \ \cdots \ \ x_{n-1} \ \ x_n]^{\mathrm{T}}$$

联立 n 个代数方程 $f_i(\boldsymbol{x}^{ss}) = 0$ 可以得到稳态解 $\boldsymbol{x}^{ss}$。扰动动力学模型由以下公式给出：

$$\frac{\mathrm{d}\delta\boldsymbol{x}(t)}{\mathrm{d}t} = \left.\frac{\mathrm{d}f(\boldsymbol{x})}{\mathrm{d}\boldsymbol{x}}\right|_{\boldsymbol{x}=\boldsymbol{x}^{ss}} \delta\boldsymbol{x}(t) = \boldsymbol{A}(\Delta)\delta\boldsymbol{x}(t)$$

其中

$$\boldsymbol{a}_i = \left.\frac{\mathrm{d}f_i(\boldsymbol{x})}{\mathrm{d}\boldsymbol{x}}\right|_{\boldsymbol{x}=\boldsymbol{x}^{ss}}$$

$\boldsymbol{a}_i$ 代表矩阵 $\boldsymbol{A}$ 的第 i 列。我们可以用 MATLAB 或 Python 中的符号运算自动处理这个关于稳态或平衡点线性化的过程。

1. MATLAB 程序

程序 5-5 使用 MATLAB 中的 jacobian() 函数获得 $\boldsymbol{A}$。由于特征值的最大实部是负的，所以系统是稳定的。

程序 5-5 （MATLAB）使用雅可比矩阵进行标称线性稳定性检验

```
clear

syms kon kcat kdg Kdeg kI eta gamma_G kP ks2 ks1 Pd X3 real;
syms E P ES X1 X2 S DP Xs real;


dE_dt = -kon*E*S + kcat*ES;
dP_dt = kcat*ES - kdg*P - Kdeg*X3*P;
dES_dt = kon*E*S - kcat*ES;
dX1_dt = kI*DP - eta*X1;
dX2_dt = -gamma_G*X2 + gamma_G*kP*DP;
dS_dt = ks2*X1 + ks2*X2 - ks2*S;
dDP_dt = ks1*Pd - ks1*DP*Xs - ks1*DP;
dXs_dt = -ks1*DP*Xs + ks1*P;

fx = [dE_dt; dP_dt; dES_dt; dX1_dt; dX2_dt; dS_dt; dDP_dt; dXs_dt];
state = [E; P; ES; X1; X2; S; DP; Xs];

dfdx = jacobian(fx,state);

%% Steady-state
Ess = 0.1998;
Pss = 0.4999;
```

```matlab
24  ESss = 0.0002;
25  X1ss = 0.0558;
26  X2ss = 50.0415;
27  Sss = 50.0723;
28  DPss = 1.0001;
29  Xsss = 0.4999;
30
31  dfdx_at_ss = subs(dfdx,{E, P, ES, X1, X2, S, DP, Xs},{Ess, Pss,
        ESss, X1ss, X2ss, Sss, DPss, Xsss});
32
33  %% nomial stability with the nominal parameters
34  kP = 50;
35  kI = 5e-6;
36  gamma_G = 8e-4;
37  ks2 = 4e-4;
38  Kdeg = 1e-3;
39  X3 = 1;
40  KF = 3;
41  eta = 1e-4;
42  Pd = 1;
43  kon = 5e-5;
44  kcat = 1.6*2;
45  kdg = 8e-8;
46  ks1 = 3;
47
48
49  dfdx_nominal = subs(dfdx_at_ss, ...
50      {sym('kP'), sym('kI'),sym('gamma_G'),sym('ks2'),sym('Kdeg'),
        ...
51      sym('X3'),sym('KF'),sym('eta'),sym('Pd'),sym('kon'),sym('kcat')
        ,sym('kdg'),sym('ks1')}, ...
52      {kP,kI,gamma_G,ks2,Kdeg,X3,KF,eta,Pd,kon,kcat,kdg,ks1});
53
54  dfdx_nominal_val = eval(dfdx_nominal);
```

2. Python 程序

Python 程序 5-6 使用了 sympy 包 Matrix 对象中的 jacobian() 函数来获得 A。在第 66 行，np.array() 函数将 sympy 包中的 Matrix 对象转换为 numpy 数组，我们通过设置 dtype 为 np.float64 来声明数据类型。如果缺少这个数据类型，我们就无法在下一行计算特征值。

程序 5-6 （Python）使用雅可比矩阵进行标称线性稳定性检验

```python
1  from sympy import symbols, Matrix
2
3  kon, kcat, kdg, Kdeg, kI, eta, gamma_G, kP, ks2, ks1, Pd, X3 =
       symbols('kon kcat kdg Kdeg kI eta gamma_G kP ks2 ks1 Pd X3')
4  E, P, ES, X1, X2, S, DP, Xs = symbols('E P ES X1 X2 S DP Xs')
5
6
7  dE_dt = -kon*E*S + kcat*ES;
8  dP_dt = kcat*ES - kdg*P - Kdeg*X3*P;
```

```
dES_dt = kon*E*S - kcat*ES;
dX1_dt = kI*DP - eta*X1;
dX2_dt = -gamma_G*X2 + gamma_G*kP*DP;
dS_dt = ks2*X1 + ks2*X2 - ks2*S;
dDP_dt = ks1*Pd - ks1*DP*Xs - ks1*DP;
dXs_dt = -ks1*DP*Xs + ks1*P;

fx = Matrix([[dE_dt], [dP_dt], [dES_dt], [dX1_dt], [dX2_dt], [dS_dt], [dDP_dt], [dXs_dt]])
state = Matrix([[E], [P], [ES], [X1], [X2], [S], [DP], [Xs]])

dfdx = fx.jacobian(state)

# Steady-state
Ess = 0.1998
Pss = 0.4999
ESss = 0.0002
X1ss = 0.0558
X2ss = 50.0415
Sss = 50.0723
DPss = 1.0001
Xsss = 0.4999

dfdx_at_ss = dfdx.subs([[E,Ess],[P,Pss],[ES,ESss],[X1,X1ss],[X2,X2ss],[S,Sss],[DP,DPss],[Xs,Xsss]])

# nomial stability with the nominal parameters
kP = 50;
kI = 5e-6;
gamma_G = 8e-4;
ks2 = 4e-4;
Kdeg = 1e-3;
X3 = 1;
KF = 3;
eta = 1e-4;
Pd = 1;
kon = 5e-5;
kcat = 1.6*2;
kdg = 8e-8;
ks1 = 3;


dfdx_nominal = dfdx_at_ss.subs([
      [symbols('kP'),kP],
      [symbols('kI'),kI],
      [symbols('gamma_G'),gamma_G],
      [symbols('ks2'),ks2],
      [symbols('Kdeg'),Kdeg],
      [symbols('X3'),X3],
      [symbols('KF'),KF],
      [symbols('eta'),eta],
      [symbols('Pd'),Pd],
      [symbols('kon'),kon],
      [symbols('kcat'),kcat],
```

```
61        [symbols('kdg'),kdg],
62        [symbols('ks1'),ks1]
63    ])
64
65    import numpy as np
66    dfdx_nominal_val = np.array(dfdx_nominal,dtype=np.float64)
67    [eig_val,eig_vec]=np.linalg.eig(dfdx_nominal_val)
```

在程序 5-5 或程序 5-6 继续执行的实现算法 5-1 的 μ 下界程序将在程序 5-7 或程序 5-8 中继续执行。程序中迭代 ω 和随机样本Δ的两个 for 循环可以在并行计算结构中同时执行，以加快计算速度。通过几何方法得到的 μ 下界如图 5-19 所示，其中左上角的空圆圈表示 $\omega=0$ 时的 μ 下界值。由于最大 μ 下界值在 20000～30000，不确定性的大小至少小于 0.5×10^{-4}。它显示了合成回路的极端敏感性和脆弱性。

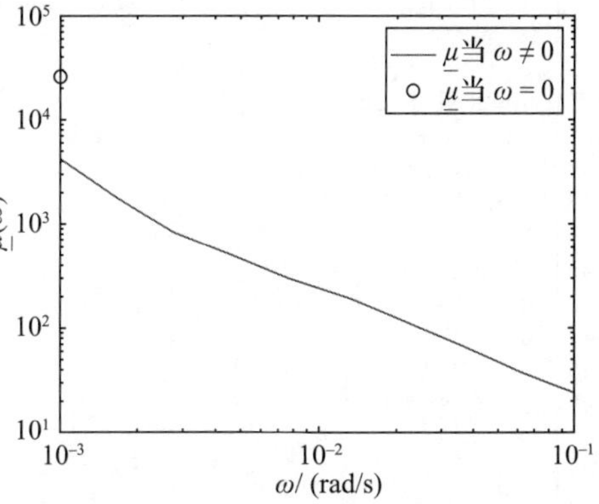

图 5-19 由几何方法得到的 μ 下界

程序 5-7 （MATLAB）计算 μ 下界

```
1   clear
2
3   syms kon kcat kdg Kdeg kI eta gamma_G kP ks2 ks1 Pd X3 real;
4   syms E P ES X1 X2 S DP Xs real;
5   syms d1 d2 d3 d4 d5 d6 d7 d8 d9 d10 d11 d12 d13 d14 d15 d16 real;
6
7
8   dE_dt = -(kon+d1)*E*S + (kcat+d2)*ES;
9   dP_dt = (kcat+d2)*ES - (kdg+d3)*P - (Kdeg+d4)*(X3+d5)*P;
10  dES_dt = (kon+d1)*E*S - (kcat+d2)*ES;
11  dX1_dt = (kI+d6)*DP - (eta+d7)*X1;
12  dX2_dt = -(gamma_G+d8)*X2 + (gamma_G+d9)*(kP+d10)*DP;
13  dS_dt = (ks2+d11)*X1 + (ks2+d12)*X2 - (ks2+d13)*S;
14  dDP_dt = (ks1+d14)*Pd - (ks1+d15)*DP*Xs - (ks1+d16)*DP;
15  dXs_dt = -(ks1+d15)*DP*Xs + (ks1+d16)*P;
16
17  fx = [dE_dt; dP_dt; dES_dt; dX1_dt; dX2_dt; dS_dt; dDP_dt; dXs_dt];
18  state = [E; P; ES; X1; X2; S; DP; Xs];
19
20  dfdx = jacobian(fx,state);
21
22  %% Steady-state
23  Ess = 0.1998;
24  Pss = 0.4999;
25  ESss = 0.0002;
26  X1ss = 0.0558;
```

```
X2ss = 50.0415;
Sss = 50.0723;
DPss = 1.0001;
Xsss = 0.4999;

dfdx_at_ss = subs(dfdx,{E, P, ES, X1, X2, S, DP, Xs},{Ess, Pss,
    ESss, X1ss, X2ss, Sss, DPss, Xsss});

%% nomial stability with the nominal parameters
kP = 50;
kI = 5e-6;
gamma_G = 8e-4;
ks2 = 4e-4;
Kdeg = 1e-3;
X3 = 1;
KF = 3;
eta = 1e-4;
Pd = 1;
kon = 5e-5;
kcat = 1.6*2;
kdg = 8e-8;
ks1 = 3;


dfdx_nominal = subs(dfdx_at_ss, ...
    {sym('kP'), sym('kI'),sym('gamma_G'),sym('ks2'),sym('Kdeg'),
        ...
    sym('X3'),sym('KF'),sym('eta'),sym('Pd'),sym('kon'),sym('kcat')
        ,sym('kdg'),sym('ks1')}, ...
    {kP,kI,gamma_G,ks2,Kdeg,X3,KF,eta,Pd,kon,kcat,kdg,ks1});

dfdx_nominal_val = eval(dfdx_nominal);


%% mu-analysis
Ns = 5000;
eps = 1e-6;

num_state = 8;
num_delta = 16;
A0 =  eval(subs(dfdx_nominal,{d1 d2 d3 d4 d5 d6 d7 d8 d9 d10 d11
     d12 d13 d14 d15 d16},{zeros(1,16)}));

num_omega = 10;
omega_all = [0 logspace(-3,-1,num_omega)];
num_omega = num_omega + 1;

mu_lb = zeros(1,num_omega);

%% lower bound using geometric approach
for wdx=1:num_omega
     omega = omega_all(wdx);
     Mjw = inv(1j*omega*eye(num_state)-A0);

     d_lb = 1e-6;
```

```
    d_ub = 10;
    d_ulb = d_ub - d_lb;

    if omega==0
        size_check = 2;
    else
        size_check = 4;
    end

    while d_ulb > eps

        d = (d_lb+d_ub)/2;

        sign_all = [];

        for idx=1:Ns
            delta_vec = rand(1,num_delta)*d-d/2;
            rand_face = randi(num_delta,1);
            delta_vec(rand_face) = d/2;

            Delta = eval(subs(dfdx_nominal,{d1 d2 d3 d4 d5 d6 d7 d8
                d9 d10 d11 d12 d13 d14 d15 d16}, ...
                {delta_vec})) -A0;

            I_MD = det(eye(num_state)-Mjw*Delta);
            fR = sign(real(I_MD));
            fI = sign(imag(I_MD));

            sign_all = unique([sign_all; fR fI],'row');

        end

        if size(sign_all,1) == size_check
            d_ub = d;
        else
            d_lb = d;
        end

        d_ulb = d_ub - d_lb;

    end

    mu_lb(wdx) = 2/d_ub;
end
```

程序 5-8 （Python）计算 μ 下界

```
import numpy as np
from sympy import symbols, Matrix

kon, kcat, kdg, Kdeg, kI, eta, gamma_G, kP, ks2, ks1, Pd, X3 =
    symbols('kon kcat kdg Kdeg kI eta gamma_G kP ks2 ks1 Pd X3')
E, P, ES, X1, X2, S, DP, Xs = symbols('E P ES X1 X2 S DP Xs')

```

```
d1, d2, d3, d4, d5, d6, d7, d8 = symbols('d1 d2 d3 d4 d5 d6 d7 d8')
d9, d10, d11, d12, d13, d14, d15, d16 = symbols('d9 d10 d11 d12 d13
    d14 d15 d16')

dE_dt = -(kon+d1)*E*S + (kcat+d2)*ES;
dP_dt = (kcat+d2)*ES - (kdg+d3)*P - (Kdeg+d4)*(X3+d5)*P;
dES_dt = (kon+d1)*E*S - (kcat+d2)*ES;
dX1_dt = (kI+d6)*DP - (eta+d7)*X1;
dX2_dt = -(gamma_G+d8)*X2 + (gamma_G+d9)*(kP+d10)*DP;
dS_dt = (ks2+d11)*X1 + (ks2+d12)*X2 - (ks2+d13)*S;
dDP_dt = (ks1+d14)*Pd - (ks1+d15)*DP*Xs - (ks1+d16)*DP;
dXs_dt = -(ks1+d15)*DP*Xs + (ks1+d16)*P;

fx = Matrix([[dE_dt], [dP_dt], [dES_dt], [dX1_dt], [dX2_dt], [dS_dt
    ], [dDP_dt], [dXs_dt]])
state = Matrix([[E], [P], [ES], [X1], [X2], [S], [DP], [Xs]])

dfdx = fx.jacobian(state)

# Steady-state
Ess = 0.1998
Pss = 0.4999
ESss = 0.0002
X1ss = 0.0558
X2ss = 50.0415
Sss = 50.0723
DPss = 1.0001
Xsss = 0.4999

dfdx_at_ss = dfdx.subs([[E,Ess],[P,Pss],[ES,ESss],[X1,X1ss],[X2,
    X2ss],[S,Sss],[DP,DPss],[Xs,Xsss]])

# nomial stability with the nominal parameters
kP = 50;
kI = 5e-6;
gamma_G = 8e-4;
ks2 = 4e-4;
Kdeg = 1e-3;
X3 = 1;
KF = 3;
eta = 1e-4;
Pd = 1;
kon = 5e-5;
kcat = 1.6*2;
kdg = 8e-8;
ks1 = 3;


dfdx_nominal = dfdx_at_ss.subs([
    [symbols('kP'),kP],
    [symbols('kI'),kI],
    [symbols('gamma_G'),gamma_G],
    [symbols('ks2'),ks2],
    [symbols('Kdeg'),Kdeg],
    [symbols('X3'),X3],
```

```
        [symbols('KF'),KF],
        [symbols('eta'),eta],
        [symbols('Pd'),Pd],
        [symbols('kon'),kon],
        [symbols('kcat'),kcat],
        [symbols('kdg'),kdg],
        [symbols('ks1'),ks1]
      ])

# mu-analysis
Ns = 5000
eps = 1e-6

num_state = 8
num_delta = 16
A0 = dfdx_nominal_val = dfdx_nominal.subs([
      [symbols('d1'),0],
      [symbols('d2'),0],
      [symbols('d3'),0],
      [symbols('d4'),0],
      [symbols('d5'),0],
      [symbols('d6'),0],
      [symbols('d7'),0],
      [symbols('d8'),0],
      [symbols('d9'),0],
      [symbols('d10'),0],
      [symbols('d11'),0],
      [symbols('d12'),0],
      [symbols('d13'),0],
      [symbols('d14'),0],
      [symbols('d15'),0],
      [symbols('d16'),0]
    ])
A0 = np.array(A0,dtype=np.float64)

num_omega = 10
omega_all = np.hstack((0,np.logspace(-3,-1,num_omega-1)))

mu_lb = np.zeros(num_omega)

# lower bound using geometric approach
for wdx, omega in enumerate(omega_all):
    Mjw=np.linalg.inv(1j*omega*np.eye(num_state)-A0)

    d_lb = 1e-6
    d_ub = 10
    d_ulb = d_ub - d_lb

    if omega==0:
        size_check = 2
    else:
        size_check = 4

    while d_ulb > eps:

```

```
        d = (d_lb+d_ub)/2

        for idx in range(Ns):
            delta_vec = np.random.rand(num_delta)*d-d/2
            rand_face = np.random.randint(0,num_delta,1)[0]
            delta_vec[rand_face] = d/2

            dfdx_nominal_val = dfdx_nominal.subs([
                [symbols('d1'),delta_vec[0]],
                [symbols('d2'),delta_vec[1]],
                [symbols('d3'),delta_vec[2]],
                [symbols('d4'),delta_vec[3]],
                [symbols('d5'),delta_vec[4]],
                [symbols('d6'),delta_vec[5]],
                [symbols('d7'),delta_vec[6]],
                [symbols('d8'),delta_vec[7]],
                [symbols('d9'),delta_vec[8]],
                [symbols('d10'),delta_vec[9]],
                [symbols('d11'),delta_vec[10]],
                [symbols('d12'),delta_vec[11]],
                [symbols('d13'),delta_vec[12]],
                [symbols('d14'),delta_vec[13]],
                [symbols('d15'),delta_vec[14]],
                [symbols('d16'),delta_vec[15]]
               ])

            Delta = np.array(dfdx_nominal_val,dtype=np.float64) -
                A0

            I_MD = np.linalg.det(np.eye(num_state)-Mjw*Delta)
            fR = np.sign(np.real(I_MD))
            fI = np.sign(np.imag(I_MD))

            if idx==1:
                sign_all = np.array([fR, fI])
            else:
                sign_all = np.vstack((sign_all,[fR, fI]))
                sign_all = np.unique(sign_all,axis=0)

        if sign_all.shape[0] == size_check:
            d_ub = d
        else:
            d_lb = d

        d_ulb = d_ub - d_lb

        print(omega)
        print(sign_all)
        print(d_lb,d_ub)

    mu_lb[wdx] = 2/d_ub
```

3. μ 上界：几何方法

我们可以构建一个基于几何方法的 μ 上界算法。使用最大奇异值得到的上界

对于酶 – 底物网络来说过于保守了。当 $\omega=0$ 时，$M(\mathrm{j}\omega)$ 的最大奇异值约为 10^{20}，这对应于保证不确定性的幅度稳定性小于 10^{-20}。假设发现的最大 μ 下界值约为 20000，这相当于破坏系统稳定性的不确定性量级约为 0.00005。最大奇异值提供的上界太大，无法在可接受的公差范围内估计真正的 μ 值。图 5-20 展示了如何使用几何方法来计算 μ 上界，即稳定性保证界限。在稳定性保证界限内，对于 $\omega\neq0$，只能找到不多于三个符号组合；对于 $\omega=0$，只有一个符号组合。此外，边长一半的倒数提供了一个上界。由于我们有可能会漏掉一些符号组合，所以用这种方法计算出的上界是具有不确定性的，它只提供了一个概率性的 μ 上界，有可能是错误的。图 5-21 展示了在 $\omega=0$ 时使用几何方法计算的 μ 上界，同时最大 μ 下界也出现在这里，二者很接近。由此可以得出结论，真正的 μ 值在 20000 ～ 30000 之间。

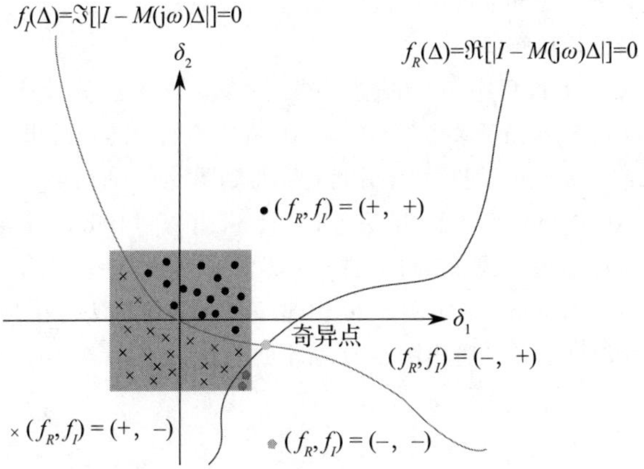

图 5-20　计算 μ 上界的几何方法

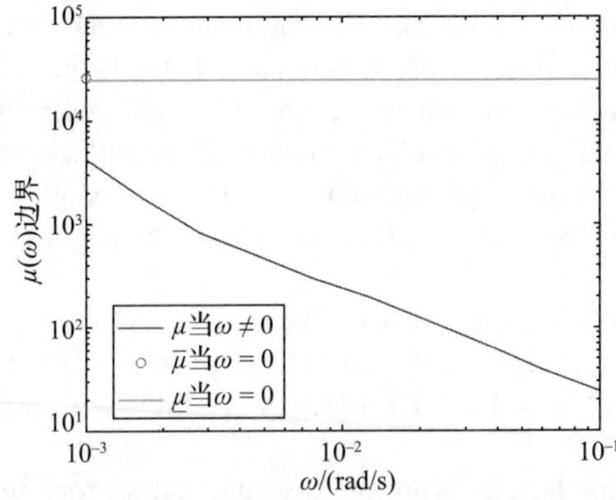

图 5-21　用几何方法计算的 μ 上、下界

习题

习题 5.1 （MATLAB/Python）运行仿真程序，得到图 5-11 的结果。

习题 5.2 推导出以下分子相互作用对应的微分方程（Oishi and Klavins，2011）

$$u^+ \xrightarrow{\alpha} u^+ + y^+ : \text{catalysis}$$

$$u^- \xrightarrow{\alpha} u^- + y^- : \text{catalysis}$$

$$y^+ + y^- \xrightarrow{\eta} \varnothing : \text{annihilation}$$

式中，u^+、u^-、y^+、y^- 分别代表信号 $u=u^+-u^-$ 和 $y=y^++y^-$ 中的正负值。

习题 5.3 利用习题 5.2 中得到的微分方程，推导出如下定义的 u 和 y 的微分方程：

$$u = u^+ - u^-$$

$$y = y^+ - y^-$$

式中，并未对 u 和 y 进行减法运算，u 和 y 只是对由 u^+、u^-、y^+ 和 y^- 所产生的信号进行的简单解释。

习题 5.4 （MATLAB）修改程序 5-3 并输出如图 5-13 的结果。

习题 5.5 （Python）用 Python 重新编写 MATLAB 程序 5-3，并输出如图 5-13 的结果。

习题 5.6 （MATLAB/Python）编写程序并运行，得到图 5-15 的结果。

习题 5.7 （MATLAB/Python）运行算法 5-1，计算当 $N_s=1000$、$\varepsilon=10^{-6}$、$\underline{d}=0.001$、$\overline{d}=10$ 和 $\omega=0$ 时，式（5-11）的 μ 下界值。

习题 5.8 （MATLAB/Python）基于图 5-20 构建一个 μ 上界算法，在 MATLAB 或 Python 中实现该算法，并计算出图 5-21 所示的上界。

参考文献

Gary J. Balas, John C. Doyle, Keith Glover, Andy Packard, and Roy Smith. *μ-Analysis and Synthesis Toolbox*. MUSYN Inc. and The MathWorks, Natick, MA, 1993.

Alexander P. S. Darlington, Jongrae Kim, and Declan G. Bates. Robustness analysis of a synthetic translational resource allocation controller. *IEEE Control Systems Letters*, 3(2):266–271, 2019. https://doi.org/10.1109/LCSYS.2018.2867368.

John Doyle. Analysis of feedback systems with structured uncertainties. In *IEE Proceedings D-Control Theory and Applications*, volume 129, pages 242–250. IET, 1982.

Andrea Fabrizi, Clément Roos, and Jean-Marc Biannic. A detailed comparative analysis of μ lower bound algorithms. In *2014 European Control Conference, ECC 2014*, pages 220–226, 06 2014. ISBN 978-3-9524269-1-3. https://doi.org/10.1109/ECC.2014.6862465.

Mathias Foo, Jongrae Kim, Jongmin Kim, and Declan G. Bates. Proportional–integral degradation control allows accurate tracking of biomolecular concentrations with fewer chemical reactions. *IEEE Life Sciences Letters*, 2(4):55–58, 2016. https://doi.org/10.1109/LLS.2016.2644652.

Gene F. Franklin, J. David Powell, and Abbas Emami-Naeini. *Feedback Control of Dynamic Systems*. Pearson, London, 2015.

Jongrae Kim, Declan G. Bates, and Ian Postlethwaite. A geometrical formulation of the μ-lower bound problem. *IET Control Theory and Applications*, 3(4):465–472, 2009.

NVIDIA Developer. CUDA GPUs — NVIDIA developer. https://developer.nvidia.com/cuda-gpus, 2021. Accessed: 2021-11-07.

Kevin Oishi and Eric Klavins. Biomolecular implementation of linear I/O systems. *IET Systems Biology*, 5(4):252–260, 2011.

W. H. Press, S. A. Teukolsky, W. T. Vetterling, and B. P. Flannery. *Numerical Recipes 3rd Edition: The Art of Scientific Computing*. Cambridge University Press, 2007. ISBN 9780521880688.

Clément Roos. Systems modeling, analysis and control (SMAC) toolbox: an insight into the robustness analysis library. In *2013 IEEE Conference on Computer Aided Control System Design (CACSD)*, pages 176–181, 2013. https://doi.org/10.1109/CACSD.2013.6663479.

Springer Nature Limited. Synthetic biology - latest research and news — nature. https://www.nature.com/subjects/synthetic-biology, 2021. Accessed: 2021-10-08.

P. M. Young, M. P. Newlin, and J. C. Doyle. Mu analysis with real parametric uncertainty. In *[1991] Proceedings of the 30th IEEE Conference on Decision and Control*, pages 1251–1256 vol. 2, 1991. https://doi.org/10.1109/CDC.1991.261579.

Yun-Bo Zhao, Jongrae Kim, and Declan G. Bates. LFT-free μ-analysis of LTI/LPTV systems. In *2011 IEEE International Symposium on Computer-Aided Control System Design (CACSD)*, pages 638–643, 2011. https://doi.org/10.1109/CACSD.2011.6044563.

第 6 章 Chapter6

延伸阅读

本章概述了布尔网络、网络结构分析、时空建模、深度学习神经网络和强化学习，关于这些内容的进一步展开超出了本书的范围，我们在此对其中一些重要的动态系统建模和最新算法进行简要探讨。

6.1 布尔网络

在建立生物网络模型时，有时我们只对网络中分子浓度的定性水平（浓度高或低）感兴趣，而无须实时定量跟踪分子浓度。网络中每种分子的浓度都具有二进制状态 1（高）或 0（低）。布尔网络可以对这种二进制状态网络的动态进行建模（Kauffman，1969），例如 Zhao 等人在 2013 年发表的论文中有

$$x_1(k+1) = x_2(k) \wedge x_3(k)$$
$$x_2(k+1) = x_1(k) \vee x_3(k)$$
$$x_3(k+1) = \neg x_3(k)$$

式中，x_i 在第 k+1 步的二进制状态是 x_i 在第 k 步的函数（i=1,2,3）；∧是逻辑“与”运算，只在 $x_2(k)$ 和 $x_3(k)$ 都等于 1 时才返回 1，否则为 0；∨是逻辑“或”运算，在 $x_1(k)$ 或 $x_3(k)$ 中至少有一个等于 1 时才返回 1，否则为 0；¬是逻辑“非”运算，返回 $x_3(k)$ 的相反值。对布尔系统中存在多少个驻点，以及状态空间向每个驻点收敛程度的研究具有重要的生物学意义。求解下列方程以获得驻点：

$$x_1(k) = x_2(k) \wedge x_3(k)$$
$$x_2(k) = x_1(k) \vee x_3(k)$$
$$x_3(k) = \neg x_3(k)$$

在不进行穷举搜索的情况下，很难保证找到所有的驻点。即使对于中等规模的网络，即网络包括 n 种分子和 2^n 种状态，也需要很大的计算成本。Cheng 和 Qi 在 2010 年发表的论文中提出了半张量积方法，这是解决布尔网络分析问题的有趣方法之一。它用基于符号运算的一系列的矩阵操作来表示状态转换。另一种对大型网络进行符号化矩阵操作的算法尚有待进一步发展（Daizhan Cheng，2021），它将有效改善布尔网络的可分析性。

6.2 网络结构分析

大型网络不仅在建模方面具有挑战性，在分析方面也是如此。下面着眼于网络结构分析，而略去对大型网络动态的探讨。考虑图 6-1 所示的较小规模的网络，它有 7 个节点和 8 条边。从图 6-1 中可以看到有两个模块，一个由节点 1、2、3 组成，另一个由节点 4、5、6 组成。而节点 7 可以属于，也可以不属于任何一个模块，我们称它为灰色节点（Krishnadas et al.，2013）。

通过求解以下最优问题，可以确定有哪些模块和灰色节点（Newman，2006）：

$$\boldsymbol{s}^* = \underset{s\in\{-1,0,1\}^n}{\arg\max}\, Q = \frac{1}{4m}\boldsymbol{s}^{\mathrm{T}}\left(A - \frac{\boldsymbol{k}\boldsymbol{k}^{\mathrm{T}}}{2m}\right)\boldsymbol{s}$$

式中，$\boldsymbol{s}$ 是 7×1 的向量，其元素为 -1、0 或 1；m 是示例网络的边的总数，这里等于 8；$\boldsymbol{k}$ 是 7×1 的向量，其元素是连接到每个节点的边的数量，即

$$\boldsymbol{k} = [2\ \ 2\ \ 3\ \ 3\ \ 2\ \ 2\ \ 2]^{\mathrm{T}}$$

$\boldsymbol{A}$ 是邻接矩阵；Q 是由实际连接情况 $\boldsymbol{A}$ 和预期连接情况 $\boldsymbol{k}\boldsymbol{k}^{\mathrm{T}}/(2m)$ 之间的差值所定义的模块化程度。

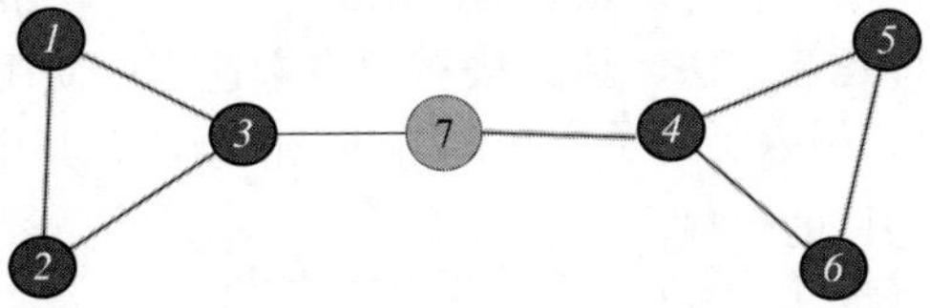

图 6-1　包含两个模块和一个灰色节点的网络

如果我们发现多于预期的连接，即 Q 是正值，那么就存在网络模块。在许多可能的模块结构中，我们寻找具有最大 Q 值的模块。对于图 6-1 中的网络，最优解为

$$\boldsymbol{s}^* = [1\ \ 1\ \ 1\ \ -1\ \ -1\ \ -1\ \ 0]^{\mathrm{T}}$$

这说明该网络存在两个模块和一个灰色节点。

研究模块化程度的鲁棒性需要在网络连接中引入扰动，并分析 Q 值如何随扰动而变化。Kim 和 Cho 在 2015 年发表的论文中提出了计算破坏模块化所需的最坏扰动上界和下界的算法。

6.3 时空建模

偏微分方程用于对时空动力学进行建模。如下偏微分方程描述了人脑中神经元群的平均激发率（Detorakis and Rougier，2014）：

$$\frac{\partial u(\boldsymbol{x},t)}{\partial t}=-\tau u(\boldsymbol{x},t)+\alpha\int_{y\in\Omega(x)}\omega(|\boldsymbol{x}-\boldsymbol{y}|)f[u(\boldsymbol{x},t)]\mathrm{d}y+i(\boldsymbol{x},t)$$

式中，$u(\boldsymbol{x},t)$ 表示体积为 Ω 的神经元群在大脑 $\boldsymbol{x}$ 处的平均激发率或膜电位活动；t 是时间；τ 是时间衰减因子；α 是伸缩因子；$\omega(\cdot)$ 是短程激发和长程抑制之间的差异，它们是 $\Omega(\boldsymbol{x})$ 从 $\boldsymbol{x}$ 到 $\boldsymbol{y}$ 距离的函数；$f(u)$ 是激发函数；$i(\boldsymbol{x},t)$ 是刺激输入函数。

功能性磁共振成像（fMRI）用来测量大脑中的局部氧含量变化，这与大脑中的神经元活动是相关的（Logothetis，2008）。fMRI 测量结果是 $u(\boldsymbol{x},t)$ 经过噪声干扰和延迟后的信号值。我们建立的系统识别问题如下：给定一个特定的刺激输入 $i(\boldsymbol{x},t)$ 和功能性磁共振成像的测量值，推断局部神经元活动并识别动态模型中的未知量。

第 4 章和第 5 章所研究的分子间相互作用是基于空间均匀性假设的。然而，以下反应中的酶和底物分子可能会在反应空间上非均匀分布：

$$\mathrm{E}+\mathrm{S}\underset{k_{\mathrm{off}}}{\overset{k_{\mathrm{on}}}{\rightleftharpoons}}\mathrm{ES}$$

并且 [E] 和 [S] 的还原率并不是由 k_{on}[E][S] 简单地给出，而是以偏微分方程的形式给出，即反应 – 扩散方程（Smith and Grima，2019）。Kim 等在 2018 年发表的论文中提出了一种建模方法，该方法在动力学速率中使用了一个额外的参数 δ，即 $k_{\mathrm{on}}(1+\delta)$[E][S]，引入了分子相互作用的空间效应，其中 δ 消除了分子浓度 [E] 和 [S] 空间不均匀性的影响。

6.4 深度学习神经网络

深度学习神经网络是目前人工智能研究中最流行的算法之一（Goodfellow et al.，2016）。该算法将不同形式的数据映射到期望的输出，并提供一定程度的泛化能力。由于近年来计算速度大幅提升，其能力和应用领域也在不断扩展。深度学习神经网络能够利用其通用的函数逼近能力来对不确定性动力学的未知结构进行建模（Eldan and Shamir，2016），但它对输入数据扰动的鲁棒性是较差的

(Papernot et al., 2016; Su et al., 2019),因此鲁棒性算法也得到了进一步的研究(Gu and Rigazio, 2014; Madry et al., 2017)。

6.5 强化学习

强化学习(Sutton and Barto, 2018)是一种新型控制算法,它具有解决许多复杂的、具有非线性和不确定性的控制问题的潜力。强化学习有探索和利用两种模式。在探索模式下对当前环境进行学习,状态价值函数和动作价值函数用于存储并更新给定状态和行动的预期回报;而利用模式则根据当前的动作价值函数选择最佳行动以最大化回报。构建强化学习算法的两个重要方面如下:(i)如何平衡在探索或利用模式中所花费的时间;(ii)如何设计回报。由于状态动作空间可能是高维的,近年来引入了深度学习神经网络来表达状态价值函数和动作价值函数(Mnih et al., 2013; Lillicrap et al., 2015)。此外,强化学习应用于嵌入式系统的鲁棒性还有待充分研究。

参考文献

Daizhan Cheng. STP toolbox for Matlab/Octave. http://lsc.amss.ac.cn/dcheng/stp/STP.zip, 2021. Accessed: 2021-11-15.

Daizhan Cheng and Hongsheng Qi. A linear representation of dynamics of Boolean networks. *IEEE Transactions on Automatic Control*, 55(10):2251–2258, 2010.

Georgios Is Detorakis and Nicolas P. Rougier. Structure of receptive fields in a computational model of area 3B of primary sensory cortex. *Frontiers in Computational Neuroscience*, 8:76, 2014.

Ronen Eldan and Ohad Shamir. The power of depth for feedforward neural networks. In *29th Annual Conference on Learning Theory, volume 49 of Proceedings of Machine Learning Research* (Vitaly Feldman, Alexander Rakhlin, and Ohad Shamir, Eds.), pages 907–940, Columbia University, New York, USA, 23–26 Jun 2016. PMLR. https://proceedings.mlr.press/v49/eldan16.html.

Ian Goodfellow, Yoshua Bengio, and Aaron Courville. *Deep Learning*. MIT Press, 2016. http://www.deeplearningbook.org.

Shixiang Gu and Luca Rigazio. Towards deep neural network architectures robust to adversarial examples. *arXiv preprint arXiv:1412.5068*, 2014.

Stuart A. Kauffman. Metabolic stability and epigenesis in randomly constructed genetic nets. *Journal of Theoretical Biology*, 22(3):437–467, 1969.

Jongrae Kim and Kwang-Hyun Cho. Robustness analysis of network modularity. *IEEE Transactions on Control of Network Systems*, 3(4):348–357, 2015.

Jongrae Kim, Mathias Foo, and Declan G. Bates. Computationally efficient modelling of stochastic spatio-temporal dynamics in biomolecular networks. *Scientific Reports*, 8(1):1–7, 2018.

Rajeev Krishnadas, Jongrae Kim, John McLean, David Batty, Jennifer McLean, Keith Millar, Chris Packard, and Jonathan Cavanagh. The envirome and the connectome: exploring the structural noise in the human brain associated with socioeconomic deprivation. *Frontiers in Human Neuroscience*, 7:722, 2013. ISSN 1662-5161. https://doi.org/10.3389/fnhum.2013.00722. https://www.frontiersin.org/article/10.3389/fnhum.2013.00722.

Timothy P. Lillicrap, Jonathan J. Hunt, Alexander Pritzel, Nicolas Heess, Tom Erez, Yuval Tassa, David Silver, and Daan Wierstra. Continuous control with deep reinforcement learning. *arXiv preprint arXiv:1509.02971*, 2015.

Nikos K. Logothetis. What we can do and what we cannot do with FMRI. *Nature*, 453(7197):869–878, 2008.

Aleksander Madry, Aleksandar Makelov, Ludwig Schmidt, Dimitris Tsipras, and Adrian Vladu. Towards deep learning models resistant to adversarial attacks. *arXiv preprint arXiv:1706.06083*, 2017.

Volodymyr Mnih, Koray Kavukcuoglu, David Silver, Alex Graves, Ioannis Antonoglou, Daan Wierstra, and Martin Riedmiller. Playing atari with deep reinforcement learning. *arXiv preprint arXiv:1312.5602*, 2013.

M. E. J. Newman. Modularity and community structure in networks. *Proceedings of the National Academy of Sciences of the United States of America*, 103(23):8577–8582, 2006. ISSN 0027-8424. https://doi.org/10.1073/pnas.0601602103. https://www.pnas.org/content/103/23/8577.

Nicolas Papernot, Patrick McDaniel, Somesh Jha, Matt Fredrikson, Z. Berkay Celik, and Ananthram Swami. The limitations of deep learning in adversarial settings. In *2016 IEEE European Symposium on Security and Privacy (EuroS P)*, pages 372–387, 2016. https://doi.org/10.1109/EuroSP.2016.36.

Stephen Smith and Ramon Grima. Spatial stochastic intracellular kinetics: a review of modelling approaches. *Bulletin of Mathematical Biology*, 81(8):2960–3009, 2019.

Jiawei Su, Danilo Vasconcellos Vargas, and Kouichi Sakurai. One pixel attack for fooling deep neural networks. *IEEE Transactions on Evolutionary Computation*, 23(5):828–841, 2019.

Richard S. Sutton and Andrew G. Barto. *Reinforcement Learning: An Introduction*. MIT Press, 2018.

Yin Zhao, Jongrae Kim, and Maurizio Filippone. Aggregation algorithm towards large-scale Boolean network analysis. *IEEE Transactions on Automatic Control*, 58(8):1976–1985, 2013. https://doi.org/10.1109/TAC.2013.2251819.

Appendix 附录

部分习题答案

第 1 章

习题 1.4

影响配体浓度的三个反应如下：

$$\mathrm{R}+\mathrm{L}\xrightarrow{k_{\mathrm{on}}}\mathrm{C}\Rightarrow\frac{\mathrm{d}[\mathrm{L}]}{\mathrm{d}t}\propto-[\mathrm{R}][\mathrm{L}]$$

$$\mathrm{C}\xrightarrow{k_{\mathrm{off}}}\mathrm{R}+\mathrm{L}\Rightarrow\frac{\mathrm{d}[\mathrm{L}]}{\mathrm{d}t}\propto[\mathrm{C}]$$

$$f(t)\xrightarrow{1}\mathrm{L}\Rightarrow\frac{\mathrm{d}[\mathrm{L}]}{\mathrm{d}t}\propto[f(t)]$$

利用反应速率常数，构建以下微分方程：

$$\frac{\mathrm{d}[\mathrm{L}]}{\mathrm{d}t}=-k_{\mathrm{on}}[\mathrm{R}][\mathrm{L}]+k_{\mathrm{off}}[\mathrm{C}]+[f(t)]$$

类似地，可以得到 $\mathrm{d}[\mathrm{C}]/\mathrm{d}t$ 。

习题 1.5

传给 odeint 的函数是 RLC_kinetics，它的第一个和第二个参数是 time 和 state。odeint 中默认的参数顺序是 state 和 time，可选参数 tfirst 表示时间是否是传递给积分器函数的第一个参数。通过设置可选参数等于 True，我们可以将相同的函数传递给 solve_ivp 或 odeint。

第2章

习题2.5

由机体坐标系的运动学方程，我们可以得到它与参考坐标系之间的方向余弦矩阵 $\boldsymbol{C}_{BR}$；同时传感器坐标系与机体坐标系之间的方向余弦矩阵可测得为 $\boldsymbol{C}_{SB}$。对于图2-28中的传感器设置，有

$$\boldsymbol{C}_{SB}=\begin{bmatrix}1 & 0 & 0\\ 0 & -1 & 0\\ 0 & 0 & -1\end{bmatrix}$$

在该设置下，$\boldsymbol{C}_{SB}$ 为常值矩阵，因此传感器坐标系与参考坐标系之间的方向余弦矩阵 $\boldsymbol{C}_{SR}$ 为

$$\boldsymbol{C}_{SR}=\boldsymbol{C}_{SB}\boldsymbol{C}_{BR}$$

因此，下式将参考坐标系中的 $\boldsymbol{r}^1$ 转换到传感器坐标系当中：

$$\boldsymbol{r}_S^1=\boldsymbol{C}_{SR}\boldsymbol{r}_R^1=\boldsymbol{C}_{SB}\boldsymbol{C}_{BR}\boldsymbol{r}_R^1$$

第3章

习题3.1

y 轴正方向上的引力由下式得到：

$$-\frac{\partial U_a}{\partial y}=-\frac{\partial}{\partial y}\left(\frac{1}{2}k_a\rho_a^2\right)=-\frac{\partial}{\partial \rho_a}\left(\frac{1}{2}k_a\rho_a^2\right)\frac{\partial \rho_a}{\partial y}=-k_a(y-y_{\text{dst}})$$

对于 $\rho_r^i \leqslant \rho_o^i$，$y$ 轴正方向上的第 i 个斥力为

$$-\frac{\partial U_r^i}{\partial y}=-\frac{\partial}{\partial y}\left[\frac{1}{2}k_r\left(\frac{1}{\rho_r^i}-\frac{1}{\rho_o^i}\right)\right]=\frac{1}{2}k_r\left(\frac{1}{\rho_r^i}\right)^2\frac{\partial \rho_r^i}{\partial y}=\frac{k_r(y-y_{\text{ost}}^i)}{(\rho_r^i)^3}$$

习题3.6

如图3-14所示，机体坐标系和参考坐标系之间的方向余弦矩阵为

$$\boldsymbol{C}_{BR}=\begin{bmatrix}\cos\phi & \sin\phi\\ -\sin\phi & \cos\phi\end{bmatrix}$$

下面的矩阵乘法将参考坐标系中的控制输入转换到机体坐标系中：

$$\boldsymbol{u}^B=\begin{bmatrix}u_x^B\\ u_y^B\end{bmatrix}=\boldsymbol{C}_{BR}\boldsymbol{u}^R=\begin{bmatrix}\cos\phi & \sin\phi\\ -\sin\phi & \cos\phi\end{bmatrix}\begin{bmatrix}u_x\\ u_y\end{bmatrix}=\begin{bmatrix}u_x\cos\phi+u_y\sin\phi\\ -u_x\sin\phi+u_y\cos\phi\end{bmatrix}$$

第 4 章

习题 4.1

已知

$$Y(s)=\int_{t=0}^{t=\infty}x(t-\tau)\mathrm{e}^{-st}\mathrm{d}t$$

令 $v=t-\tau$，则有 $dv=dt$，那么

$$Y(s)=\int_{v=-\tau}^{v=\infty}x(v)\mathrm{e}^{-s(v+\tau)}\mathrm{d}v=\mathrm{e}^{-s\tau}\int_{v=0}^{v=\infty}x(v)\mathrm{e}^{-sv}\mathrm{d}v=\mathrm{e}^{-s\tau}X(s)$$

其中，对于 $v\in[-\tau,0)$，有 $x(v)=0$。

习题 4.2

使用分部积分法 $\int u\dot{v}\,\mathrm{d}t=uv-\int \dot{u}v\,\mathrm{d}t$，有

$$sY(s)-y(0)=\int_{t=0}^{t=\infty}\dot{y}(t)\mathrm{e}^{-st}\,\mathrm{d}t$$

其中，$u=\mathrm{e}^{-st}$、$v=\dot{y}(t)$，从而上述积分变为

$$\int_{t=0}^{t=\infty}\dot{y}(t)\mathrm{e}^{-st}\,\mathrm{d}t=\mathrm{e}^{-st}y(t)\Big|_{t=0}^{t=\infty}+s\int_{t=0}^{t=\infty}\mathrm{e}^{-st}y(t)\mathrm{d}t=-y(0)+sY(s)$$

习题 4.7

鲁棒性分析算法的伪代码如下

Set $t_0=600$ minutes, $t_f=1200$ minutes, $\Delta t=0.1$ minutes and $p_\delta=2\%$
while p_δ is not the smallest **do**
    Solve the minimization problem in (4.30) and obtain $\boldsymbol{\delta}^*$
    Check the time history of [ACA] for $\boldsymbol{\delta}^*$ if oscillation exists
    if there is oscillation **then**
        Increase p_δ; use the bisection method
    else if no oscillation **then**
        Decrease p_δ; use the bisection method
    end if
end while

第 5 章

习题 5.2

推导出的微分方程如下：

$$\frac{\mathrm{d}u^+}{\mathrm{d}t}=0$$

$$\frac{\mathrm{d}u^-}{\mathrm{d}t}=0$$

$$\frac{\mathrm{d}y^+}{\mathrm{d}t}=\alpha u^+-\eta y^+y^-$$

$$\frac{\mathrm{d}y^-}{\mathrm{d}t}=\alpha u^--\eta y^+y^-$$

习题 5.3

u 和 y 的定义如下：

$$u=u^+-u^-$$

$$y=y^+-y^-$$

则它们的微分方程等于：

$$\frac{\mathrm{d}u}{\mathrm{d}t}=\frac{\mathrm{d}u^+}{\mathrm{d}t}-\frac{\mathrm{d}u^-}{\mathrm{d}t}=0$$

$$\frac{\mathrm{d}y}{\mathrm{d}t}=\frac{\mathrm{d}y^+}{\mathrm{d}t}-\frac{\mathrm{d}y^-}{\mathrm{d}t}=(\alpha u^+-\eta y^+y^-)-(\alpha u^--\eta y^+y^-)$$

即

$$\frac{\mathrm{d}u}{\mathrm{d}t}=0$$

$$\frac{\mathrm{d}y}{\mathrm{d}t}=\alpha u$$

这表示 y 是增益 α 乘上 u 的积分。

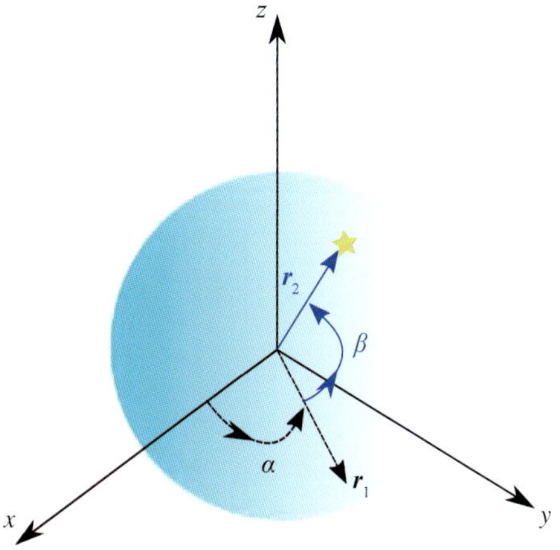

图 2-2　双轴旋转相当于绕垂直于由 $\boldsymbol{r}_1$ 和 $\boldsymbol{r}_2$ 定义的表面的轴的单轴旋转

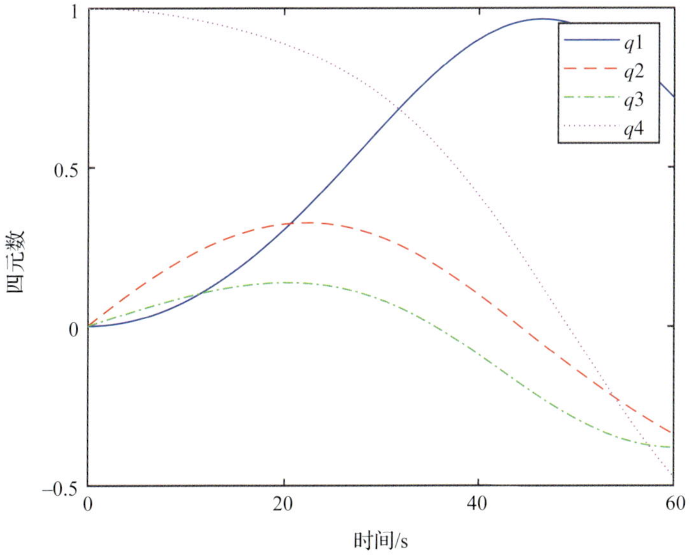

图 2-4　由式（2-9）给出的 $\boldsymbol{\omega}$ 对应的四元数时间序列

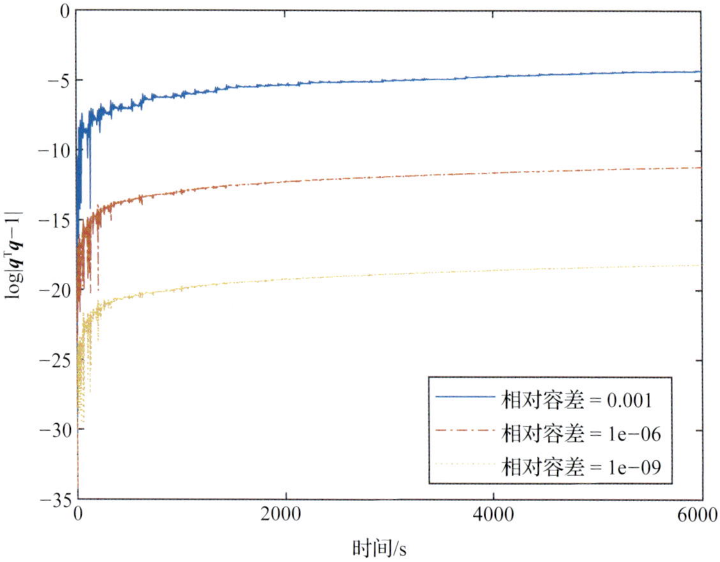

图 2-5　在 ode45 的三种不同容差设置下，四元数单位范数误差的时间序列

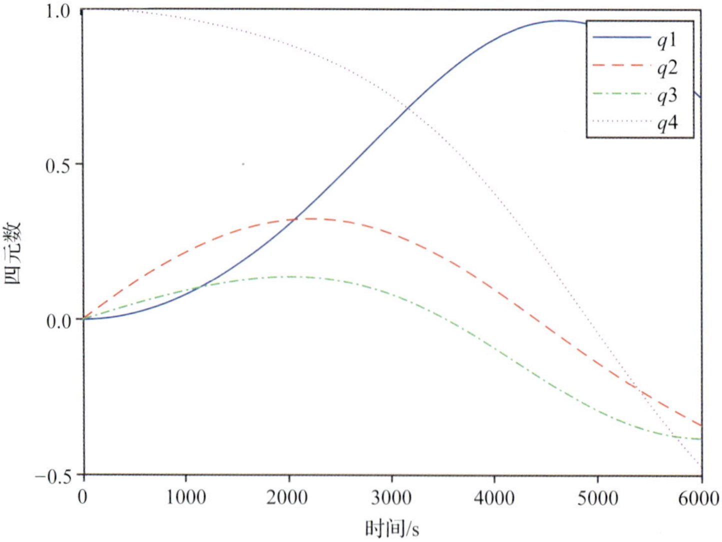

图 2-6　由式（2-9）给出的 $\boldsymbol{\omega}$ 对应的四元数时间序列

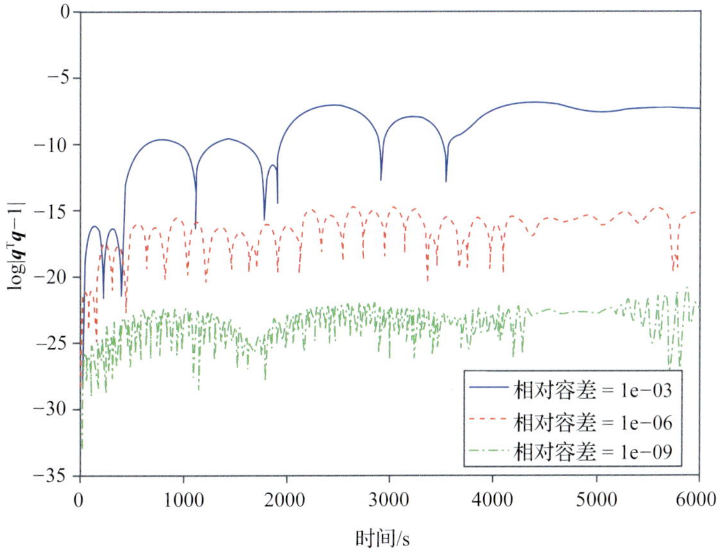

图 2-7　在 ode45 的三种不同容差设置下，四元数单位范数误差的时间序列

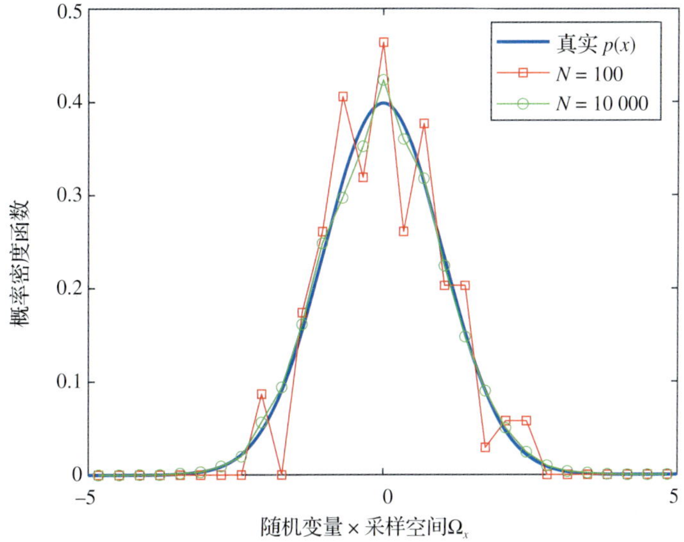

图 2-8　比较 MATLAB 中 randn 生成的随机数概率密度函数与真实概率密度函数 $p(x)$

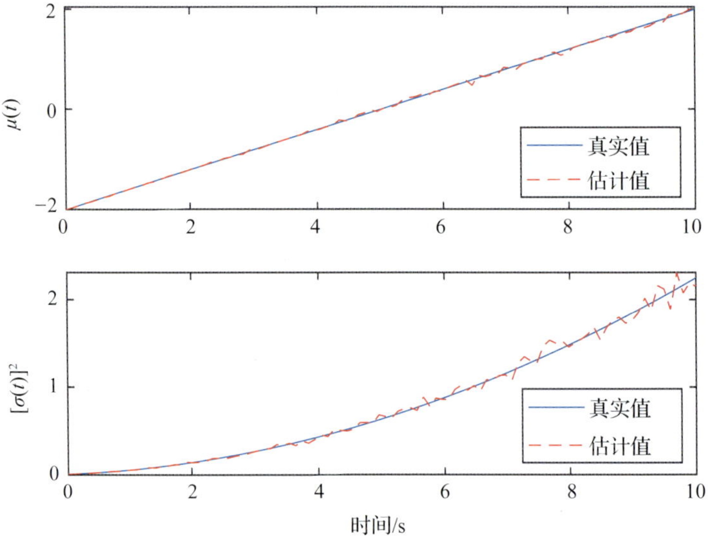

图 2-10　比较 $\mu(t_k)$ 和 $[\sigma(t_k)]^2$ 的真实值与使用 1000 次实现的估计值

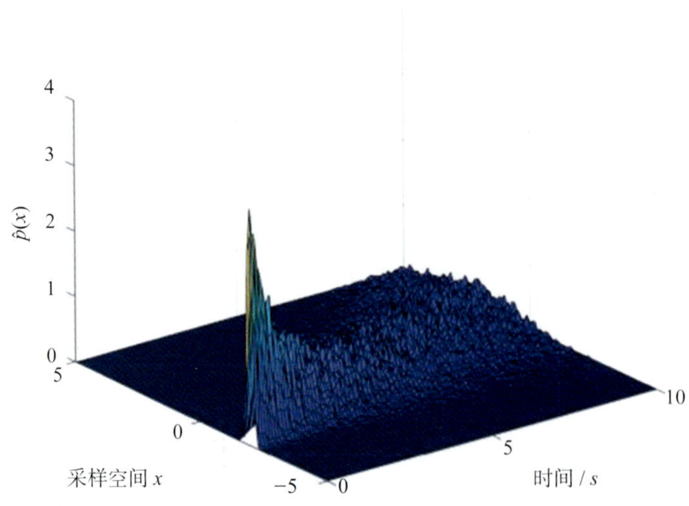

图 2-11　概率密度函数估计值 $\hat{p}(x)$，显示了随时间变化的高斯分布的完整图像

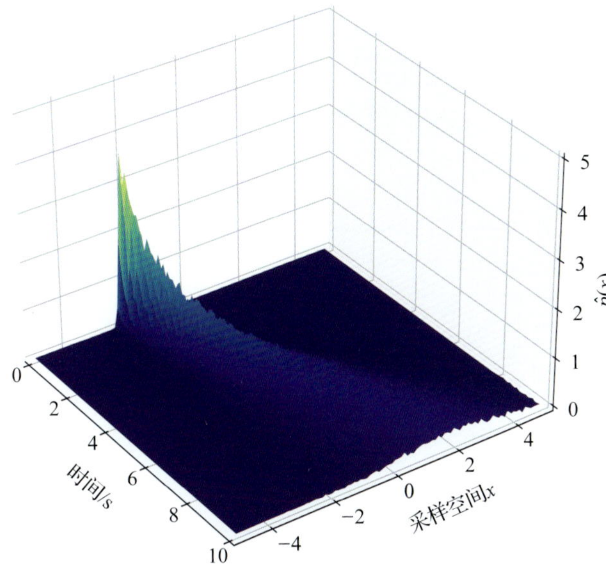

图 2-12　使用 Python 绘制的估计概率密度函数 $\hat{p}(x)$

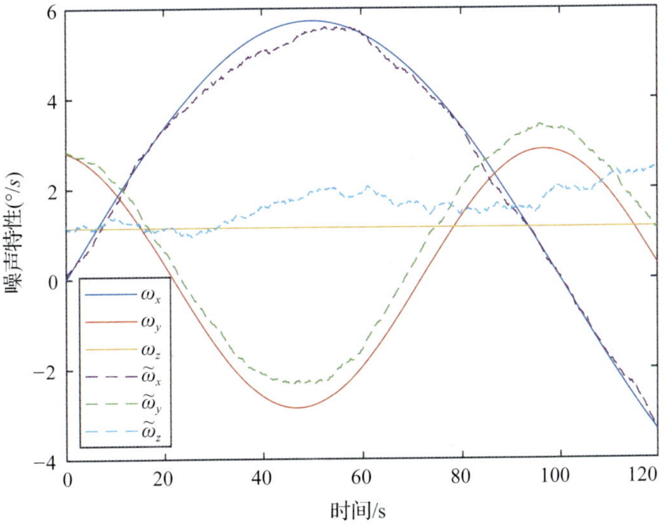

图 2-14　（MATLAB）陀螺仪测量仿真

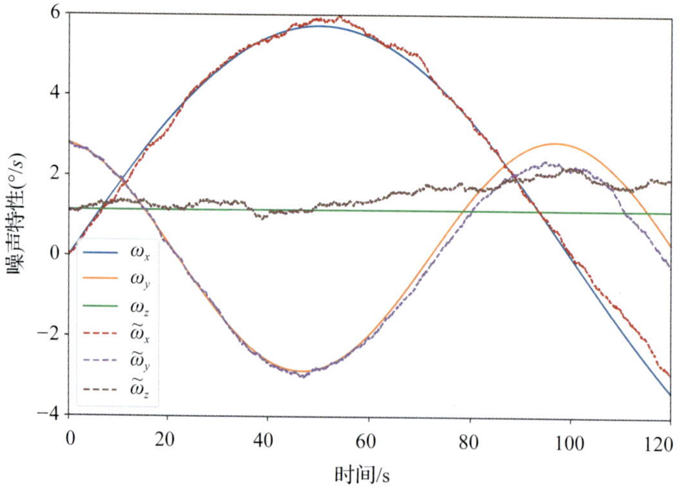

图 2-15　使用 Python 程序 2-14 的陀螺仪测量仿真

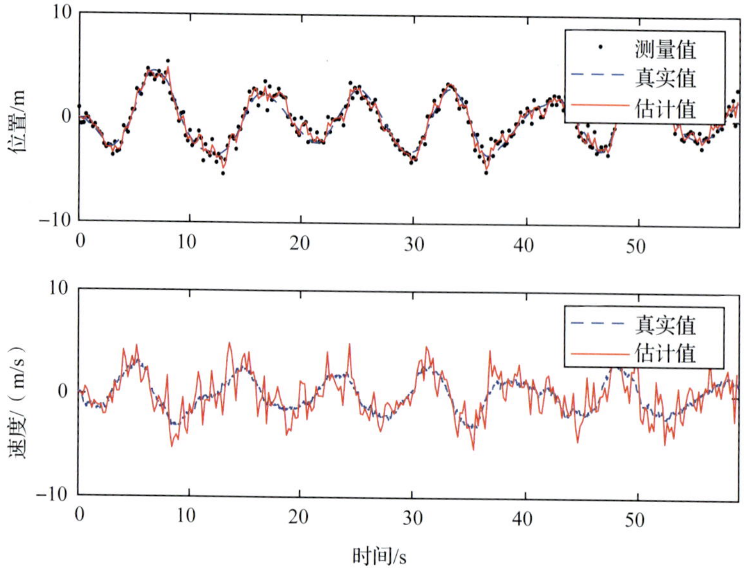

图 2-19　质量 – 弹簧 – 阻尼器系统的卡尔曼滤波器

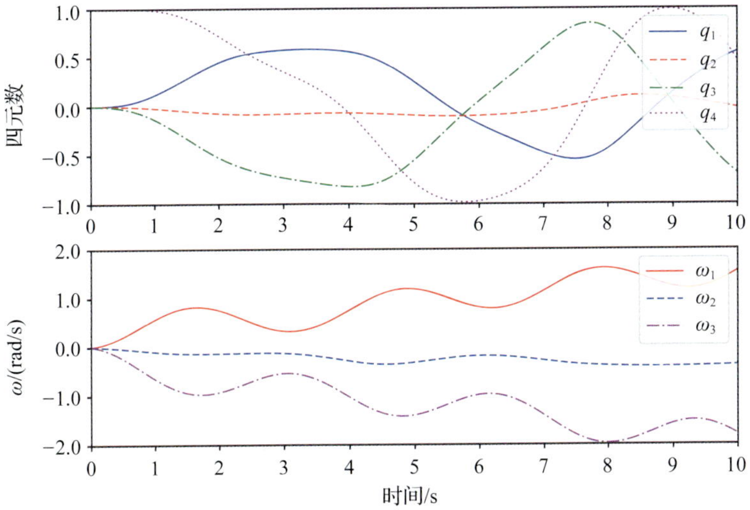

图 2-21　姿态动力学和运动学解

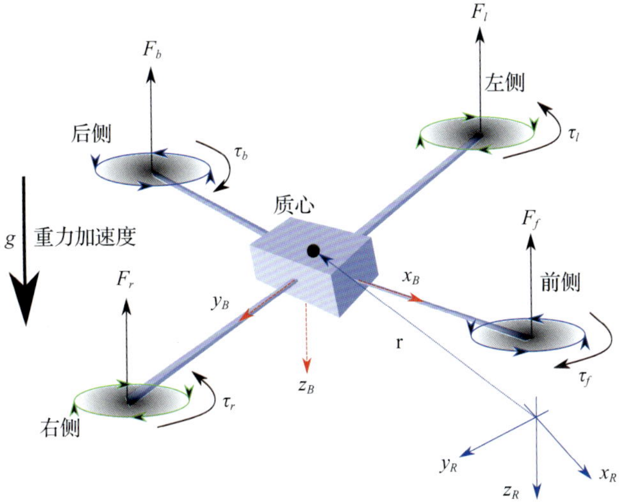

图 2-22　带有四个执行器的四旋翼无人机，其中机身框架和参考框架分别用 B 和 R 表示，z_R 的正方向与 z_B 相同，以便它们在主稳定姿态下对齐

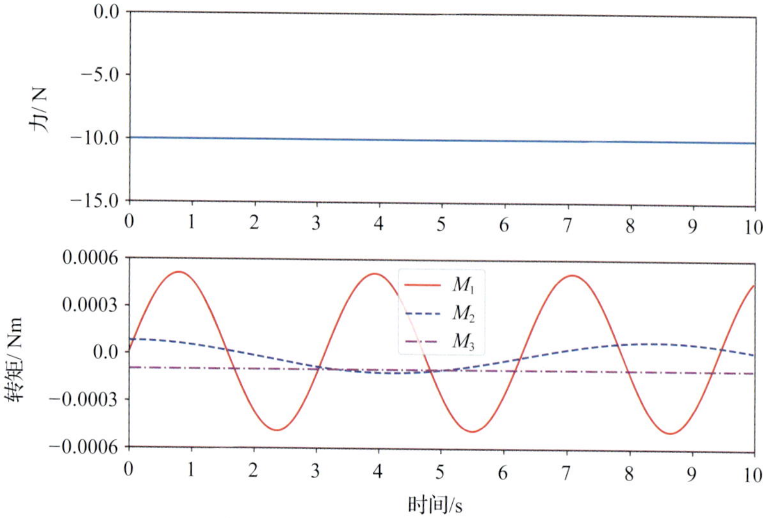

图 2-23　四旋翼无人机电机力和转矩的仿真

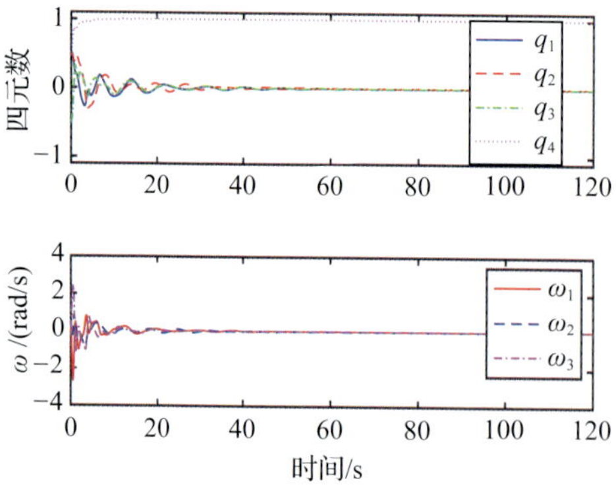

a）使用四元数反馈控制的姿态稳定

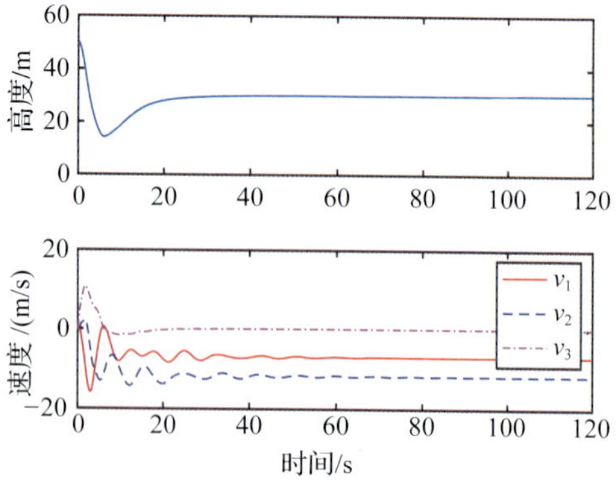

b）使用PD控制的高度稳定，其中高度与z_R符号相反

图　2-24

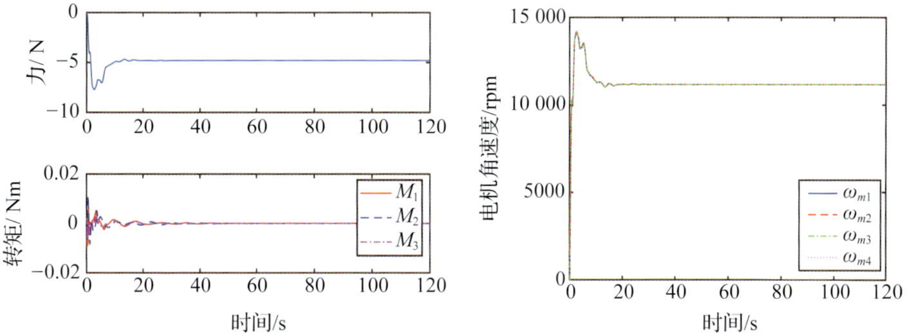

a）机体坐标系中每个方向的总螺旋桨力和转矩

b）四旋翼无人机电机角速度（单位为rpm）

图 2-25

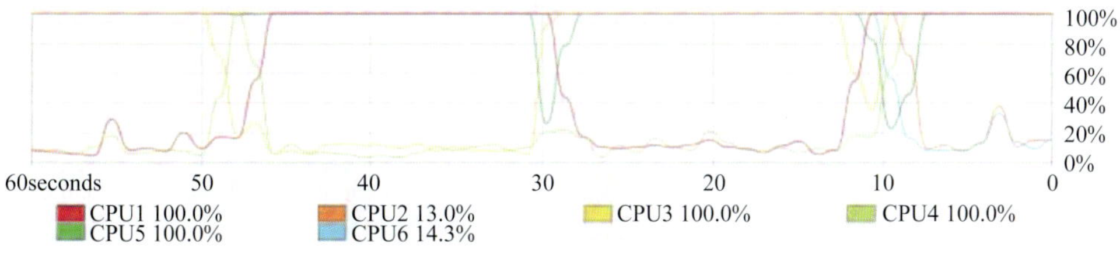

图 2-27 负载显示，其中四个 CPU 在 100% 运行

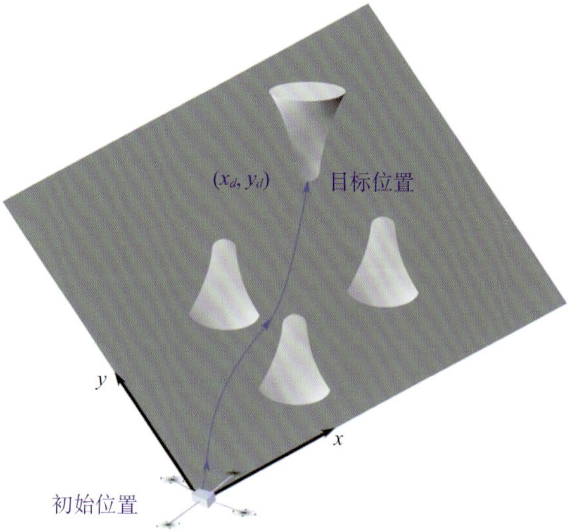

图 3-1　三个斥力势场函数和一个引力势场函数

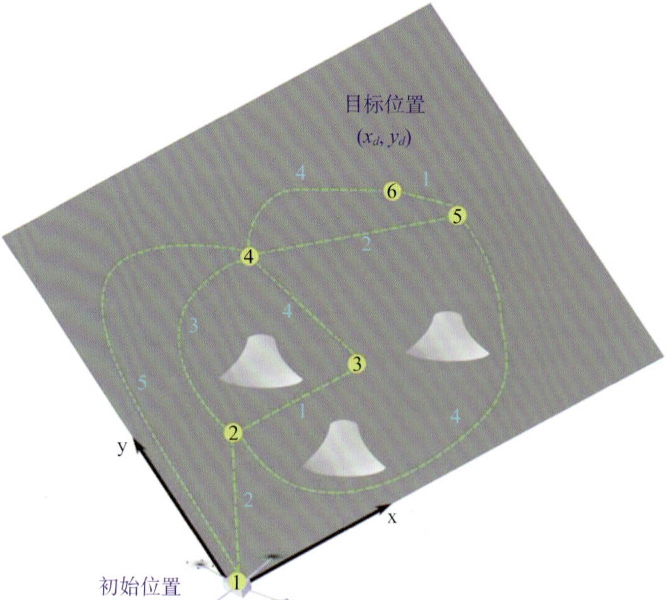

图 3-5　基于图的路径规划示例

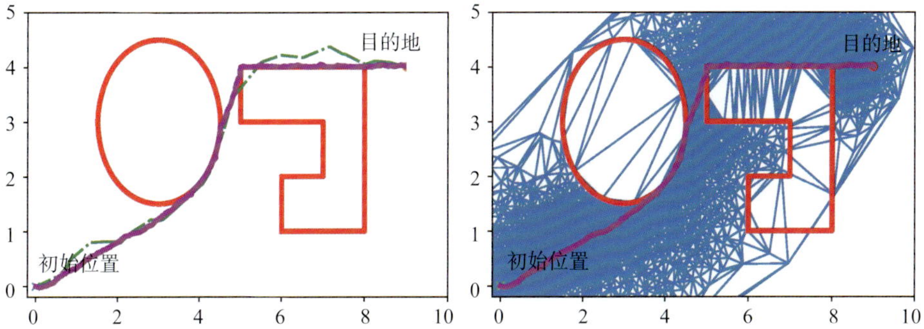

a）点划线为原始最短路径，实线为更新后的最短路径

b）用重新采样的图绘制更新后的最短路径

图 3-12

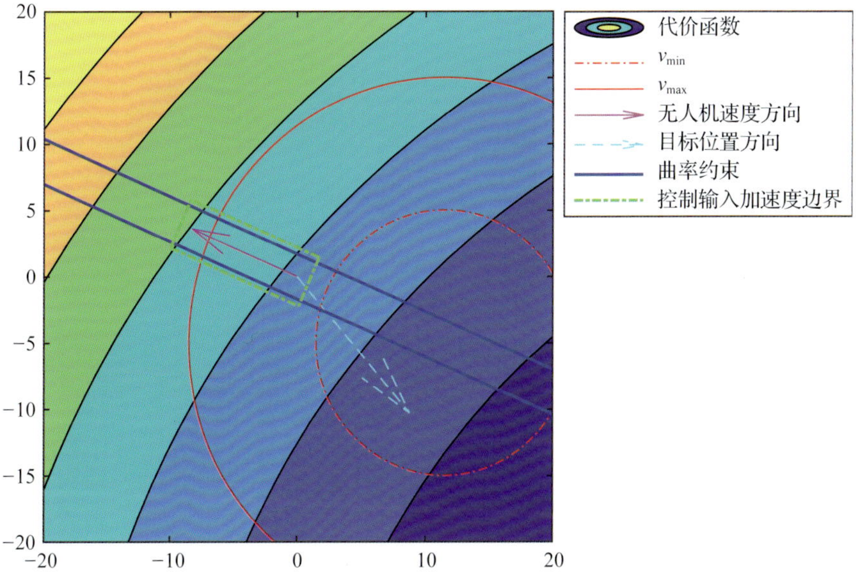

图 3-19　可行控制输入空间的计算示例

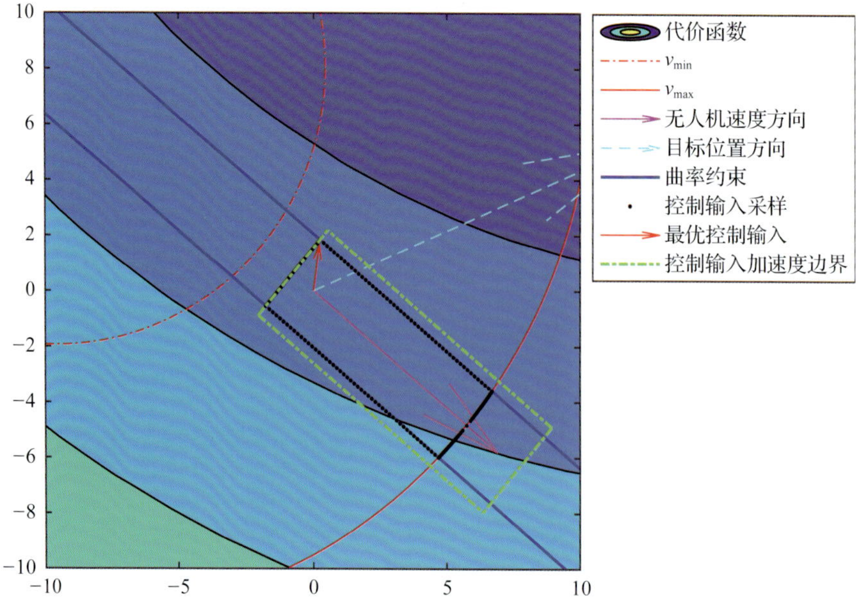

图 3-20　目标跟踪的最优控制输入

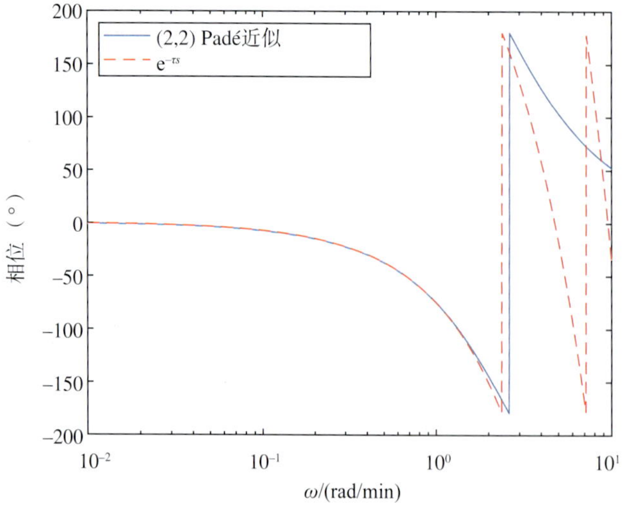

图 4-3　$(p, q)=(2, 2)$ 的 Padé 近似和指数函数 $e^{-\tau s}$ 之间的相位角比较